U0959115

新时代司法职业教育“双高”建设精品教材
司法部信息安全与智能装备重点实验室丛书

智慧安防系统实施与运维

（活页式）

周波　罗怡然　王堃◎主编

華中科技大學出版社
http://press.hust.edu.cn
中国·武汉

内容提要

本书内容涵盖了网络摄像机、网络硬盘录像机、解码器、前端人脸产品、出入口控制系统和可视智慧物联平台等关键设备的知识点，从实际产品功能出发，为读者讲解了产品硬件安装、业务软件调试和维护的重点技术。本书适合在智慧安防系统规划设计、基础软/硬件安装与调试、操作与维护、系统运维、优化、交付、项目管理等岗位工作的技术和维护工程师，以及售前与解决方案工程师和销售工程师参阅，也适合职业技术院校师生、安防技术爱好者及相关从业者学习参考。

图书在版编目(CIP)数据

智慧安防系统实施与运维 / 周波，罗怡然，王堃主编. -- 武汉 ：华中科技大学出版社，2024. 6.
(新时代司法职业教育"双高"建设精品教材). -- ISBN 978-7-5680-7836-8

Ⅰ. X924.3-39

中国国家版本馆 CIP 数据核字第 2024MV9303 号

智慧安防系统实施与运维 周 波 罗怡然 王 堃 主编

Zhihui Anfang Xitong Shishi yu Yunwei

策划编辑：张馨芳
责任编辑：苏克超
封面设计：孙雅丽
版式设计：赵慧萍
责任监印：周治超
出版发行：华中科技大学出版社（中国·武汉） 电话：(027) 81321913
武汉市东湖新技术开发区华工科技园 邮编：430223
录 排：华中科技大学出版社美编室
印 刷：武汉市洪林印务有限公司
开 本：787mm×1092mm 1/16
印 张：16 插页：2
字 数：363 千字
版 次：2024 年 6 月第 1 版第 1 次印刷
定 价：68.00 元

华中出版

编写人员

主　编: 周　波　罗怡然　王　堃

副主编: 刘　佩　黄超民　郑凯豪　张延峰

参　编: 刘立男　陈　竞　余莉琪　夏　毅　陈　昊

主编简介

周　波　男，国家注册二级建造师，现任武汉警官职业学院公共管理系智能安防运营管理专业带头人，实训指导老师。历任“智能安防系统实施与运维”“智能化综合布线”“中小安防工程设计”“建筑工程施工管理”等核心课程的教学工作。2015年担任国家职业教育刑事执行专业教学资源库建设“监狱安防设备应用与维护”课程负责人。获评宇视科技认证讲师、H3C认证网络工程师、“1＋X”综合布线系统安装与维护职业技能等级证书考试考评员、“1＋X”智慧安防系统实施与运维高级讲师、“1＋X”网络安全应急响应中级培训讲师，获得信息安全技术应用专业国家级培训证书。多次带队参加全国职业院校技能大赛，并在2019年获得湖北省电子商务技能赛项一等奖，在武汉市第22届职业技能大赛中获评信息网络布线赛项“优秀教练”。2021年获得“湖北工匠杯”安防赛项个人三等奖，2023年获得“湖北工匠杯”智能楼宇管理员赛项二等奖、安全防范系统安装维护员赛项三等奖。

罗怡然　女，现为武汉警官职业学院职业规划教研室讲师，主要从事教育管理及职业规划类课程教学工作。曾主持建设学院就业指导中心，参与职业生涯咨询工作室建设标准研究。完成湖北省高水平专业群建设立项（A档）智慧司法专业群“岗课赛证训创”人才培养模式研究，参与安全防范技术专业、智能安防运营管理专业的实训室建设、教学实践基地建设，以及全国安防行业职业技能竞赛、“湖北工匠杯”技能大赛的组织工作，指导学生多次在国家级、省级职业技能竞赛及“互联网＋”大学生创新创业大赛中获奖，具有丰富的教学经验和对职业教育的深入研究。

王　堃　男，现为湖北省监狱管理局科技信息处民警。曾在两所高校任教，专职从事计算机理论教学，曾发表国家级期刊论文4篇。后从事智慧监狱信息化工作多年，参与湖北省智慧监狱信息化项目规划、设计、建设与实施等全过程工作，有着极为丰富的理论教学和项目实践经验。

PREFACE

前言

安全防范技术专业、智能安防运营管理专业主要培养具有良好的政治思想和道德素质，掌握安全防范技术专业、智能安防运营管理专业岗位所需的知识技能，能够在平安城市、智能小区、银行等企事业单位的技术部门从事安全防范系统建设、管理、维护，并能够在安全防范行业从事工程实施、设备生产与销售等辅助性工作的高素质技术技能型人才。高职院校培养安全防范技术专业、智能安防运营管理专业合格人才，必须始终对接本专业的发展方向，围绕本专业对应各类岗位的技术技能予以培养，在人才培养优化、实训条件建设、“三教”（教师、教材、教法）改革上走出安防特色。

“双高计划”肩负着引领我国职业教育高质量发展、实现现代化的重要使命。同时，专业持续化改革是实现各高职院校走向“双高”的重要步骤。有安防专业的高职院校，大力建设和推动安防专业的改革，落实高质量发展要求，瞄准产业实际需求与发展方向，深入探索研究安防专业标准教学体系，推动安防专业教学质量提升，对安防专业或专业群的高水平建设有着重要的意义。要实现上述发展规划，深化专业改革是努力方向。第一，提升专业发展格局，在安防系统新技术、新理念的发展中找准产业实际人才需求。第二，完善专业发展机制，特别是要研究适用于安防专业的教学标准以及人才培养标准，聚焦安防高端产业和产业高端，构建安防人才特色化培养体系。第三，产教融合是发展主线。产教融合、校企合作，特别是和龙头企业的合作，是职业教育能更好发展的主攻点和突破口，也是实现“双高”计划的基本路径。

2019年1月，国务院发布《国家职业教育改革实施方案》，明确提出启动1+X证书制度试点工作。要落实1+X证书制度，配套教材开发是必不可少的一环。本教材开发紧密对接智慧安防系统实施与运维职业技能等级证书标准，对接安全防范技术、物联网工程、智能监控技术、网络安防系统安装与维护、楼宇智能化技术、数字安防技术等专业教学标准，对接企业生产需求及必需的职业道德和职业精神。

本书在整体架构上从基本知识入手，由浅入深、循序渐进；实训上注重理论与实际的结合，每章必练；整体上主次分明、布局合理，力求将知识点简单化、生动化、形象化。本书还结合高职高专教学特点，立足基本理论的阐述，注重实践技能的培养。通过将案例教学法的思想贯穿整个编写过程，力求让初学者在学习时有效、快捷地获取新知识。

本书由周波、罗怡然、王堃任主编，刘佩、黄超民、郑凯豪、张延峰任副主编。在编写过程中，本书得到了湖北省监狱管理局科技信息处及悠锋科技有限公司等的大力支持，在这里一并表示诚挚的谢意。

由于编者水平有限，书中难免存在不足之处，恳请广大读者批评指正。

CONTENTS

目录

学习单元一

智慧安防系统实施与运维认知

学习目标

◆ **认知目标**

熟悉安全防范系统（简称“安防系统”）的基本概念和主要功能，掌握安全防范系统的工作原理和结构。

◆ **技能目标**

能够说明各安全防范系统子系统的主要功能和作用。

◆ **素质目标**

树立以人为本、预防为主、安全第一的思想。

重点内容

对安全防范系统的概念、内涵、主要功能有一个全面的了解，为系统的规划、设计、施工和维护打下基础。

案例导入

国内安防处于快速发展阶段，“十三五”期间，伴随着国民经济的持续快速发展，在政府部门大力推动及“平安城市”“奥运会”“亚运会”等大型项目、活动的带动下，我国安防行业保持快速增长的势头。

1. 智慧安防系统在金融领域的应用

金融领域的安全体系对于整个社会的稳定和发展具有不可替代的作用。在金融领域中，智慧安防系统的应用正日益成为必要的选择。通过对银行下属支行或分行上网流量进行监控，智慧安防系统可以快速检测出是否存在恶意软件，从而保证金融业的信息系统安全。此外，对于ATM机、现金柜台以及室内值守等重点地区的监控，智慧安防系统的作用也很重要。

2. 智慧交通安防平台在交通安全中的应用

在现代城市交通系统中，安全事故时有发生。智慧交通安防平台的出现，为交通安全保驾护航，为城市交通的健康发展提供保障。智慧交通安防平台拥有实时监控、远程报警、车辆识别等一系列功能。这样，当交通部门发现交通事故或黑车违规行驶等问题时，就可以通过智慧交通安防平台的快速反应进行处置。

3. 智慧安防系统在学校中的应用

学校保障学生安全的重要性不言自明。通过智慧安防系统的安装，可以用更为智能的方式进行校园安全的保障。智慧安防系统可以对出入口、走廊、宿舍等区域进行监控。各项数据通过智能化平台进行收集和储存，可以对各类异常行为进行快速识别，及时发出告警信号，保证学生的生命安全和学习安全。

4. 智慧安防集成系统在商场防盗中的应用

商场是现代消费的主要场所之一，也是犯罪分子经常光顾的地方之一。智慧安防集成系统的运用，可以让商场防盗问题得到更好的解决。智慧安防集成系统可以集成视频监控、门禁控制、入侵侦测等功能。采用智能化的运作模式，不仅可以便捷地掌握商场的实时情况，还可以迅速响应监控的异常情况，实现商场安全控制。

安防行业的应用广泛且深远，为社会安全保障做出了重要贡献。随着技术的不断进步和人们对安全问题的不断关注，安防行业也将持续发展和创新，为社会的和谐发展提供强有力的支撑。

学习任务一　智慧安防系统实施与运维引入

学习目的

了解智慧安防系统实施与运维的相关知识。

知识要点

（1）智慧安防系统实施与运维概念。

（2）安全防范系统的基本构成。

（3）安全防范系统的发展趋势。

任务考核

◆ **案例**

根据你的学习，你觉得安全防范系统应该在哪些领域发挥更大的作用？今后的发展趋势是怎样的？

◆ **问题**

（1）安全防范系统工程基本概念是什么？

（2）安全防范系统中风险等级、防护级别和安全防护水平之间的关系是怎样的？

（3）安全防范系统主要由哪些子系统构成？

（4）安全防范系统的发展趋势是什么？

一、智慧安防系统实施与运维概念

所谓安全，就是没有危险、不受侵害、不出事故。所谓防范，就是防备、戒备，而防备是指做好准备以应付攻击或避免受害，戒备是指防备和保护。因此，安全防范的定义是，做好准备和保护，以应付攻击或者避免受害，从而使被保护对象处于没有危险、不受侵害、不出现事故的安全状态。显而易见，安全是目的，防范是手段，安全防范的基本内涵就是通过防范的手段达到或实现安全的目的。广义的安全包括两层含义：一是指自然属性或准自然属性的安全；二是指社会人文性的安全。自然属性或准自然属性的安全被破坏主要不是由人的有目的参与而造成的。社会人文性的安全被破坏主要是由人的有目的参与而造成的。综合安全为社会公共安全提供时时安全、处处安全的综合性安全服务。所谓社会公共安全服务保障体系，就是由政府发动、政府组织、社会各界联合实施的综合安全系统工程和管理服务体系。公众所需要的综合安全，不仅包括以防盗、防劫、防入侵、防破坏为主要内容的狭义“安全防范”，也包括防火安全、交通安全、通信安全、信息安全及人体防护等诸多安全内容。安全技术防范有两种不同的理解和解释。对于警察执法部门而言，安全技术防范就是利用安全防范技术开展安全防范工作的一项公安业务；而对于社会经济部门来说，安全技术防范就是利用安全防范技术为社会公众提供安全服务的产业。安全服务产业，随着近年来的发展，形成了产品的研发、生产、销售，解决方案的设计与工程的实施，以及运营服务和应用管理等全产业链。

综上所述，安全防范既是一项公安业务，又是一项社会公共事业和社会经济事业。安全防范的发展与进步，既依赖于科学技术的发展与进步，又为科学技术的发展与进步创造良好的社会环境。

二、智慧安防系统实施与运维系统简介

在各类文献中，安全防范系统可以理解为用于安全防范工作的专门技术系统，安全防范系统也常常特指安全技术防范系统（简称“技防系统”）。

安全防范系统，就是以维护社会公共安全为目的，运用安全防范产品和其他相关产品所构成的入侵报警系统、视频安防监控系统、出入口控制系统、防爆安全检查系统等，或者以这些系统为子系统组合或集成的电子系统或综合平台。

安全防范技术在社会治安及防控体系中占有极其重要的地位，支撑着社会治安防控网络，也是根据新形势下人员流动治安动态化、复杂化的特点，控制好城市治安的需要，在安全防范系统中，不管是防盗反劫报警系统、视频安防监控系统，还是出入口控制系统，都具有安全信息的获取、传递、处理和控制功能。利用这些技术系统，可以及时发现犯罪活动并发出报警，把隐蔽进行的犯罪活动暴露在光天化日之下，并可以能人所不能、补人所不足，在很大程度上提高发现、分析犯罪活动的能力。在现代化技术高度发展的今天，犯罪更加智能化、手段更加隐蔽，现代化的安全防范技术成了安全防范系统中的重要组成内容。常见的安全防范系统包括以下六个方面。

（一）入侵报警系统

入侵报警系统是利用传感器技术和电子信息技术探测并指示非法进入或试图非法进入设防区域（包括主观判断面临被劫持或遭抢劫或其他紧急情况时特意触发紧急报警装置）的行为、处理报警信息、发出报警信息的电子系统或网络。

（二）视频安防监控系统

视频安防监控系统是利用视频探测技术监视设防区域并实时显示、记录现场图像的电子系统或网络。

视频安防监控系统类型基本可以分为两种。一种是本地独立工作，不支持网络传输、远程网络监控的视频安防监控系统。这种视频安防监控系统通常适用于内部，监控端和被监控端都需要固定好地点，早期的视频安防监控系统普遍是这种类型。另一种视频安防监控系统既可本地独立工作，也可联网协同工作，特点是支持远程网络监控，一般只要有密码和联网计算机，就可以随时随地进行安防监控。

典型的视频安防监控系统主要由前端设备和后端设备两大部分组成。前端设备通常由摄像机、手动或电动镜头、云台、防护罩、监听器、报警探测器和多功能解码器等部件组成，它们各司其职，并通过有线、无线或光纤传输媒介与中心控制系统的各种设备建立相应的联系。在实际的视频安防监控系统中，这些前端设备不一定同时使用，但实现监控现场图像采集的摄像机是必不可少的。后端设备可进一步分为中心控制设备和分控制设备。

（三）出入口控制系统

出入口控制系统利用自定义符识别或模式识别技术对出入口目标进行识别并控制出入口执行机构启闭的电子系统或网络。出入口控制系统主要由识读部分、传输部分、管理/控制部分和执行部分以及相应的系统软件组成。出入口控制系统有多种构建模式。按其硬件构成模式划分，可分为一体型和分体型；按其管理/控制方式划分，可分为独立控制型、联网控制型和数据载体传输控制型。一体型出入口控制系统的各个组成部分通过内部连接、组合或集成在一起，实现出入口控制的所有功能。分体型出入口控制系统的各个组成部分，在结构上有分开的部分，也有通过不同方式组合的部分。分开部分与组合部分之间通过电子、机电等手段连成一个系统，实现出入口控制的所有功能。独立控制型出入口控制系统，其管理/控制部分的全部显示/编程/管理/控制等功能均在一个设备（出入口控制器）内完成。联网控制型出入口控制系统，其管理/控制部分的全部显示/编程/管理/控制功能不在一个设备（出入口控制器）内完成。其中，显示/编程功能由另外的设备完成。设备之间的数据传输通过有线/无线数据通道及网络设备实现。数据载体传输控制型出入口控制系统与联网控制型出入口控制系统的区别仅在于数据传输的方式不同。其管理/控制部分的全部显示/编程/管理/控制等功能不是在一个设备（出入口控制器）内完成。其中，显示/编程工作在另外的设备完成。设备之间的数据传输通过对可移动、可读写的数据载体的输入/导出操作完成。出入口控制系统是采用现代电子设备与软件信息技术，在出入口对人或物的进出进行放行、拒绝、记录和报警等操作的控制系统，系统同时对出入人员编号、出入时间、出入门编号等情况进行登录与存储，从而成为确保区域安全、实现智能化管理的有效措施。

（四）电子巡查系统

电子巡查系统是对保安巡查人员的巡查路线、方式及过程进行管理和控制的电子系统。在安防技术界和智能建筑界，通常将该系统称为电子巡更系统。管理者可以通过该系统考察巡更者是否在指定时间按巡更路线到达指定地点，从而了解巡更人员的巡查情况，而且管理人员可通过软件随时更改巡逻路线，以配合不同场合的需要。该系统一般分为离线式和在线式两种。

为了防止意外、确保安全，现代社会的许多场合都需要对一定区域进行周而复始的巡检。在巡更机诞生以前，对于巡检的监督主要靠纸笔签到完成，这就存在代签、补签无据可查的问题。电子巡更系统是一种通过 RFID 或者 TM 卡等移动识别技术，将巡检工作中的信息自动准确记录下来的管理系统，它的出现，是巡逻、巡检过程监控手段的进步。

将巡更点安放在巡逻路线的关键点上，保安在巡逻的过程中用随身携带的巡更棒读取自己的人员点，然后按线路顺序读取巡更点。在读取巡更点的过程中，如发现突发事件可随时读取事件点，巡更棒将巡更点编号及读取时间保存为一条巡逻记录。定期用通信座将巡更棒中的巡逻记录上传到计算机中。管理软件将事先设定的巡逻计划同实际的巡逻记录进行比较，就可得出巡逻漏检、误点等统计报表，通过这些报表可以真实反映巡逻工作的实际完成情况。

(五)停车场管理系统

停车场管理系统是对进出停车场的车辆进行自动登录、监控和管理的电子系统。

停车场管理系统通过计算机、网络设备、车道管理设备，搭建一套对停车场车辆出入、场内车流引导、停车费收取进行管理的网络系统。它通过采集车辆出入记录，实现对车辆出人和场内车辆的动态和静态的综合管理。停车场管理系统一般以射频感应卡为载体，通过感应卡记录车辆进出信息，通过管理软件完成收费策略实现、收费账务管理、车道设备控制等功能。

将停车场管理系统作为安全防范系统的一个子系统，是安防技术界和智能建筑界在多年实践中达成的一种共识。“车辆”作为移动目标的一个代表，其安全防范工作已被纳入“技术防范”的对象之中。这样做有利于社会治安的稳定和公民人身财产的安全。

随着社会的发展，城市中的汽车越来越多。车辆集中存放管理的场所被人们提出车辆进出的秩序、车辆存放的安全性、车辆存放管理的有偿性等要求。于是，智能停车场系统产品应运而生，在现代停车场管理中发挥着越来越重要的作用。停车场管理系统的全称是智能停车场管理系统，通常被称为停车场系统或智能停车场，也被业内人士简称为“停车场”。停车场管理系统应用现代机械电子及通信科学技术，集控制硬件、软件于一体。随着科技的发展，停车场管理系统的发展也日新月异，较为专业化的停车场管理系统为免取卡停车场管理系统。

（六）防爆安全检查系统

防爆安全检查系统是检查有关人员、行李、货物是否带有爆炸物、武器和其他违禁品的电子设备系统或网络。安全检查的内容主要是检查旅客及其行李物品中是否带有枪支、弹药、易爆、腐蚀、有毒、放射性等危险物品，排查安全隐患，以保障公众安全。这方面以边防、海关检查最为典型。

总之，安全防范技术涉及社会的方方面面。社会上的重要单位和要害部门，如党政机关、军事设施、国家重点文物保护单位、银行仓库等，这些单位的安全保卫工作极为重要，所以也是安全防范技术工作的重点。安全防范技术的器材、设备以及由其组成的系统能对入侵者做到快速反应，并及时发现和抓获犯罪嫌疑人，对犯罪分子具有强大的威慑作用，同时又能及时发现事故隐患、预防破坏、减少事故和预防火灾，所以其是公安及安全保卫工作中很重要的预防手段。

三、智慧安防系统实施与运维行业概述

我国的安全技术防范工作起始于 20 世纪 70 年代后期，在 80 年代初成立全国社

会公共安全产品行业管理委员会之后，我国安全技术防范行业得到了蓬勃发展。80年代中期，在公安部科技司成立了安全技术防范处，之后，正式成立了公安部安全技术防范工作领导小组，下设公安部安全技术防范管理办公室，统一领导全国的技防工作。1987年，国家技术监督局和公安部技术监督委员会联合组建了全国安全防范报警系统标准化技术委员会，主持制定安全防范报警领域的国家标准和行业标准。同年和次年，公安部又先后组建了北京、上海两个检测中心，负责对全国范围的（进口、国产）安全技术防范产品进行质量检测，对安防系统工程质量进行检验。1992年，经国家民政部批准，成立了中国安全防范产品行业协会，协助政府主管部门对安防行业进行管理。改革开放以前中国的安防主要以人防为主，安全技术防范还只是一个概念，安全技术防范产品几乎还是空白。20世纪80年代初，安防系统在上海、北京、杭州等经济发达城市和地区悄然兴起。

安防系统的发展，经历了从模拟系统到数字化系统再到智能化系统三个阶段的发展演变。随着网络技术的普及，安防IT化更加深化，安防系统的许多环节，特别是网络环境，逐渐转变为借助通用产品进行构建，包括存储、显示在内的后端设备也更趋于通用化。随着科技不断进步，安防行业领域不断扩大。报警运营、中介、资讯等专业化服务开始起步，产品种类不断丰富，发展为视频监控、出入口控制、入侵报警、防爆安检等十几个大类数千个品种；视频监控发展迅猛，年增长率达到30%左右；沿海地区发展较快，形成了以珠江三角洲、长江三角洲、京津地区为中心的三大安防产业集群。

中国正处在高速城市化进程之中，经济的发展，特别是与安防发展关系密切的平安城市、智能化交通建设等政策的实施，以及公众安防意识的增强，使中国安防行业在近年来保持了较好的增长势头。国内安防行业主要上市公司均表现良好，技术水平显著提升，应用推广进展顺利。当前安防行业仍然维持着15%～20%的高速增长。近年来，行业趋势走向IP化、AI化，竞争模式从产品转向解决方案再到人工智能应用的竞争。此外，国内安防产品生产制造企业也获得了持续快速发展，已经涌现出一批现代化安防产品生产制造基地。这些生产制造基地的建成，标志着中国安防产品生产制造的优势正在形成，也预示着中国安防产业的发展正在步入一个全新的升级阶段，向"全球安防产品生产制造中心"迈出了更加坚实的一步。未来一段时间内，国家拉动内需政策和战略性新兴产业的发展都将为安防行业带来发展契机，中国安防市场发展潜力巨大。基于IP网络技术的安防前端设备呈现更加快速的发展。云存储、云计算的出现使后端设备云化也正在行业内逐步显现，尤其是在民用安防领域。大厂商布局了更强大的数据中心和AI运算能力，同时加强在前后端智能化产品上的研发，积累了国际领先的大数据、云计算和人工智能技术，中小厂商与一线厂商在资本和技术积累上拉开更大差距，软件技术给行业带来了更高的壁垒。

安防产业经过40多年的发展，涌现了以海康威视、大华股份、宇视科技等为代表的世界级优秀安防企业及天地伟业、英飞拓、苏州科达、旷视科技、安联锐视、同为股份、万佳安、智诺科技这些传统安防企业。随着互联网＋的不断发展，众多IT

企业进入安防市场，如阿里、华为、小米等企业。行业跨界融合逐步加深，并推动安防行业快速发展，众多IT企业成为安防行业不可或缺的一部分。加之原有的安防龙头企业、品牌集成商等，促使市场竞争加剧，复合型人才需求量较大。中国安防行业近年来的年度统计报告显示，2019—2023年，企业的专业领域在原有入侵报警、视频监控、出入口控制、防爆安检、实体防护、系统平台软件、防伪产品的基础上，增加了人体生物特征识别、人工智能、无人机等专业领域。这些都体现出安防市场形态和需求发生的变化，这些变化也对安防企业和员工提出新的要求，促使安防企业原有人才职业技能的改变和所需新员工知识能力的变化。

在人工智能、物联网、大数据等技术的支持下，城市、住宅、商场等场所的安防从过去简单的安全防护系统向智能综合化体系演变。

智能安防指的是服务的信息化、图像的传输和存储技术。一个完整的智能安防系统主要包括门禁、监控、报警三大部分。从产品的角度讲，智能安防系统应具备防盗报警系统、视频监控报警系统、出入口控制报警系统等子系统。这些子系统可以单独设置、独立运行，也可以由中央控制室集中进行监控，还可以与其他综合系统进行集成和集中监控。

从产业链来看，智能安防行业目前已经形成较为完整的产业链。在智能安防产业链中，硬件设备制造、系统集成及运营服务是产业链的核心。智能安防产业链可以分为：技术层，包括AI、芯片、算法等；设备层，包括各类智能安防产品，如摄像头、门禁、智能锁、对讲机、报警器及集成系统等；服务层，即智能安防集成方案服务商。

人工智能、物联网和大数据等技术深刻改变着安防市场需求和市场形态，同时也决定着安防企业对人才需求的改变。现阶段，安防企业的竞争不仅体现在技术创新上，更聚集在“产品+生态+服务”的比拼上。因此，安防企业不但要在技术研发人才上下功夫，同时要加大渠道拓展和培养工程管理人才。过去十几年，安防行业更多地倾向于产品生产和销售，属于劳动密集型产业。在人工智能时代下，安防行业要想在全产业链顺利发展，就要依靠人力资源质量、技术进步及资本的力量，其中，安防行业人工智能发展要取得突破，人才将成为关键。相关调查统计显示，安防运维服务和工程市场的份额持续攀升，增长率最高达到20%，产品市场增速放缓。人工智能技术的成熟及国家工程项目的推动，使得安防行业具有巨大的市场需求潜能，新应用场景也更加丰富和细化。

安防行业市场需求具有差异化，各行业有各自的特色。现阶段众多安防企业加大了技术投入以应对行业的发展变化，通过加大智能识别算法、数据挖掘技术、大数据分析技术等核心技术投入，研发新的产品或解决方案，来不断满足客户和市场的需求。跨界融合可以满足市场差异化并提供更优质的服务。

国外安防行业经过半个多世纪的发展和演变，逐渐发展成为一个市场规模庞大的成熟行业。市场竞争激烈程度的加剧使得国外安防企业不断拓展新的应用领域，从最早的政治、军事领域发展到办公楼、医院、学校等商业领域，再发展到居民家庭领域，为居民提供系统的安全服务解决方案。应用领域的扩展拓宽了安防市场的发展空间。国外安防行业经历了从设备生产、销售的第一阶段，发展到提供系统解决方案的第二阶段，最后发展到在系统解决方案的基础上实现联网运营收费服务的第三阶段。目前处于后两阶段并存期，实现了由有线报警、本地视频监控转变为有线/无线双路报警、远程视频监控。

总体来讲，全球安防市场规模庞大，市场领域和市场类型都已比较成熟。

学习任务二　智慧安防系统常见接口认知

学习目的

（1）了解智慧安防系统常见接口。

（2）掌握智慧安防系统常见接口的用途。

知识要点

（1）智慧安防系统常见接口。

（2）智慧安防系统音/视频接口及应用。

（3）智慧安防系统数据及控制接口及应用。

任务考核

◆ 案例

举例说明生活中安防系统常见接口，并对其功能进行说明。

◆ 问题

（1）安防系统音/视频接口有哪些？

（2）安防系统数据及控制接口有哪些？这些接口的应用场景有哪些？

一、安防系统音/视频接口

（一）DVI 接口

DVI 即数字视频接口，是一种高速传输数字信号的接口。DVI 接口有多种规范，常见的有 DVI-A、DVI-D 和 DVI-I。DVI 视频传输避免了模拟视频信号传输过程中发送端的数模转换和接收端的模数转换过程，同时避免了模拟信号传输过程中的噪声干扰问题，因此图像无损失。

DVI接口协议会使得像素的亮度与色彩信号从信号来源以二进制方式发送到显示设备。当显示设备以其原生分辨率被驱动时，仅需读取DVI传来的每个像素的数值数据并且套用到正确的位置即可。相对于模拟方式发送的像素数据会受到邻接像素数据与电磁噪声以及其他的模拟有损影响，在此方法中，输出端寄存器中的每个像素都直接对应显示端的每个像素，使得画面质量有基本的保障。

（二） VGA接口

VGA还有一个名称叫D-Sub。VGA接口传输红、绿、蓝模拟信号以及同步信号。使用VGA连接设备，线缆长度不宜超过10米，而且要注意接头是否安装牢固，否则可能引起图像中出现虚影。

显卡所处理的信息最终都要输出到显示器上，显卡的输出接口就是电脑与显示器之间的桥梁，它负责向显示器输出相应的图像信号。CRT显示器因为设计制造上的原因，只能接受模拟信号输入，这就需要显卡能输出模拟信号，VGA接口就是显卡上输出模拟信号的接口。虽然液晶显示器可以直接接收数字信号，但很多低端产品为了与VGA接口显卡相匹配而采用VGA接口。

VGA接口是一种D型接口，上面共有15个针孔，分成三排，每排五个。其中，除了2根NC信号、3根显示数据总线和5个GND信号，比较重要的是3根RGB彩色分量信号和2根扫描同步信号HSYNC和VSYNC针。VGA接口中彩色分量采用RS343电平标准。RS343电平标准的峰值电压为1V。VGA接口是显卡上应用最为广泛的接口类型，多数显卡都带有此种接口。有些不带VGA接口而带有DVI接口的显卡，也可以通过一个简单的转接头将DVI接口转成VGA接口，通常没有VGA接口的显卡会附赠这样的转接头。

（三） HDMI接口

HDMI接口即高清晰度多媒体接口，是一种数字化视频/音频接口，是适合影像传输的专用型数字化接口，可以传送无压缩的音频信号及高分辨率视频信号，传输质量较高。

HDMI线支持5Gbps的数据传输率，最远可传输30m，足以应对一个1080P的视频信号和一个8声道的音频信号。而一个1080P的视频信号和一个8声道的音频信号需求少于4Gbps，因此HDMI线还有很大余量。这允许它可以用一个电缆分别连接DVD播放器、接收器和PRR。此外，HDMI接口支持EDID、DDC2B，因此拥有HDMI接口的设备具有“即插即用”的特点，信号源和显示设备之间会自动进行“协商”，自动选择最合适的视频/音频格式。

HDMI接口具有体积小、传输速率高、传输带宽大、兼容性好、能同时传输无压缩音视频信号等优点。与传统的全模拟接口相比，HDMI接口不但增加了设备间接线的便捷性，还提供了一些 HDMI 接口特有的智能化功能。HDMI 线缆是由 19 根线共同组成的。HDMI 系统由 HDMI 发送端和接收端构成。支持 HDMI 接口的设备在通常情况下具有一到多个接口，而设备的每一个 HDMI 接口输入都必须符合关于发送端的规范，并且每个 HDMI 接口输出都必须符合关于接收端的规范。在 HDMI 线缆的 19 根线中，由 4 对差分传输线组成了 TMDS 数据传输通道和时钟通道。这 4 个通道用来传输音频信号、视频信号以及辅助信号。此外，HDMI 线缆还具备 VESA DDC 通道，该通道能够实现信号源与接收端之间的状态信息交换以进行配置，使设备采用最合适的方式进行输出。

（四） BNC 接口

BNC 接口是常见的早期模拟摄像机的对外接口类型，一般包括电源接口、BNC 视频接口。电源通过外接 12V 直流电供电。BNC 接口用于输出视频信息，摄像机上的 BNC 为母头，与之对应的 BNC 为公头。

BNC 接头是一种用于同轴电缆的连接器。同轴电缆是一种屏蔽电缆，有传送距离长、信号稳定的优点。目前它还被大量用于通信系统，如网络设备中的 E1 接口就是用两根 BNC 接头的同轴电缆来连接的，在高档的监视器、音响设备中也经常用 BNC 接头来传送音视频信号。

BNC 接头是 10Base2 的接头，即同轴细缆接头。可以隔绝视频输入信号，使信号相互间干扰减少，且信号带宽要比普通 15 针的 D 型接头大，可达到更佳的信号响应效果。

BNC 接口的网卡对应用于以细同轴电缆为传输介质的以太网或令牌网中。这种接口类型的网卡较少见，主要因为用细同轴电缆作为传输介质的网络比较少。BNC 接口多用于安防行业监视器传输视频信号和有线电视室内墙壁接口。

（五） RJ-45 接口

随着技术的发展，摄像机的对外接口一般只有 RJ-45 网络接口和电源接口，摄像机通过网络接口或者交换机与其他设备相连接。电源接口提供 12V 外接电源。

RJ-45 模块的核心是模块化插孔。镀金的导线或插座孔可维持与模块化的插座弹片间稳定而可靠的电器连接。由于弹片与插孔间的摩擦作用，电接触随着插头的插入而得到进一步加强。插孔主体设计采用整体锁定机制，这样当模块化插头插入时，插头和插孔的界面外可产生最大的拉拔强度。RJ-45 模块上的接线模块通过“U”形接线槽来连接双绞线，锁定弹片可以在面板等信息出口装置上固定 RJ-45 模块。

（六） POE 接口

摄像机对外接口只有网络接口，没有电源接口。通过网络接口给摄像机提供网络信号，并给摄像机供电。POE 接口摄像机可与 POE 接口录像机直接连接，或者 POE 接口摄像机连接交换机。

（七）无线网络接口

无线网络接口摄像机是通过无线网络传输视频信号的网络摄像机。无线网络接口摄像机有两种：一种是无线 Wi-Fi 网络摄像机；另一种是利用移动通信运营商无线信号进行信号传输的网络摄像机。

（八）音频输入/输出接口

摄像机音频输入接口可接拾音器或线路输入，用于后端监听摄像机附近的声音。摄像机音频输出接口可接音箱，用于喊话或提醒。两个接口同时使用可提供双向语音对讲功能，两端的人便可以对话了。

二、安防系统数据及控制接口

（一） USB 接口

通用串行总线（USB）是一种串口总线标准，也是一种输入/输出接口的技术规范，被广泛应用于个人计算机和移动设备等通信产品，并扩展至摄影器材、数字电视、游戏机等其他相关领域。最新一代是 USB4，传输速率为 40Gbps，三段式电压 5 V/12 V/20 V，最大供电为 100W。新型 Type-C 接口允许正反盲插。

（二） SATA 接口

SATA 是 Serial ATA 的缩写，即串行 ATA。它是一种计算机总线，主要用于主板和大量存储设备（如硬盘及光盘驱动器）之间的数据传输。这是一种完全不同于 PATA（并行 ATA）的新型硬盘接口类型，由于采用串行方式传输数据而得名。SATA 总线使用入式时钟信号，具备了更强的纠错能力。与以往相比，其最大的区别在于能对传输指令（不仅是数据）进行检查，如果发现错误会自动矫正，这在很大程度上提高了数据传输的可靠性。串行接口还具有结构简单、支持热插拔的优点。目前，SATA 分别有 SATA 1.5Gbps、SATA 3Gbps 和 SATA 6Gbps 三种规格。未来将有传输更快的 SATA Express 规格。

（三） SAS 接口

SAS 接口与其他存储接口技术如光纤管道和串行 SCSI 正在成为主流的串行技术。对许多需要高速数据传输的新兴应用来说，串行技术将解决传统并行技术所面临的性能瓶颈问题．串行 SCSI 技术大幅改变企业存储系统内部架构，并在 2009 年成为主要标准。由于成本的降低和效能的提升，串行 SCSI 磁盘将取代 SCSI 甚至部分光纤盘，成为未来企业存储系统或服务器磁盘的主流。

串行 SCSI 这种新标准是 SCSI 接口从 16 位并行总线方式向传输速率为 3.0Gbps 的差分串行链路发展的结果。

（四）网络光纤接口

网络接口是指网络设备的各种接口，我们现今正在使用的网络接口大都为以太网接口。常见的以太网接口类型有 RJ-45 接口、RJ-11 接口、SC 光纤接口、FDDI 接口、AUI 接口和 Console 接口。

在视频监控系统中，传输设备（光端机、交换机、EPON 设备）上应用多种光纤接口，常见的有以下四种。

FC 接口：圆形螺口，一般用于光纤的中继。

ST 接口：圆形的卡接式接口，一般用于光纤的中继。

SC 接口：方形光纤接口，一般用于设备端接。

LC 接口：小方形光纤接口，一般用于设备端接。

学习任务三　智慧安防系统常见线缆认知

学习目的

了解智慧安防系统常见线缆。

知识要点

（1）智慧安防系统常见线缆。

（2）智慧安防系统常见线缆的用途。

任务考核

◆ **案例**

举例说明生活中智慧安防系统常见线缆，并对其功能进行说明。

◆ **问题**

（1）智慧安防系统常见线缆有哪些？

（2）智慧安防系统常见线缆的用途有哪些？

一、双绞线

双绞线是由许多对线组成的数据传输线。双绞线是综合布线工程中常用的一种传输介质。双绞线采用一对互相绝缘的金属导线互相绞合的方式来抵御一部分外界电磁波的干扰。把两根绝缘的铜导线按一定密度互相绞合在一起，可以降低信号干扰的程度，每一根导线在传输中辐射的电波会被另一根导线上发出的电波抵消。双绞线的名字也是由此而来的。

双绞线根据线径有五类线、超五类线和六类线等，根据是否屏蔽可分为屏蔽双绞线和非屏蔽双绞线。屏蔽双绞线电缆的外层由铝铂包裹，以减少辐射，但并不能完全消除辐射，屏蔽双绞线的价格相对较高。

双绞线做法有两种国际标准：EIA/TIA568A（简称“568A”）和 EIA/TIA568B（简称“568B”）。而双绞线的连接方式主要有两种：直通线缆和交叉线缆。直通线缆的水晶头两端都遵循 568A 或 568B，双绞线的每组线在两端是一一对应的，颜色相同的在两端水晶头的相应槽中保持一致。交叉线缆的水晶头一端遵循 568A，而另一端则遵循 568B。

（一）网线的标准

在制作网线时，根据实际需要，主要包括以下两种制作标准。① EIA/TIA 568A 标准，从左起线的排序为白绿、绿、白橙、蓝、白蓝、橙、白棕、棕。② EIA/TIA568B 标准，从左起线的排序为白橙、橙、白绿、蓝、白蓝、绿、白棕、棕。

2002 年，美国通信工业协会（TIA）正式通过了 6 类布线标准。同年，该标准也被国际标准化组织（ISO）批准，标准号为 ISO 11801—2002。

2003 年，美国通信工业协会开始研究能够支持万兆速率传输的铜缆，并于 2008 年颁布了 6 类布线产品的性能参数标准，同时也为超六类、七类双绞线应用于万兆以太网奠定了基础。

（二）五类网线

五类网线（简称“五类线”，见图 1-1）是随着 100Mbps 快速以太网诞生的，但随着网络技术的发展，基于五类线的物理层传输协议 1000Base-T 使得五类线也具备了千兆以太网的传输能力。这种技术在保留原有线缆的情况下，实现了百兆至千兆的平滑过渡。因此五类线在两端设备自动协商后，可以 100MHz 的工作频率在 10BASE-T、100BASE-TX（快速以太网）和 1000BASE-T（千兆以太网）等技术下承担不同速率的以太网的传输介质。为保证传输质量，五类线的传输距离一般在 100m 以内。

五类线作为性能良好的 8 芯铜缆，自然可在以太网以外的信号传输中发挥作用。在某些情况下，五类线能够以一条线缆承载多条传统的电话线。有多种方案适用于在电缆上传输模拟或数字视频。

随着快速以太网标准的推出和实施，五类线开始广泛地应用于网络布线。但是由于个别厂商和网络公司在宣传上的误导，以及部分网络用户对有关标准缺乏必要的了解，致使在选用五类线时真假难辨，不知所措。一旦选用了不符合标准的五类线，一方面会使网络整体性能下降，另一方面会为将来网络的升级埋下隐患。

以太网在使用双绞线作为传输介质时只需要 2 对（4 芯）线就可以完成信号的发送和接收。在使用双绞线作为传输介质的快速以太网中存在着三个标准：100Base -TX、100Base -T2 和 100Base -T4。其中，100Base-T4 标准要求使用全部的 4 对线进行信号传输，另外两个标准只要求 2 对线。而在快速以太网中最普及的是 100Base-TX 标准。美国线规（AWG）中对三类、四类、五类和超五类双绞线都定义为 4 对，在千兆以太网中更是要求使用全部的 4 对（8 芯）线进行通信。所以，标准五类线缆中应该有 4 对线。

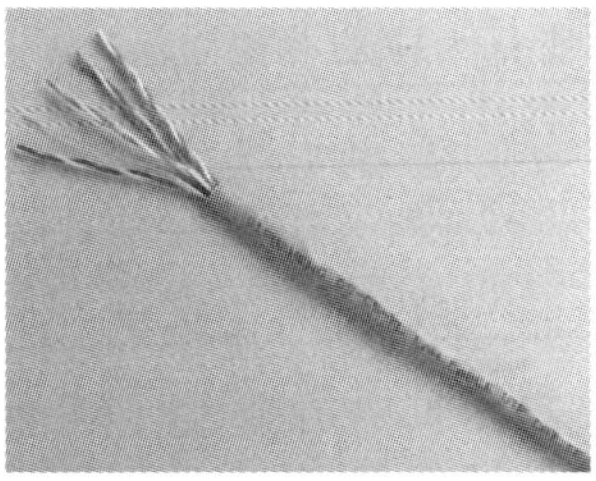

图 1-1　五类网线

（三）六类网线

六类网线（简称“六类线”，见图 1-2）确定了一个新性能评价指标，采用线规为 23AWG 的单芯裸铜为导体、聚乙烯类高分子材料为绝缘体，外皮材料采用阻燃型高分子材料；双绞线符合国际规范（ISO/IEC）的要求，电气特性超过六类网线（CAT 6）国际规范的要求，电缆中心十字骨架隔离保证 NEXT 性能和合理施工弯曲半径。LSZH 代表低烟无卤。低烟无卤材料可满足安全环保的要求。

电缆中央的十字骨架随长度的变化而旋转角度，将四对双绞线卡在骨架的凹槽内，保持四对双绞线的相对位置，提高电缆的平衡特性和串扰衰减。另外，保证在安装过程中电缆的平衡结构不遭到破坏。六类非屏蔽双绞线裸铜线径为 0.57mm（线规为 23AWG），绝缘线径为 1.02mm，STP 电缆直径为 6.53mm。

图 1-2　六类网线

六类线可用于语音、综合业务数字网（ISDN）、快速以太网和千兆以太网等。相对于五类线和超五类线，六类线具有传输距离长、传输损耗小、耐磨、抗压能力强等特性。

（四）超六类网线

超六类网线（简称“超六类线”，见图 1-3）是六类线的改进版，最大传输速率可达 1000Mbps。相对于六类线，超六类线在串扰、衰减、信噪比等方面有了很大的改善。超六类线主要用于温度较高的特殊场合，在 40℃时仍然能够达到六类线 20℃时的性能。超六类线的表皮标有“CAT6A”的字样，经常称为 6A 线，并且大多数有十字骨架。

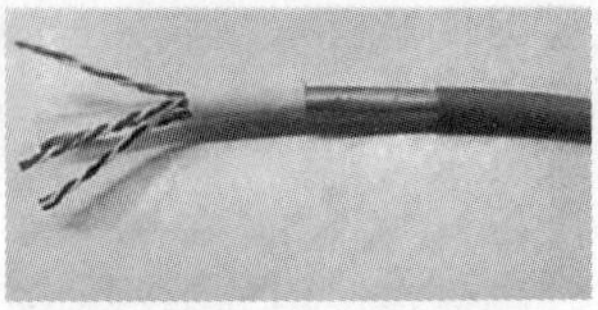

图 1-3　超六类网线

（五）七类网线

七类网线（简称“七类线”，见图 1-4）是一种 8 芯屏蔽线，每对都有一个屏蔽层（一般为金属箔屏蔽层），然后 8 根芯外还有一个屏蔽层（一般为金属编织丝网屏蔽层），接口与 RJ-45 接口相同。七类线的最高传输频率为 600MHz，超七类线的传输频率为 1000MHz。

六类线和七类线布线系统有很多差别，最明显的就是带宽。六类线信道可以提供至少 200MHz 的综合衰减串扰比及整体 250MHz 的带宽。七类线信道可以提供至少 500MHz 的综合衰减串扰比和 600MHz 的整体带宽。

大量的宽带应用促使人们需要更多的带宽。例如，一个典型的七类线信道可以为一个线对提供 862MHz 的带宽及传输视频信号，在另一个线对传输模拟音频信号，然后在第三、四线对传输高速局域网信息。

六类线和七类线布线系统的另一个差别在于它们的结构。六类线布线系统既可以使用 UTP，也可以使用 STP。而七类线系统只基于屏蔽电缆。在七类线缆中，每一对线都有一个屏蔽层，四对线合在一起还有一个公共大屏蔽层。从物理结构上来看，额外的屏蔽层使得七类线有一个较大的线径。

图 1-4　七类网线

还有一个重要的区别在于连接硬件的能力、七类线系统的参数要求连接头在 600MHz 时所有的线对提供至少 60dB 的综合近端串绕。而超五类线系统只要求在 100MHz 时提供 43dB 的综合近端串绕，六类线布线系统要求在 250MHz 时提供 46dB 的综合近端串绕。

（六）八类网线

八类网线（简称“八类线”，见图 1-5）是双屏蔽的网络跳线，它拥有两个导线对，可支持 2000MHz 的带宽，且传输速率高达 40Gbps，但它传输距离仅有 30 米，故一般用于短距离数据中心的服务器、交换机、配线架以及其他设备的连接。

图 1-5　八类网线

（七）网线水晶头制作与测试

网线水晶头制作与测试方法如下。

（1）利用压线钳的剪线刀口剪取适当长度的网线（见图 1-6）。

（2）用压线钳的剪线刀口将线头剪齐，再将线头放入剥线刀口，让线头触及挡板，稍微握紧压线钳慢慢旋转，用刀口划开双绞线的保护胶皮，剥下胶皮（见图 1-7）。

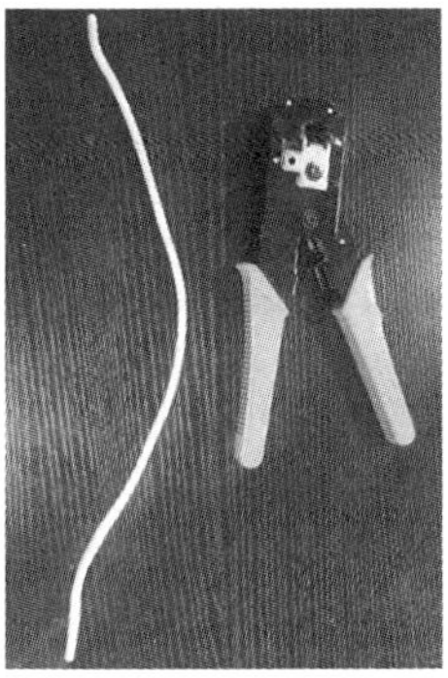

图 1-6　网线剪取

图 1-7　网线剥线

（3）每对线都是相互缠绕在一起的，制作网线时要将 8 条导线一一拆开，然后按照规定的线序排列整齐（见图 1-8）。

（4）把网线尽量伸直、压平，将一端按 568B 线序从左向右依次为白橙、橙、白绿、蓝、白蓝、绿、白棕、棕的顺序排列好，用压线销把线头剪平齐（见图 1-9）。如果以前剩的皮过长，可以将过长的细线剪短，保留约 14mm，这个长度正好能将各细导线插入到各自的线槽，而且水晶头正好能压住护套而防止电缆从水晶头中脱出。

（5）用左手拇指和中指捏住水晶头，使有塑料弹片的一侧向下，针脚一方朝向远离自己的方向，并用食指抵住；右手捏住双绞线外面的胶皮，缓缓用力将 8 条导线同时沿水晶头内的 8 个线槽插入，一直插到线槽的顶端（见图 1-10）。

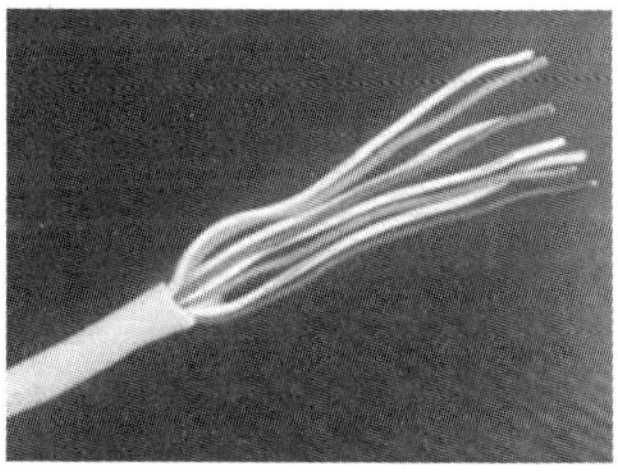

图 1-8　网线理线

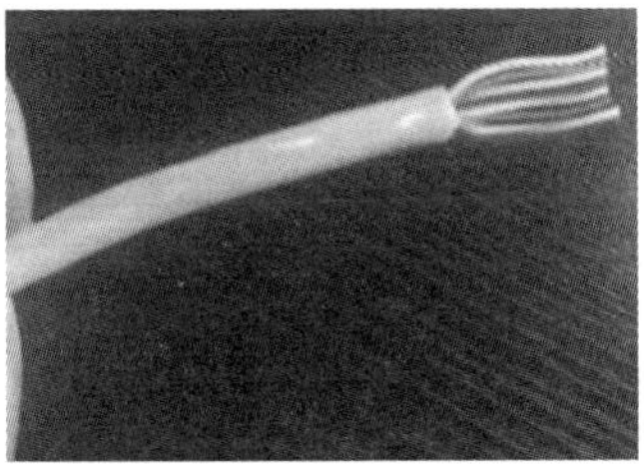

图 1-9　网线修剪

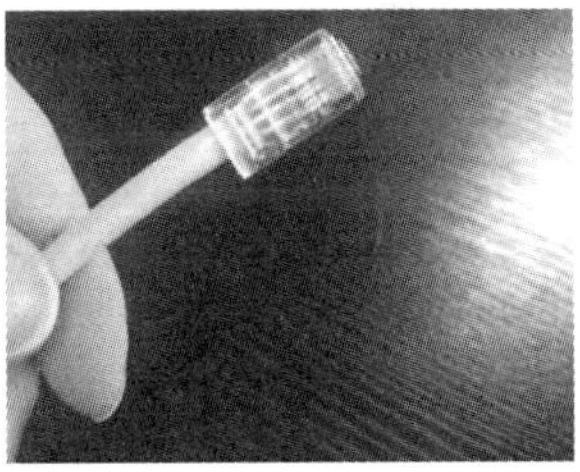

图 1-10　网线插入水晶头

（6）确认所有导线都到位，并检查线序无误后，将水晶头推入压线钳夹槽，然后用力握紧线钳，将水晶头突出在外面的针脚全部压入水晶头内（见图 1-11）。

（7）按同样的方法制作网线另一端，注意此时的线序为白橙、橙、白绿、蓝、白蓝、绿、白棕、棕。

至此，一条网线的水晶头制作完成（见图 1-12），按照同样的方法制作其他双绞线的水晶头。

图 1-11　网线钳压紧水晶头

图 1-12　水晶头制作完成

（8）在把水晶头的两端都做好后即可用网线测试仪进行测试（见图 1-13），如果测试仪上 8 个指示灯都依次为绿色闪过，证明网线制作成功。如果出现任何一个灯为红灯或黄灯，都证明存在断路或者接触不良现象，此时最好先对两端水晶头再用网线钳压一次，再测，如果故障依旧，再检查一下两端芯线的排列顺序是否一样。如果不一样，则剪掉一端重新按另一端芯线排列顺序制作水晶头。如果芯线顺序一样，但测试仪在重测后仍显示红灯或黄灯，则表明其中肯定存在对应芯线接触不良。此时先剪掉一端，按另一端芯线顺序重做水晶头，再测。如果故障消失，则不必重做另一端水晶头，否则得把原来的另一端水晶头也剪掉重做。直到测试全为绿色指示灯闪过为止。

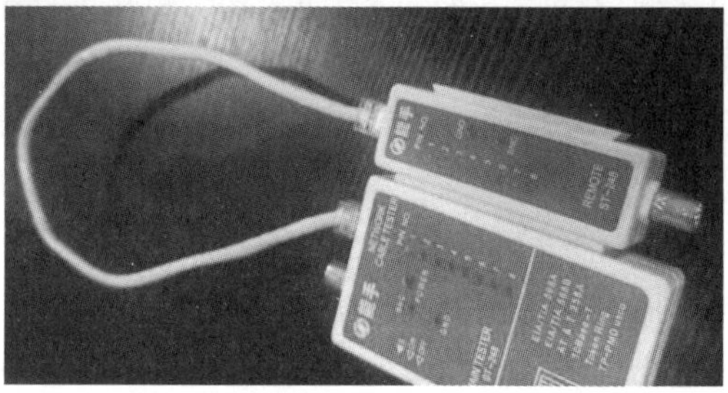

图 1-13　用网线测试仪测试网线

二、光纤

（一）光纤概述

在视频监控系统中，需要进行长距离传输时常用光纤（见图 1-14）作为介质。根据传输点模数的不同，光纤可分为单模光纤和多模光纤。所谓“模”，是指以一定角度进入光纤的一束光。多模光纤采用发光二极管作为光源，允许多种模式的光在光纤中同时传播，从而形成模分散（因为每个“模”的光进入光纤的角度不同，它们到达另一端点的时间也不同，这种特征称为模分散），模分散技术限制了多模光纤的带宽和距离。多模光纤的纤芯直径为 50～62.5μm，包层外直径为 125μm。多模光纤的工作波长为 850nm 或 1300nm。

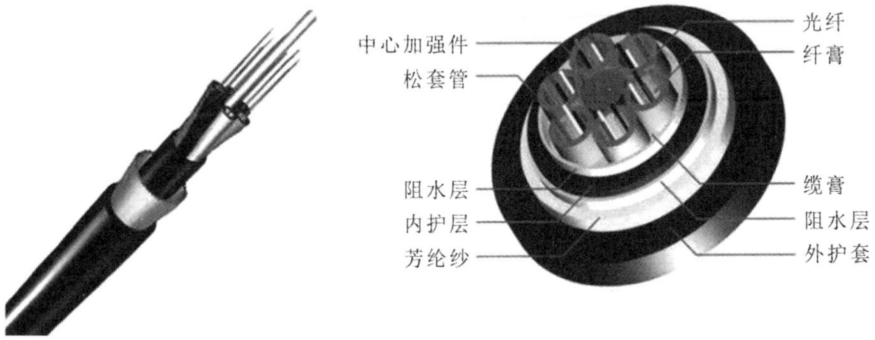

图 1-14 光纤

多模光纤的芯线粗，传输速率低、距离短（一般只有几千米），整体的传输性能差，但其成本比较低，一般用于建筑物内或地理位置相邻的环境下。多模光纤的颜色为橘红色。

单模光纤采用固体激光器作为光源，在光纤中只允许一种模式的光传播，所以单模光纤没有模分散特性。单模光纤的纤芯直径为 8～10μm，包层外直径为 125μm。单模光纤的工作波长为 1310nm 或 1550nm。因此，单模光纤的纤芯相应较细，传输频带宽、容量大，传输距离长，但其需要激光源，成本较高，通常在建筑物之间或地域分散时使用。单模光纤的颜色为黄色。

光纤接头将两根光纤长久地或可分离地联结在一起，并有保护部件的接续部分。光纤接头是光纤的末端装置。光纤接口是用来连接光纤线缆的物理接口。

（二）光纤接口

1. FC 接口

FC 接口（见图 1-15）一般在 ODF 侧采用（配线架上使用最多）。

FC 是单模网络中较常见的连接设备之一。它使用 2.5mm 的卡套，但早期 FC 连接器中的一部分产品设计为陶瓷内置于不锈钢卡套内。目前在多数应用中 FC 接口已经被 SC 接口和 LC 接口替代。

FC 接口的外部加强件采用金属套，紧固方式为螺丝扣。圆形带螺纹接头，是金属接头，金属接头的可插拔次数比塑料要多。一般电信网络采用，有一螺帽拧到适配器上。

优点：牢靠、防灰尘。

缺点：安装时间稍长。

2. SC 接口

SC 接口（见图 1-16）主要用于局域网交换环境，在一些高性能千兆交换机和路由器上提供了这种接口。

SC 接口使用 2.5mm 卡套，不同于 ST/FC 接口，它是一种插拔式的设备，因为性能优异而被广泛使用。它是 TIA568-A 标准化的连接器，但初期由于价格昂贵而没有被广泛使用。

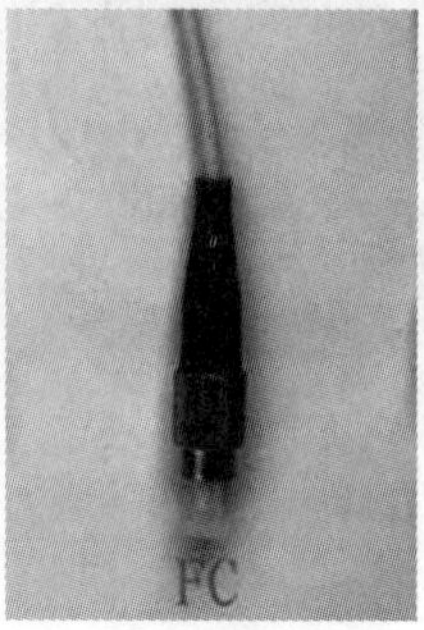

图 1-15　FC 接口

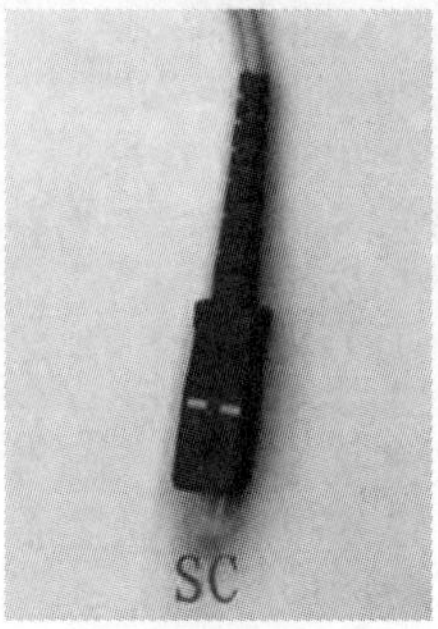

图 1-16　SC 接口

SC 接口的外形是方形的，外壳为矩形，采用插针与耦合套筒的结构。其中插针的端面多采用 PC 或 APC 研磨方式；紧固方式为插拔销闩式，无须旋转。

优点：标准方形接头，直接插拔，使用方便；采用工程塑料，耐高温、不易氧化。

缺点：接头容易掉出。

3. ST 接口

ST 接口（见图 1-17）多用于通信机房机柜上的光纤配线架、光纤终端盒。

ST 接口是多模网络（例如大部分建筑物内或园区网络）中较常见的连接设备。它具有一个卡口固定架和一个 2.5mm 长圆柱体的陶瓷或者聚合物卡套以容载整条光纤。

ST 接口外壳为圆形，固定方式为螺丝扣。

优点：牢固。

缺点：接头插入后旋转半周有一卡口固定，容易折断。

4. LC 接口

LC 接口（见图 1-18）是 SFP 模块的专用接口，它采用操作方便的模块化插孔（RJ）闩锁机理制成，一般应用在路由器上。

LC 型连接器是光纤连接器的一种，因为外观尺寸仅占 SC/ST/FC 连接器的一半，故属于小型光纤连接器的一种。LC 型连接器广泛应用于综合布线系统。

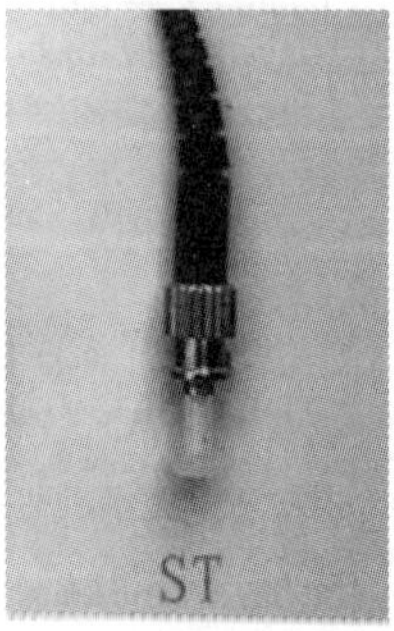

图 1-17　ST 接口

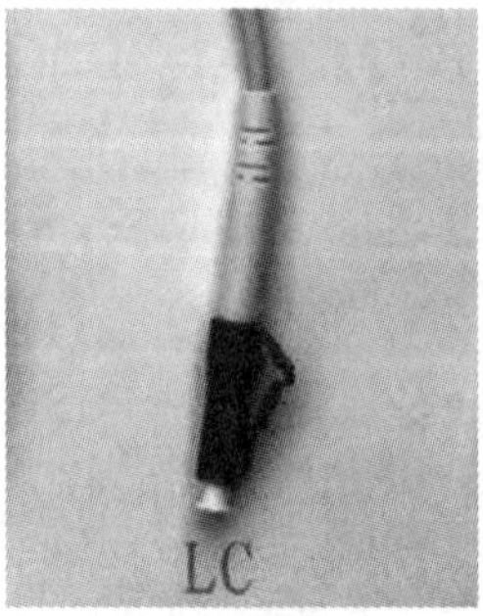

图 1-18　LC 接口

（三）单模光纤和多模光纤的介绍及应用场景

微细的光纤封装在塑料护套中，使得它能够弯曲而不至于断裂。通常，光纤的一端的发射装置使用发光二极管或一束激光将光脉冲传送至光纤，光纤的另一端的接收装置使用光敏元件检测脉冲。光纤以光脉冲的形式来传输信号，因此其材质以普通玻璃或有机玻璃为主。光纤由纤维芯、包层和保护套组成。

光纤的结构和同轴电缆类似，也是中心为一根由玻璃或透明塑料制成的光导纤维，周围包裹着保护材料，根据需要还可以将多根光纤并合在一根光缆里面。根据光信号发生方式的不同，光纤可分为单模光纤和多模光纤。

1. 单模光纤

在光纤通信中，单模光纤（英文简称 SMF，见图 1-19）是一种采用横向模式直接传输光信号的光纤。单模光纤的典型传输速率为 100Mbps 或 1Gbps，传输距离至少可以达到 5km。通常情况下，单模光纤用于远程信号传输。单模光纤的纤芯较细，传输频带宽、容量大，传输距离长，但需要激光源，成本较高，通常在建筑物之间或地域分散的环境中使用。

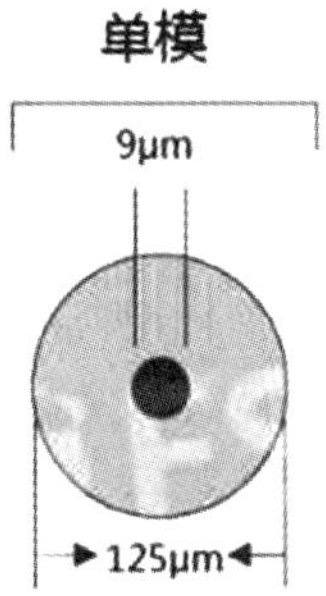

图 1-19　单模光纤

2. 多模光纤

多模光纤（英文简称 MMF，见图 1-20）主要用于短距离的光纤通信，如在建筑物内或校园里。多模光纤的典型传输速率为 100Mbps，传输距离可达 2km，1Gbps 可达 1000m，10Gbps 可达 550m。有两种类型的折射率：渐变折射率和阶跃折射率。多模光纤的芯线较粗，传输速率较低、距离较短，整体的传输性能较差，但成本较低，一般用于建筑物内或地理位置相邻的环境中。

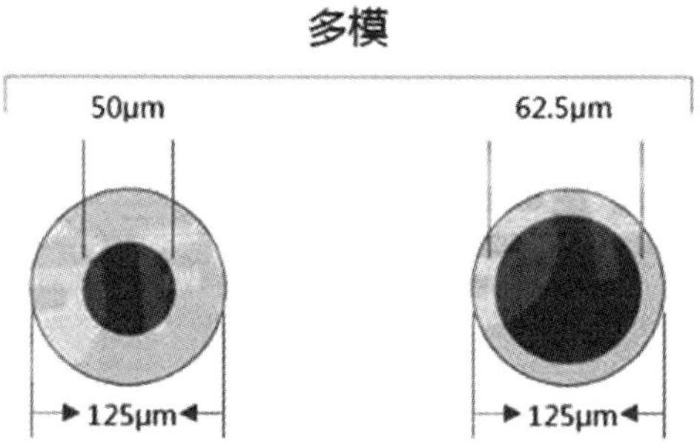

图 1-20　多模光纤

三、同轴电缆

同轴电缆（见图 1-21）的得名与它的结构有关。同轴电缆的结构可以分为保护套、外导体屏蔽层、绝缘层、铜芯，其中外导体屏蔽层和铜芯构成回路。外导体屏蔽层和铜芯间用绝缘材料互相隔离。外层导体和中心轴芯线的圆心在同一个轴心上，所以叫作同轴电缆。这种结构，使其具有高带宽和极好的噪声抑制特性。同轴电缆有基带同轴电缆和宽带同轴电缆之分。基带同轴电缆的阻抗特性为 50Ω，仅用于数字传输，传输速率最高可达 10Mbps。基带同轴电缆根据线径可分为粗缆和细缆，粗缆的传输距离可达 500m，细缆的传输距离可达 180m。宽带同轴电缆的阻抗特性为 75Ω，一般用于模拟传输，传输速率最高可达 750Mbps。在视频监控系统中，摄像机所连的视频线为宽带同轴电缆。宽带同轴电缆根据线径尺寸的不同有多种规格，如 SYV-75-3C、SYV75-5C、SYV-75-7、SYV-75-9C。

同轴电缆的优点是可以在相对长的无中继器的线路上支持高带宽通信。其缺点也是显而易见的：一是体积大，细缆的直径达 3/8 英寸（1 英寸＝0.0254 米），要占用电缆管道的大量空间；二是不能承受缠结、压力和严重的弯曲，这些都会损坏电缆结构，阻止信号的传输；三是成本高。而这些缺点正是双绞线能克服的，因此在现在的局域网环境中，同轴电缆基本已被双绞线所取代。

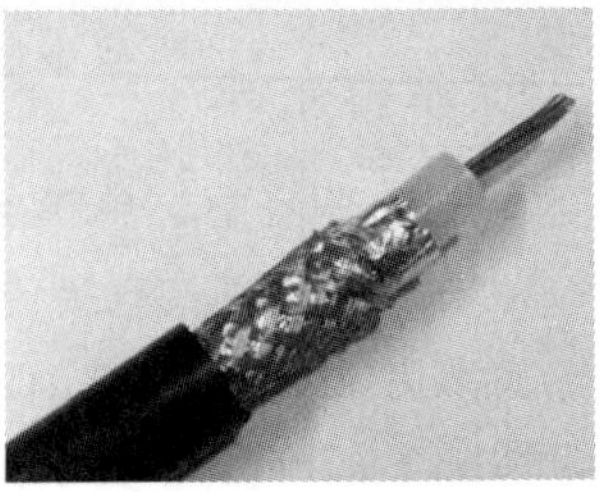

图 1-21　同轴电缆

同轴电缆分为细缆和粗缆两种。细缆的直径为 0.26cm，最大传输距离 185m，使用时通过 50Ω 终端电阻、T 型连接器、BNC 接头与网卡相连，线材价格和连接头成本都比较便宜，而且不需要购置集线器等设备，十分适合架设终端设备较为集中的小型以太网络。缆线总长不宜超过 185m，否则信号将严重衰减。细缆的阻抗一般为 50Ω。粗缆（RG-11）的直径为 1.27cm，最大传输距离达 500m。由于直径相当粗，因此它的弹性较差，不适合在室内狭窄的环境内架设，而且 RG-11 连接头的制作方式也相对要复杂得多。不能直接与电脑连接，它需要通过一个转接器转成 AUI 接头，然后再接到电脑上。粗缆的强度较高，最大传输距离也比细缆长，因此粗缆的主要用途是扮演网络主干的角色，用来连接数个由细缆所结成的网络。粗缆的阻抗一般为 75Ω。

（一）基带同轴电缆

基带同轴电缆的屏蔽层通常是用铜做成的网状结构，其特征阻抗为 50Ω。该电缆用于传输数字信号，常用的型号一般有 RG-8（粗缆）和 RG-58（细缆）。粗缆与细缆最直观的区别在于电缆直径不同。粗缆适用于比较大型的局部网络，它的标准距离长，可靠性高。但是粗缆网络必须安装收发器和收发器电缆，安装难度较大，因此总体造价较高。相反，细缆则比较简单，造价较低，但由于安装过程中要切断电缆，因而当接头较多时容易出现接触不良。

无论是使用粗缆还是细缆连接的网络，故障点往往会影响到整根电缆上的所有机器，故障的诊断和修复都很麻烦。因此，基带同轴电缆已逐步被非屏蔽双绞线或光缆所取代。

（二）宽带同轴电缆

宽带同轴电缆的屏蔽层通常是用铝冲压而成的，其特征阻抗为 75Ω。这种电缆通常用于传输模拟信号，常用型号为 RG-59，是有线电视网中使用的标准传输线缆，可以在一根电缆中同时传输多路电视信号。宽带同轴电缆也可用作某些计算机网络的传输介质。

（三） RVV 电缆和 RVVPS 电缆

RVV 电缆全称铜芯聚氯乙烯绝缘聚氯乙烯护套软电缆，又称轻型聚氯乙烯护套软线，俗称软护套线，是护套线的一种，主要应用于电器、仪表和电子设备及自动化装置用电源线、控制线及信号传输线，具体可用于防盗报警系统、楼宇对讲系统等。

RVV 电缆是弱电系统最常用的线缆，其芯线根数不定，多为两根或以上，外面有 PVC 护套，芯线之间的排列没有特别要求。

RVVPS 电缆对比 RVV 电缆多了一层屏蔽编织网并将线缆双绞，主要作用是抗外在信号干扰。

实训一 跳线的制作及测试实训

一、实训目的与要求

每人独立完成4根CAT6E类网络跳线制作。要求采用568B线序，每根长度为300mm，长度误差为±5mm。

1. 非屏蔽双绞线电缆

非屏蔽双绞线电缆的色谱由1个主色（白色）、4个副色（蓝、橙、绿、棕）组成。

2. 非屏蔽RJ-45水晶头

RJ-45水晶头是一种国际标准化的接插件，使用国际标准定义的8个位置（8针）的模块化插孔或者插头。非屏蔽RJ-45水晶头由9个零件组成，包括1个透明注塑插头体和8个刀片。

3. 线序

568A线序：白绿、绿、白橙、蓝、白蓝、橙、白棕、棕。
568B线序：白橙、橙、白绿、蓝、白蓝、绿、白棕、棕。

二、实训内容

(1) 掌握双绞线电缆的剥线方法，包括拆开扭绞长度、整理线序。
(2) 插入RJ-45水晶头内的网线长度不大于13mm，前端10mm不能有缠绕。
(3) 线芯插到前端，以三角压块压住护套2mm。
(4) 掌握旋转剥线器、网络压线钳等工具的使用方法。

三、实训设备、材料和工具

网络跳线制作实训材料见表1-1。

表 1-1　网络跳线制作实训材料

序号	名称	规格说明	数量	器材照片
1	电缆端接材料包	（1）6e 类网线 7 根； （2）RJ-45 水晶头 8 个； （3）RJ-45 网络模块 6 个； （4）使用说明书 1 份	1 包/人	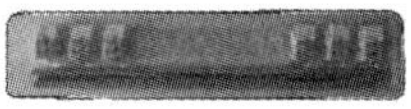

网络跳线制作实训工具见表 1-2。

表 1-2　网络跳线制作实训工具

序号	名称	规格说明	数量	工具照片
1	旋转剥线器	旋转式双刀同轴剥线器，用于剥除外护套	1 个	
2	网络压线钳	支持 RJ-45 与 RJ-11 水晶头压接	1 把	
3	水口钳	6 寸水口钳，用于剪齐线端	1 把	
4	钢卷尺	2m 钢卷尺，用于测量跳线长度	1 个	

四、实训步骤

1. 预习和播放视频

课前应预习。初学者提前预习，请多次认真观看实训指导视频，熟悉主要关键技能和评判标准，熟悉线序。

实训时，教师首先讲解技术知识点和关键技能，然后播放视频。

2. 准备器材工具

建议在播放视频期间，教师准备和分发材料工具。

（1）发放电缆端接材料包，每个学员 1 包，本实训只使用 RJ-45 水晶头与 CAT6E 类网线。

（2）学员检查材料包，规格、数量应合格。

（3）发放工具。

（4）每个学员将工具、材料摆放整齐，开始端接训练。

（5）本实训要求学员独立完成，优先保证质量，掌握方法。

3. 实训步骤和测试方法

第一步：调整剥线器。调整剥线器刀片进深高度，保证划破护套的 60%～90%，避免损伤线芯，并且试剥 2 次，使用水口钳剪掉撕拉线。

第二步：剥除护套。初学者剥除网线外护套长度宜为 20mm，并且沿轴线方向取下护套，不要严重折叠网线。

第三步：拆开线对。分开蓝、橙、绿、棕四对线，绿线朝向自己，蓝线朝外，橙线朝左，棕线朝右。

第四步：捋直线芯。按照 568B 线序排好捋直，剪齐线端，保留 13mm，线端至少 10mm 没有缠绕。

第五步：插入水晶头。左手拿好水晶头，刀片朝向自己，将捋直的线对插入水晶头。再次仔细检查线序，保证线序正确，并且插到底。

提高材料利用率建议：初学者按照上述第一步至第五步，反复练习至少 5 次，牢记线序，熟练掌握基本操作方法后，再压接水晶头。

第六步：压接水晶头。将水晶头放入压线钳，并且将网线向前推，然后用力压紧即可。

第七步：检查质量。检查刀片是否压入线芯，保证线序正确，注意水晶头三角压块翻转后必须压紧护套。测量跳线长度。

水晶头端接关键步骤如图 1-22 所示。

①剥除外护套，剪掉撕拉线。 ②拆开4个线对，按568B线序捋直。 ③剪齐线端，留13mm。 ④将刀口向上，网线插到底。 ⑤放入压线钳，用力压紧。 ⑥保证线序正确，检查并压紧护套。

图 1-22　水晶头端接关键步骤

4. 评判标准

每根跳线 100 分，4 根跳线 400 分。测试线序不合格，直接给 0 分，操作工艺不再评价。操作工艺评价详见表 1-3。

表 1-3　操作工艺评价

评价项目/跳线编号	跳线测试合格 100 分不合格 0 分	操作工艺评价（每处扣 5 分）					评判结果得分	排名
		未剪掉撕拉线	拆开线对>13mm	没有压紧护套	线芯没有插到顶端	跳线长度不正确		

续表

评判项目/跳线编号	跳线测试合格 100 分不合格 0 分	操作工艺评价（每处扣 5 分）					评判结果得分	排名
		未剪掉撕拉线	拆开线对 ＞13mm	没有压紧护套	线芯没有插到顶端	跳线长度不正确		

五、实训报告要求

请按照实训目的与要求，独立完成实训报告，具体设计任务作为实训报告的附件。

实训二　光纤熔接技术实训

一、实训目的与要求

掌握光纤熔接技术。

二、实训内容

(1) 准备实训工具，列出实训工具清单。
(2) 检查熔接机。

三、实训设备、材料和工具

光纤熔接机	1台
工具箱	1个
光缆	若干
光纤跳线	若干
光纤熔接机保护套	若干
光纤切割刀	1把
无水酒精	1瓶

四、实训步骤

(1) 在光缆开口处找到光缆内部的两根钢丝，用斜口钳剥开光缆外皮，用手从侧面拉出一小截钢丝。

(2) 一只手握紧光缆，另一只手用斜口钳夹紧钢丝，向身体内侧旋转拉出钢丝。用同样的方法拉出另一根钢丝。

(3) 用束管钳将任意一根旋转钢丝剪断，留一根以备在光纤配线盒内固定。当两根钢丝拉出后，外部的黑皮保护套就被拉开了，用手剥开保护套，然后用斜口钳剪掉拉开的黑皮保护套。

（4）用剥皮钳将保护套剪开，并将其抽出。

（5）将光纤跳线剪断后，用剥线钳剥开，抽出外皮，可以看到白色保护套。

（6）剥开白色保护套，抽出外皮，可以看到透明状的光纤。

（7）用机械光纤切割刀对光纤进行切割。

（8）用光纤熔接机熔接。

五、实训报告要求

实验过程中，注意一些细节，注意中途清洁光纤。

课后练习：智慧安防系统的传输方式

在智慧安防系统中，传输通道中的信号一般有视频信号和控制信号两种。其中，视频信号从系统前端的摄像机传输至控制中心，控制信号从控制中心传输至前端的摄像机。根据传输介质的不同，智慧安防系统的传输方式可分为同轴电缆传输、双绞线传输、光纤传输和无线传输等方式。请结合所学内容和相关规定，填写表 1-4 中的空白处。

表 1-4　智慧安防系统传输方式对比表

序号	传输方式	基本概念	优点	缺点	应用场景
1	同轴电缆传输				
2	双绞线传输				
3	光纤传输				
4	无线传输				

学习单元二

智慧安防系统硬件安装

学习目标

◆ **认知目标**

掌握视频监控系统工程的施工准备的具体内容，了解视频监控系统的安装过程与安装方法。

◆ **技能目标**

能够独立完成视频监控系统的开箱、安装与接线。

◆ **素质目标**

培养务实肯干、坚持不懈、精雕细琢的敬业精神。

重点内容

能够掌握安防系统硬件安装流程与规范，能够完成设备的开箱、设备的安装、机柜内设备布局工作。

案例导入

智慧安防系统设备主要包括以下几种。

1. 智能门锁

智能门锁是一种基于人脸识别、指纹识别、密码识别等技术的门锁系统。用户可以通过手机 App 远程控制门锁，实现远程开锁、授权等功能。智能门锁可以有效防止钥匙丢失、密码泄露等安全问题。

2. 智能监控

智能监控是一种基于视频监控、人脸识别、行为分析等技术的安防系统。智能监控可以实时监测人员、车辆等活动，发现异常行为并及时报警。智能监控可以应用于公共场所、商业区、工业园区等场所。

3. 智能报警

智能报警是一种基于传感器、人工智能等技术的报警系统。智能报警可以实时监测环境温度、湿度、烟雾等参数，发现异常情况并及时报警。智能报警可以应用于家庭、商业、工业等场所。

4. 智能防盗

智能防盗是一种基于传感器、人脸识别、行为分析等技术的防盗系统。智能防盗可以实时监测房间内的人员、物品等情况，发现异常行为并及时报警。智能防盗可以应用于家庭、商业、工业等场所。

5. 智能停车

智能停车是一种基于车牌识别、人工智能等技术的停车系统。智能停车可以实时监测车辆进出情况，自动识别车牌并记录停车时间。智能停车可以应用于商业区、机场、车站等场所。

6. 智能安检

智能安检是一种基于人脸识别、行李检测等技术的安检系统。智能安检可以实时监测人员、行李等情况，发现异常情况并及时报警。智能安检可以应用于机场、车站、商业区等场所。

7. 智能消防

智能消防是一种基于传感器、人工智能等技术的消防系统。智能消防可以实时监测环境温度、湿度、烟雾等参数，发现火灾并及时报警。智能消防可以应用于家庭、商业、工业等场所。

8. 智能安保巡检

智能安保巡检是一种基于人脸识别、行为分析等技术的安保巡检系统。智能安保巡检可以实时监测安保人员的巡检情况，发现异常情况并及时报警。智能安保巡检可以应用于商业、工业等场所。

学习任务一　安防设备验收及存放

学习目的

掌握安防设备验收及存放。

知识要点

（1）安防设备验收流程。

（2）安防设备出库、入库流程。

（3）安防设备存放流程。

任务考核

◆ **案例**

校园安防工程，是全面加强学校安全管理工作，维护学校正常教学和生活秩序，保证师生人身财产安全，营造安全、稳定、文明、健康的育人环境，为构建社会主义和谐社会创造条件的一项基础性工程。它运用先进的技术手段，在一定区域范围内警戒可能发生的入侵行为，对发生的报警事件及时捕获、处理和记录相关影像，对重要的部门进出情况进行自动记录，对重要区域提供有效的保护等，是安防系统追求的目标。防范胜于救险，提高学校安防等级、加强校园纵深防护迫在眉睫。

◆ **问题**

智慧安防系统在校园中的应用场景及功能有哪些？

一、安防设备验收流程

（一）开箱准备

工具准备：针对纸箱、泡沫箱之类的包装，应准备美工刀之类的工具。若现场有木箱包装，还应准备合适的螺丝刀、扳手、钳子等。

资料准备：应在开箱前知晓需要检验的货物明细，提前从项目订单中获得设备清单。

首先按包装箱上所附的装箱单查点总件数是否相符，原厂封装标签是否完整，包装箱外观是否完好，有无倒置，运送地点是否与实际要求到货地点相符。

如果出现装箱单中的总件数与实际总件数不符、外包装损坏、设备出现变形或浸水等异常情况，则应停止开箱。

图 2-1　木箱

木箱（见图 2-1）一般用于包装存储硬盘、显示单元。木箱多由木板、钢边、舌片、泡沫包角等包装材料组成。

开箱前最好将包装箱搬至安装地点附近后再进行开箱，以免拆开包装后搬运时损伤货物。木箱的开箱方法如下：① 将扳手一端插入木箱盖板舌片孔内，转动扳手，将舌片扳直，也可使用螺丝刀或羊角锤操作舌片；

② 将箱盖上的所有舌片扳直后，将箱盖抬起，移走；③ 将联结木箱周围木板的舌片扳直，移走木板。

纸箱一般用来包装整机，单板或散件等。

（二）整机开箱方法

查看纸箱（见图 2-2）标签，了解箱内货物类型，数量。用斜口钳剪断打包带，用美工刀沿箱盖合缝处划开胶带，在用刀时注意不要插入过深，以免划伤内部物品。

打开纸箱，取出泡沫板。对照装箱单，对箱内物料类型、数量逐项清点。

需要注意，请勿在箱内还有未取出的部件和附件时便将纸箱扔掉。缺少物料会给施工带来不必要的麻烦，在确认纸箱内物品拿完后再开下一个包装箱。可以把资料和附件集中放置。

单板是放置于防静电保护袋中运输的，拆封时必须采取防静电保护措施，以免损坏设备。同时，还应注意环境温度、湿度的影响。防静电保护袋中放置有干燥剂，用于吸收袋内空气中的水分，保持袋内干燥。单板拆封方法如下：① 检查每个单板包装是否有明显的损伤；② 佩戴防静电手环，并且将其正确接地，特别是冬季干燥地区人体带静电比较多，要尽量释放身上的静电，如可用双手触摸墙壁等方法；③ 拆除每个包装，检查其中有没有损伤。

图 2-2　纸箱

如果要立即进行安装，则将所有的物件放在防静电的地面上，对物件进行放电处理。然后按照后面章节的指示进行安装。暂时不需要安装的物料，使用原有的包装材料进行包装，并且保存在温度、湿度合适的环境中，避免阳光直射和强电磁辐射源。

注意：电子线路十分容易受到静电放电（ESD）的损害。处理单板之类的部件时，需要正确佩戴已接地的防静电手环，并且在操作单板时只接触其边缘。

硬盘开箱要求：对硬盘开箱验货时，硬盘内部有机械部件，属于易损的精密仪器，必须轻拿轻放。在开箱、存放、搬运、使用中应注意以下几点。① 接收硬盘时，要检查硬盘的包装箱是否损坏（破裂、压坏或受潮）。② 硬盘不可以长时间存放在高温、潮湿的环境中，而应存放在室温较低、通风较好、湿度较低的环境中。温度环境变化较大时，应当让硬盘适应新环境 12 小时后再正常使用。③ 搬运装有硬盘的包装（见图 2-3）时，应该轻拿轻放，不能把硬盘去掉包装盒后徒手搬运。硬盘不允许安装至设备中后再进

图 2-3　硬盘包装

行周转及搬运，应该放到硬盘专用包装箱中进行运输及搬运（以免造成硬盘内部损伤），并且运输前需要用胶带把包装箱封好。④ 不要使用锋利物件去剪开或撬开硬盘包装袋；硬盘要水平放置在防静电的软垫上，不要堆叠；接触硬盘时，要戴防静电手环，用手接触硬盘的两个侧边；不要把硬盘放置在桌子边缘，以免跌落受损。

（三）货物签收

若货物没有问题，则参加验货各方代表在货物签收单（见图 2-4）上签字确认，各方保管一份。作为开箱验货的凭证。

<table>
<tr><th colspan="5">货物签收单</th></tr>
<tr><td colspan="4">收货单位：</td><td></td></tr>
<tr><td>货名</td><td>名称及规格</td><td>单位</td><td>数量</td><td>备注</td></tr>
<tr><td></td><td></td><td></td><td></td><td></td></tr>
<tr><td></td><td></td><td></td><td></td><td></td></tr>
<tr><td></td><td></td><td></td><td></td><td></td></tr>
<tr><td></td><td></td><td></td><td></td><td></td></tr>
<tr><td></td><td></td><td></td><td></td><td></td></tr>
<tr><td colspan="5">请收货单位验收货物后填写下栏，此签收单由本公司收存</td></tr>
<tr><td rowspan="3">签收栏</td><td colspan="3">以上货物已于　　年　　月　　日清点签收</td><td></td></tr>
<tr><td colspan="3">收货单位：</td><td rowspan="2">签字（盖章）：</td></tr>
<tr><td colspan="3">验收人：</td></tr>
</table>

图 2-4 货物签收单

有些合同条款中规定需要在验货完成后出具《验货报告》，或者有第三方工程监理公司需要验货报告时，可以使用签字盖章的《验货报告》，同时附上装箱清单。各方保管一份。

二、安防设备入库流程

（一）入库注意事项

（1）在供货商没有随货清单的情况下，需要由入库人员出具设备详细清单才能办理入库。

（2）在供货商有随货清单的情况下，需要按照随货清单认真清点所要入库设备的数量，检查设备数量、规格、类别准确无误、质量完好、配套齐全，并在接收单上签字。

（3）随货清单如果有问题（不合格）或与采购清单不符时，则与供应商联系，将货物返回供应商。

(4) 如果货物包装及货物破损，则拒绝签收及入库，与供应商联系，将货物返回供应商。

(5) 在设备直接发往施工现场的情况下，由入库人员出具设备清单，库管员办理（无实物）入库手续。

(6) 货物开箱时要求甲乙双方必须同时在场，如果单方开箱，出现货物问题，则应该由开箱方负责。

入库流程如图 2-5 所示。

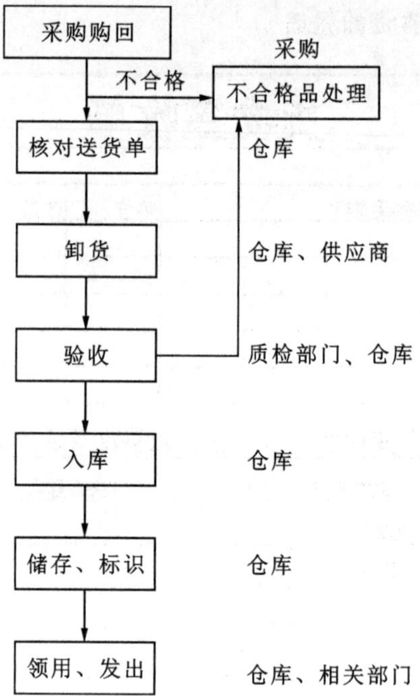

图 2-5　入库流程

（二）开箱验货典型案例

(1) 某项目硬盘开箱验货不规范造成损坏。客户机房明确要求去掉包装箱后才能把硬盘搬运到机房中，工程师把硬盘的包装盒全部去掉，把硬盘放到了手推车上，通过手推车搬运到机架附近。上电调测时，发现有多个硬盘损坏，造成损失并影响工程进度。

(2) 某工程中现场工程师发现到货的外包装破损，因工程紧急，工程师在没有联系保险公司的情况下，开箱安装，发现设备变形，原始证据被破坏，无法向保险公司索赔，由责任人承担损失。

(3) 某项目设备开箱，没有一次性验货。现场工程师边开箱、边安装，安装到最后，发现缺少某个光模块和“挂耳”，光模块和“挂耳”体积较小，很容易随包装材料一起丢弃，要求工程中开箱时要一次性验货。对光模块、“挂耳”等体积较小的物料要特别注意。

(4) 开箱验货时未分清千兆模块、百兆模块引起误反馈。某工程中现场工程师反馈两个千兆模块中有一个是百兆模块，光模块的包装与条码都为千兆的，里面实物为百兆的，要求换货。经过派人到现场核实，在百兆模块中发现了该条码的千兆模块。现场工程师解释为由于只看模块外观，没有检查具体型号，导致错误反馈。影响了工程进度，增加了处理成本。

（三）货物移交

装箱单签字确认后，货物随即移交给客户方保管。与客户方货物交接完毕后，若因客户方保管不善而导致货物损坏或遗失，责任应由客户方承担。

（四）货物领用

现场工程师使用货物需向客户货物管理员提出申请，说明类型、数量和用途并做记录。现场工程师携带相关货物出入客户机房，应征得相关保管人员的同意，并且有相关表格记录出库明细。

三、安防设备存放流程

（一）外包装箱常见标识

货物搬运和存储中应注意包装箱的标识（见图 2-6）。

堆叠数量标识：限制了最大堆叠数量。

堆叠方向标识：限制了货物堆叠方向。

易碎标识：注意货物搬运放置力度。

防潮标识：注意存放防潮、避雨。

图 2-6 包装箱的标识图

货物到货后，如果不立即开箱，则应妥善储存货物。

（二）货物存放环境要求

货物存放环境要求包括：温度 10～30℃，湿度 30%～70%，没有漏水，无振动，灰尘度低，无强烈电磁干扰，有良好的防静电措施，场地宽敞。

（三）货物摆放要求

货物摆放一般遵循大类分开、小类按编码顺序放置，以及上轻下重、上小下大的原则。

根据物料外包装箱的尺寸及标识要求，尽量居中交叉摆放，无明显偏斜。每层摆放要一致，上下要对齐，尾数放在最上面。摆放整齐有序，层数与方向应遵守包装箱标识的要求，特别是层数不能超过包装箱标识的堆码高度，以免变形损坏。物料标识要朝外，便于清点和查找。包装箱的堆码高度标识在包装箱外部。

学习任务二　智慧安防系统前端设备安装

学习目的

掌握智慧安防系统前端设备的安装方法，能够独立完成前端设备的安装。

知识要点

（1）前端设备安装常用工具。

（2）前端设备安装。

（3）前端设备标签制作流程。

（4）前端设备安装质量查验流程。

任务考核

◆ **问题**

1. 前端设备安装流程是什么？

2. 前端设备安装常用工具的使用方法有哪些？

一、前端设备安装预备知识

（一）网络摄像机安装防水须知

严格按照以下步骤对设备线缆做好防水处理。

（1）防水处理前，应连接好所有需连接的线缆并剪除不使用尾线的末端铜丝。

（2）用绝缘胶带对线缆的连接处进行缠绕。

（3）使用自黏性防水胶带对线缆进行防水处理。

（4）将自黏性防水胶带（简称防水胶带）向两端拉伸至紧绷。

（5）将拉伸后的胶带紧密缠绕在线缆连接处或线缆末端，缠绕过程中要保持防水胶带一直处于紧绷的状态。

（6）压紧线缆两侧的防水胶带，达到绝缘密封。

（7）使用随机附带的防水套件对网线进行防水处理，依次将防水套件套在网线上。

注意：细橡皮圈需先套在网线接口处。

（8）用随机附带的 DC 堵头对不使用的 DC 接口进行防水处理，无此接口设备可忽略此操作。

（9）将做好防水处理的线缆收纳于防水的接线盒中。

注意：线缆接头不可外露且不可积水；打开的设备必须还原并紧固。

（10）将电源适配器放置于配电箱中，电源线若不使用则单独做防水处理。

（二）前端设备安全须知

前端设备在运输、保存及安装过程中，应避免挤压、振动和受潮，安装时尽量远离振动源。若电源适配器与设备之间的电源线过长，则会导致设备电压偏低，容易造成设备工作异常。若需要对电源线加长，则参照电源线规定要求进行。搬移设备时，不能通过手拎尾线来承重，以免设备电缆接口松脱。

对外连接端口，要用既有的连接端子进行连接，电缆端子（锁扣/卡扣）良好并紧固到位。安装过程中电缆拉扯不要过度，保持有一定的余量，防止因为振动、晃动导致端口接触不良或松脱。

连接报警输入接口时，保证报警输入的高电平信号不超过直流 5V（DC5V）。若设备安装在墙上或天花板上，则要确保安装稳固。为防止设备在安装时掉落，要在安装过程中使用安全绳。

在周转、运输过程中，对前脸需要特别防护，避免摩擦、划伤、污染等。为了保持前脸清洁，在安装过程中不要取下前脸外层的透明保护膜，确认安装完成后再取下该透明保护膜即可。

球罩上存在静电是普遍现象，为了避免球罩上的静电吸附灰尘，建议在取下透明保护膜后，使用防静电手套擦拭一下球罩表面。不能将激光器放置在非专业人士能触及的地方。

（三）日常维护注意事项

前脸无污斑，轻度沾灰时，可以使用吹风皮球吹落。前脸沾染油脂或有灰尘结斑时，将油污或灰尘结斑用眼镜布自中心向外轻轻擦拭；如果无法擦拭干净，则用眼镜布蘸家用洗洁精后自中心轻轻向外擦拭，直到干净为止。禁止使用有机溶剂（苯、酒精等）对透明球罩进行除尘、清洁。注意，擦拭过程中眼镜布要清洁，避免擦拭过程中造成二次污染。

（四）装箱清单

装箱清单如表 2-1 所示。

表 2-1 装箱清单

项目	名称	数量	单位
1	摄像机	1	台
2	电源适配器	1	个
3	防水套件①	1	套
4	螺钉组件②	1	套
5	安装配件③	1	套
6	用户资料	1	套

注：① 含防水胶带、防水堵头等防水组件中的一种或多种。

② 含螺钉包、扳手等螺钉组件中的一种或多种。

③ 含定位贴、转接头/环等转接单元、防静电手套等安装配件中的一种或多种。

（五）产品外观

半球型网络摄像机（以下简称“半球机”）如图 2-7 所示。

枪型网络摄像机（以下简称“枪机”）如图 2-8 所示。

球型网络摄像机（以下简称“球机”）如图 2-9 所示。

图 2-7 半球型网络摄像机外观

图 2-8 枪型网络摄像机外观

图 2-9 球型网络摄像机外观

各款设备尾线有差异，以实际情况为准。此处以全尾线为例，每款尾线都有标签说明（包括尾线的颜色和信号定义）。尾线端子如图 2-10 所示。

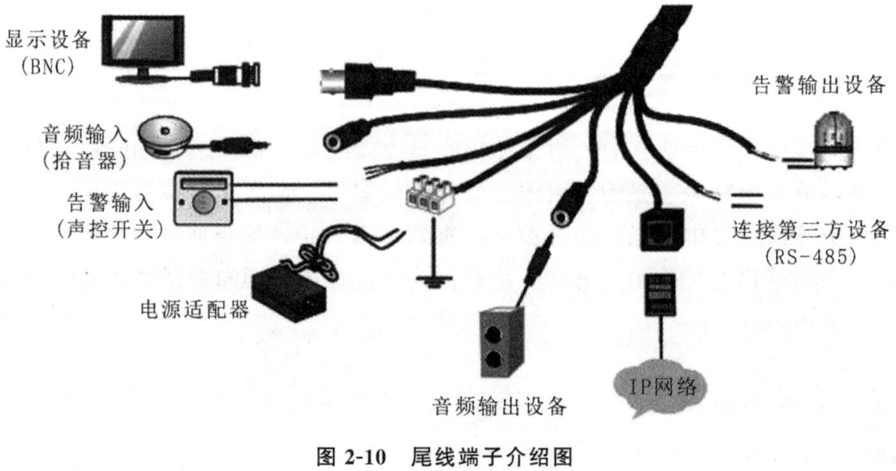

图 2-10 尾线端子介绍图

(1) 部分款型为电口 (RJ-45), 10/100Mbps Base-Tx 自适应以太网。
(2) 部分款型为光口 (SFP 或内置 EPON ONU), FC 接口 (自带法兰盘转接件)。
(3) 详细的规格参见该产品最新的数据手册。

(六) 设备启动

检查安装正确后，接通电源即可启动设备。

每次通电后，设备都会进行自检，测试云台水平、垂直转动、机芯镜头伸缩等基本动作是否正常。当自检完成后，才可对设备进行各种操作。

当工作环境温度低于 0℃时，部分设备会自动进行预加热，等温度上升到 0℃以上再启动自检。设备预加热时间较长 (最长不超过 30 分钟)。

二、前端设备安装常用工具

(一) 万用表

万用表 (见图 2-11) 是一种多功能、多量程的便携式仪表，是视频监控系统工程布线和安装维护不可缺少的检测仪表。

一般万用表主要用于测量电子元器件或电路内的电压、电阻、电流等数据，方便对电子元器件和电路进行分析诊断。

最常见的万用表主要有模拟式万用表和数字式万用表。

(二) 电烙铁、烙铁架和焊锡丝

电烙铁 (见图 2-12) 工作时温度较高，容易烧坏所接触到的物体，所以一般使用中应放置在烙铁架上，焊锡丝是电子焊接作业中的主要消耗材料。

电子焊接的原理是用电烙铁融化焊锡丝，使其与电子元件或导线充分结合，以达到稳定的电气连接的目的。可用烙铁制作 BNC 接头。

(三) 网络压线钳

网络压线钳 (见图 2-13) 主要用于压制水晶头，可压制 RJ-45 和 RJ-11 两种水晶头。使用时，将插好线的水晶头插入压接孔，用力压接即可。网络压线钳还可用来剪线、剥线。

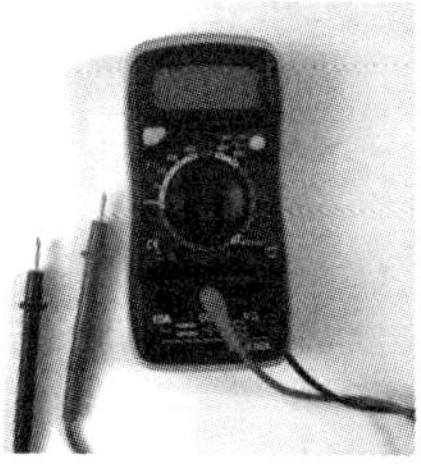

图 2-11 万用表

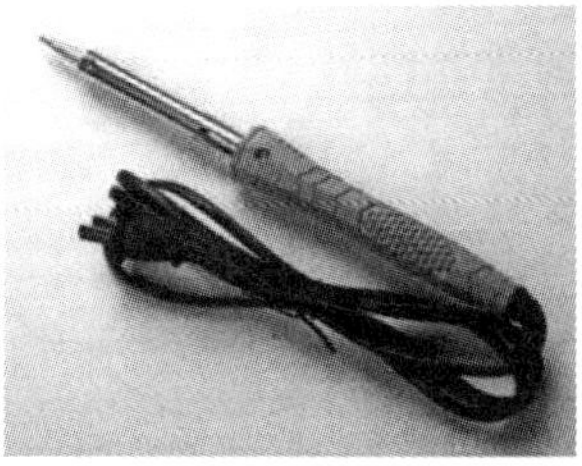

图 2-12 电烙铁

图 2-13 网络压线钳

（四）单口打线钳

单口打线钳（见图 2-14）主要用于网络线缆或电话线缆模块的端接打线。

其用机械力量将线芯压入两个刀片中，在压入过程中刀片将绝缘护套划破与铜线芯紧密接触，同时金属刀片的弹性将铜线芯长期夹紧，从而实现长期稳定的电气连接。

（五）旋转剥线器

旋转剥线器（见图 2-15）主要用于剥取网线外皮，旋转剥线器带有可调压线槽，可根据线缆粗细调整压线槽，以便使用时将工具顺时针旋转剥线。

（六）尖嘴钳

尖嘴钳（见图 2-16）一般为加强绝缘尖嘴钳，主要用于仪表、电信器材等电器的安装及维修等。

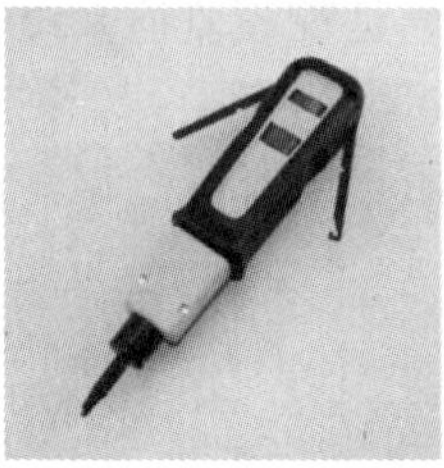

图 2-14　单口打线钳

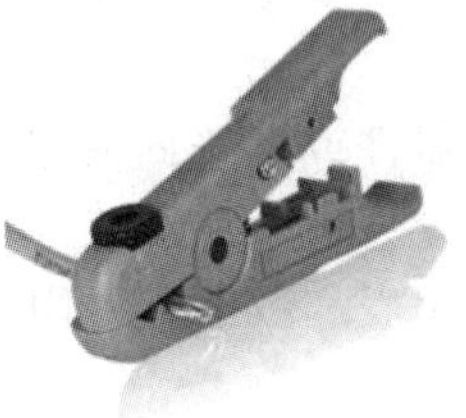

图 2-15　旋转剥线器

图 2-16　尖嘴钳

（七）斜口钳

斜口钳（见图 2-17）主要用于剪切导线、元器件多余的引线、绝缘套管、尼龙扎线卡等。

（八）螺丝刀

螺丝刀（见图 2-18）是用于紧固或拆卸螺钉的工具，是电工必备的工具之一。螺丝刀按头部形状的不同主要可分为一字螺丝刀、十字螺丝刀。

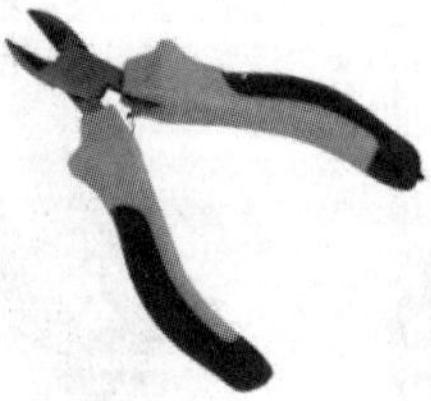

图 2-17　斜口钳

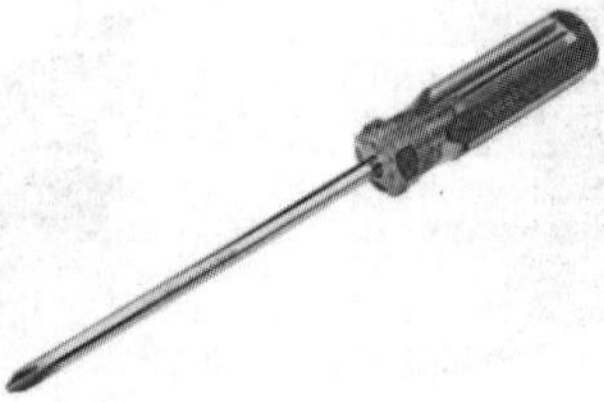

图 2-18　螺丝刀

（九）试电笔

试电笔（见图 2-19）简称“电笔”，主要用于测量物体是否带电。使用试电笔时，一定要用手触及试电笔尾端的金属部分。否则，会因带电体、试电笔、人体与大地没有形成回路，试电笔中的氖泡不发光，造成误判，认为带电体不带电。

设备检修中必须配置常用的维修工具及检修仪器，除了上面介绍的工具外，还有多用途剪刀（见图 2-20）、钢卷尺等。

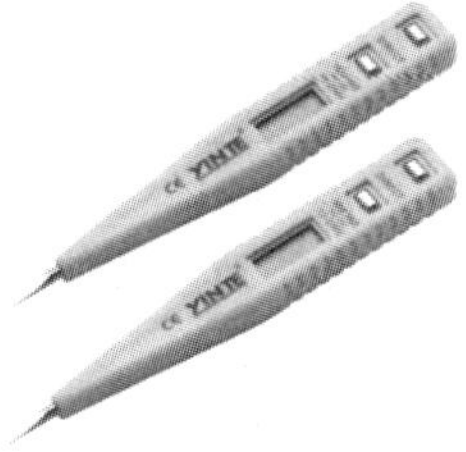

图 2-19 试电笔

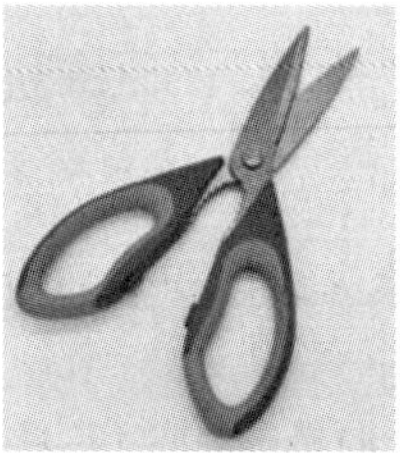

图 2-20 多用途剪刀

（十）网络视频监控测试仪

网络视频监控测试仪（见图 2-21）主要用于 IP 网络高清摄像机、模拟视频监控摄像机等安防监控设备的安装和维护，可主码流显示 H.265 编码网络高清摄像机图像，最高分辨率可达 4K。网络视频监控测试仪可显示同轴高清摄像机图像，以及实施云控制。

图 2-21 网络视频监控测试仪

网络视频监控测试仪内置 POE 供电测试、IP 地址查找等以太网测试功能，支持 HDMI 高清数字信号输入，最高分辨率支持 1080P，支持 HDMI 输出；支持同屏异显功能，测试网络摄像机时也可测试 CVBS 输入、HDMI 输入等；支持 CVBS 回路测试，可测试 BNC 线缆通断；支持 TDR 缆断点和短路测量、网线测试、寻线器等线缆测试功能；支持红光源、光功率计等光纤测试功能；内置带隔离保护的数字万用表；支持 LED 灯夜晚照明、DC12V 电源输出等功能，提高安装和维护人员的工作效率。

三、前端设备安装

（一）安装确认

（1）检查设备组件。

（2）测试安装地点强度。

（3）了解防雷、接地要求。

（二）安装流程（以球机安装为例）

注意：

（1）由于摄像机的体积和质量较大，所以应使用拉手将设备取出，安装遮阳罩前取下拉手即可；

（2）实际安装时需要使用一些支架和配件，如壁装支架；

（3）墙体承重和支架长度需符合现场安装要求，根据实际安装条件来选择不同的安装方式。

（4）安装光模块时，建议佩戴防静电手环（将另一端有效接地），若安装环境中无接地点，则建议更换防静电手套来安装光模块。

光模块安装流程如图 2-22 所示。

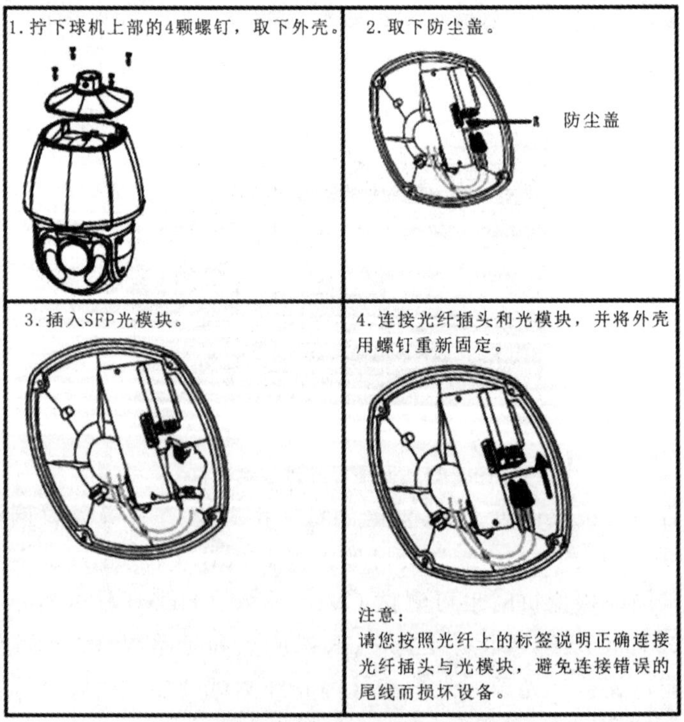

图 2-22　光模块安装流程

球机壁装流程如图 2-23 所示。

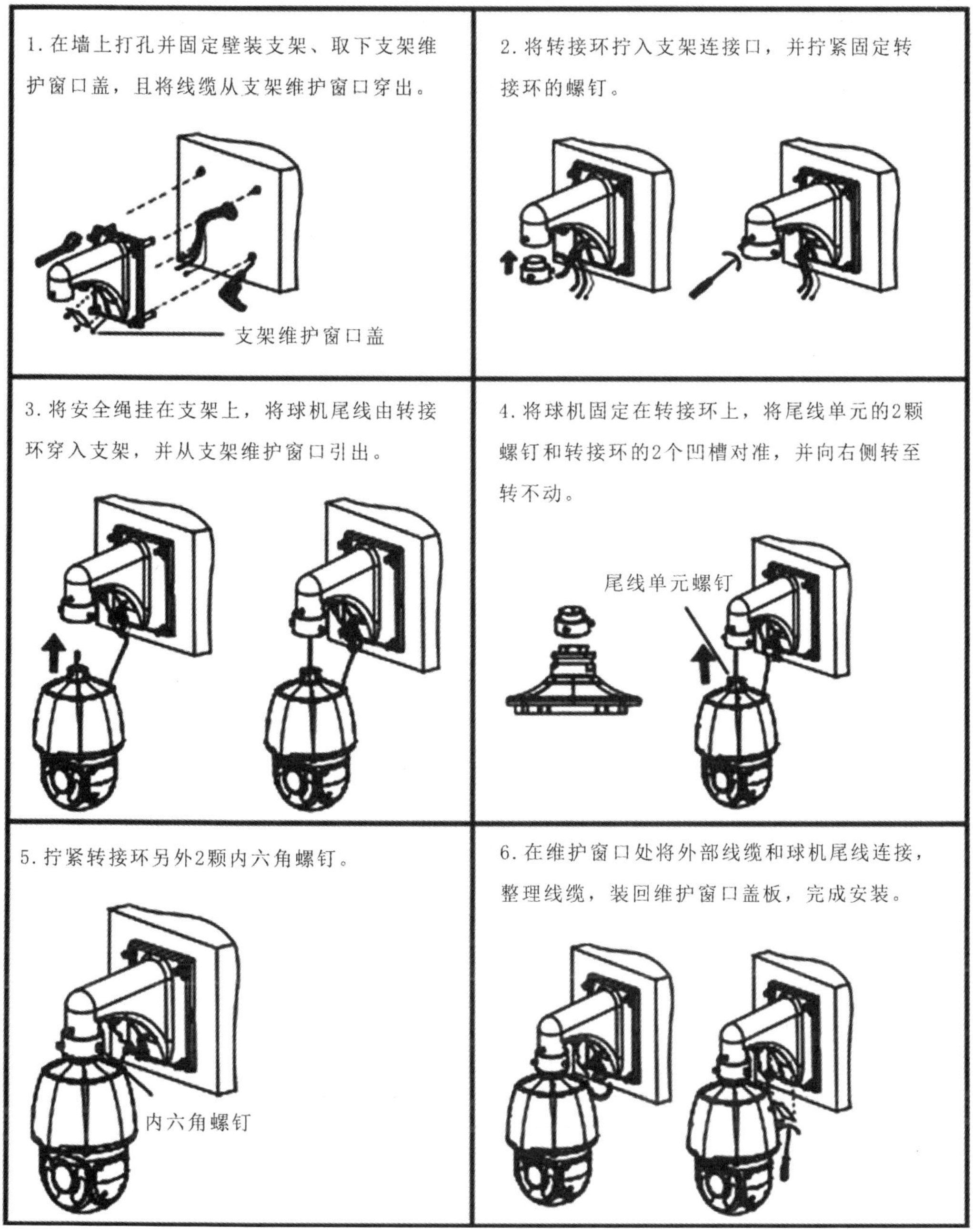

图 2-23　球机壁装流程

球机吊装流程如图 2-24 所示。

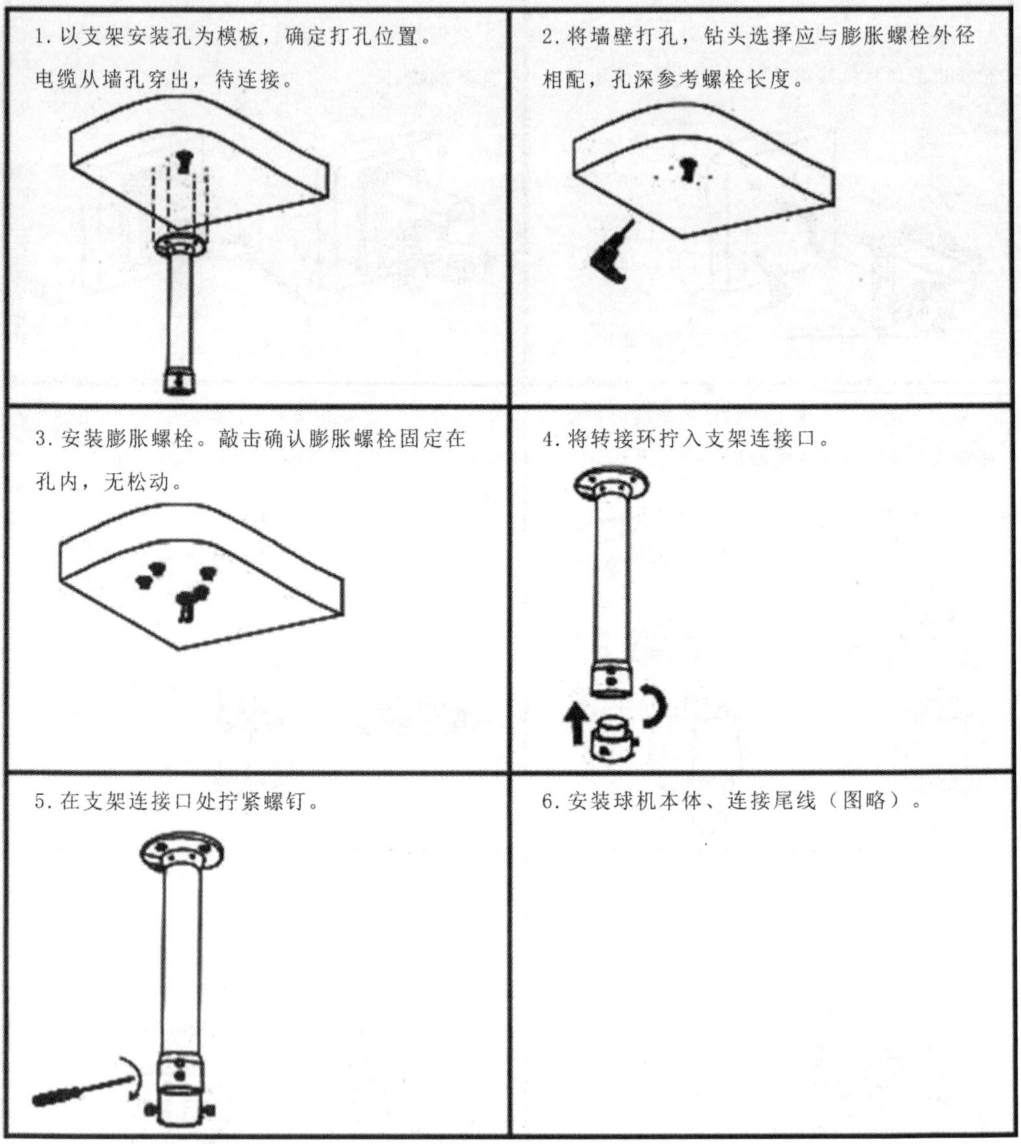

图 2-24　球机吊装流程

四、前端设备标签制作流程

前端设备标签分为前端 IPC（网络摄像机）标签及前端设备箱标签。所有前端设备标签粘贴必须整齐、美观，粘贴在易于查看、不易脱落的地方，且位置尽量统一。如无特殊情况，不应将标签粘贴于前端设备的可拆盖板上，以免盖板拆除后或盖板与其他同型号设备借位安装后导致标签错位。

（一）前端 IPC 标签的制作及流程

（1）在前端 IPC 上面贴 IP 号、IPC 方位名称。

（2）在前端 IPC 线上贴标识，例如信号线、电源线上分别标识为 JK1、JK2 等。

（3）在每台 IPC 电源上粘贴所控制的所有摄像机编号，例如 JK1、JK2 等。

（二）前端设备箱标签的制作及流程

（1）前端设备箱标签要根据前端设备箱内设备名称进行标识（防雷器及前端监控摄像机电源在设备右上角统一标识）。

（2）前端设备箱的前端接入交换机，根据端口所对应的摄像机的方位名称进行标识。

（3）对前端设备箱接入电源线，对前端 IPC 电源进行标识。

五、前端设备安装质量查验流程

安防监控系统的前端设备宜采用标准化、规格化、通用化设备，以便维修和更换；前端设备箱内设备固定且不宜叠放，前端设备箱内底部不放置任何设备。部分前端汇聚箱存在设备叠放现象，不利于设备散热。

前端设备安装质量查验流程如下。

（1）前端设备箱必须安装牢固（挂杆安装、借杆抱箍安装、壁挂安装、坐地安装，根据不同的安装方式进行检查）。

（2）前端设备箱的底部距地面应不小于 3m（坐地安装除外）。

（3）前端设备箱安装设备的容积应小于三分之一箱体的容积，方便设备安装、维护和散热。

（4）前端监控摄像机根据不同方式（壁装、吊装、立杆）安装，确保安装牢固。

（5）设备安装高度及安装方式应满足《安全防范工程技术标准》（GB 50348—2018）的相关要求。安装在室外的前端设备应有接地装置，有相应的标识。采用专用接地装置时，专用接地装置电阻值不应大于 4Ω；安装在室外的前端设备的接地电阻值不应大于 10 Ω；在高山岩石的土壤电阻率大于 2000 Ω・m 时，其接地电阻值不应大于 20Ω。

（6）检查前端设备采用的供电方式。

学习任务三 智慧安防系统后端及中心设备安装

学习目的

掌握后端及中心设备安装流程及常用工具的使用方法。

知识要点

（1）后端设备布局。

（2）后端设备安装常用工具。

（3）后端及中心设备安装质量查验。

（4）后端设备防雷接地要求。

任务考核

◆ **问题**

（1）后端设备安装流程是什么？

（2）后端设备安装常用工具的使用方法有哪些？

一、后端设备布局

（一）常见机柜的尺寸

规定的尺寸是服务器的宽（48.26cm＝19 英寸）与高（4.445cm 的倍数）。由于宽为 19 英寸，所以有时也将满足这一规定的机柜称为“19 英寸机柜”。厚度以 4.445cm 为基本单位，1U 就是 4.445cm。机柜尺寸如表 2-2 所示。

表 2-2　机柜尺寸

名称	类型	规格尺寸	备注
标准机柜	18U	1000mm×600mm×600mm	—
	24U	1200mm×600mm×600mm	—
	27U	1400mm×600mm×600mm	—
	32U	1600mm×600mm×600mm	—
	37U	1800mm×600mm×600mm	—
	42U	2000mm×600mm×600mm	—

（二）机柜内设备的安装布局及要求

空间规划：确保机柜之间和机柜与房间墙壁之间有足够的空间，以便维护、散热和空气流通。机柜之间的通道应足够宽敞，便于人员进出和设备维护。

电源和配线：尽可能减少电源线和数据线的混乱。使用适当的电缆管理系统，确保每个机柜内部的电缆布局整齐有序。这有助于提高可维护性和降低潜在的故障风险。

热管理：在机柜布置时考虑冷却需求，确保空气流通良好。冷热通道隔离是一种常见的方法，以防止热气流直接影响设备。使用高效冷却系统，并确保热负荷均匀分布。

设备安全：将关键设备放在相对安全的位置，以避免物理损害和未经授权的访问。使用机柜锁定系统和监控设备，确保数据中心的安全性。

标准化：遵循标准的机柜尺寸和设备安装规范。这有助于简化设备更换和升级的过程，并提高数据中心的灵活性。

未来拓展：预留足够的空间，以适应未来的设备扩展和技术升级。这有助于延长数据中心的寿命并提高投资回报率。

地板承重：考虑数据中心地板的承重能力，确保机柜和设备的总重量在地板可承受范围内。这对于防止地板沉降和损坏至关重要。

可维护性：设计布局应便于设备的维护和更换。确保易损件易于访问，减少维护所需的停机时间。

（三）常见机柜类型

常见机柜主要有三类，即 UPS（不间断电源）机柜、网络设备机柜和监控机柜。

二、后端设备安装

（一）安全须知

负责设备安装和日常维护的人员必须具备安全操作基本技能。在安装设备前，务必认真阅读和执行产品手册规定的安全规范。

基本要求如下。

（1）确保设备安装平稳可靠，周围通风良好，设备在工作时必须确保通风口的畅通。

（2）确保设备工作在许可的温度、湿度、供电要求范围内，满足防雷要求，并且良好接地，避免置于多尘、强电磁辐射、振动等场所。

（3）保护电源软线免受踩踏或挤压，特别是在插头、电源插座和从装置引出的接点处。

（4）安装完成后检查连接的正确性，以免通电时由于连接错误造成人体伤害和设备损坏。

（5）异常断电可能造成设备损坏或功能异常，若设备在频繁断电的环境中使用，则应配备 UPS。

（二）服务器安装流程

1. 安装前确认

（1）检查设备组件。核对设备型号及随箱附件，确认设备组件齐全。设备型号、附件的种类和数量，参见装箱清单。

（2）检查安装工具。需要用户自备的工具有一字螺丝刀、十字螺丝刀、防静电手环或手套。

（3）检查安装场所。设备只能安装在室内且需满足防雷、接地要求。安装环境需满足防雷要求，必要时可以对设备采用合适的防雷保护装置。设备需要通过接地端子进行正确的接地。

2. 安装于 19 英寸机柜

设备安装于 19 英寸标准机柜前，应注意如下事项：

（1）确认机柜接地良好，且安装平稳；

（2）确认机柜的承重满足设备要求，机柜内部和周围没有影响设备安装的障碍物；

（3）机柜禁止使用玻璃门；

（4）机柜必须使用支架支撑，禁止使用滚轮支撑；

（5）设备应尽量安装在机柜下方；

（6）根据设备的高度和设备的数量规划好机柜内的空间位置，若机柜自带托盘，则优先使用托盘。

3. 安装于工作台

当不具备 19 英寸机柜时，也可以把设备直接安装在干净的工作台上。

安装前需要注意如下事项：

（1）确认安装工作台足够牢固，足以承担设备及电缆的重量；

（2）保证工作台的平稳性与良好接地；

（3）设备散热风道为前、侧、后方向，需要在设备前后留出至少 30cm、左右留出至少 10cm 的散热空间；

（4）不要在设备上放置其他物体。

三、后端设备标签规范制作

（一）机柜标签规范

机房内任何机柜必须规范、统一粘贴标签。如果客户无特殊要求，机柜标签统一采用 18mm 标准黄底标签条。

标签要求如下。

（1）标签长 40mm、宽 18mm。

（2）标签内容左对齐，字体为宋体，加粗，字号为小二号。

（3）标签内容由机柜的排号与位号构成。

（4）所有机柜标签粘贴必须整齐、美观，粘贴于机柜（或机柜门）的左上角，距离左侧 50mm 处。

（5）机柜的排号与位置号，如用户无特殊要求，可根据实际情况进行统一编制。

（二）设备标签规范

后端设备（包括网络设备、主机设备、存储设备等），必须制作并粘贴标签。如果客户无特殊要求，设备标签统一采用标签打印机的机制标签。

1. 标签要求

（1）标签长 50mm、宽 18mm。

（2）标签内容左对齐，字体为宋体，加粗，字号为小二号。

（3）标签内容至少 4 行，从上到下依次说明设备用途（如核心交换机）、主机名、管理地址、设备位置等。

注意：

标签中“主机名”应与连接此设备的所有线路标签中“本端设备主机名”及“对端设备主机名”一致。

2. 标签建议

若项目条件允许，建议提供宽度大于 18mm 的标签条（如 24mm 宽标签），并且添加以下内容。

（1）设备型号：说明设备的具体型号。

（2）固定资产编号：用户的资产标签。

如果用户有独立的固定资产标签，则可以不在此标签中体现。

所有设备标签粘贴应整齐、美观，粘贴在易于查看、不易脱落的地方，并且位置尽量统一（如统一在右上角）。无特殊情况，不应将标签粘贴于设备的可拆盖板上，以免盖板拆除后或盖板与其他同型号设备借位安装后导致标签错位。

四、后端及中心设备安装质量查验

（一）后端及中心设备安装整体要求

后端及中心设备安装整体要求如下。

（1）具备机柜安装条件的设备必须安装在机柜中。

（2）设备在机柜中的摆放应合理、美观，确保安全。

（3）4U 及以上高度的设备安装时必须使用导轨或机柜托板，确保安全。

（4）设备之间必须预留散热空间，保证机柜的散热风扇正常运行，机柜周围的环境应当宜于空气流通，保证良好的散热环境。

（5）机柜钥匙应由用户或项目经理妥善保管，严禁随意外借，不需要调试设备时机柜须处于锁闭状态。

（6）设备应当采取合理、规范的方式予以编号，统一编号规则，便于识别和管理。基本信息应包括地理位置、功能、设备品牌、型号等相关信息。

(7) 设备包装箱及其附件须及时整理收集，确保机房整洁与消防安全。

(8) 设备安装完成后，必须绘制机柜布置图。

（二）后端及中心设备检验项目、检验要求及检验方法

后端及中心设备检验项目、检验要求及检验方法如下。

(1) 系统各级监控中心、机房、安全防范管理平台的设置应与竣工文件一致。

(2) 检查系统配置的监控中心。

(3) 检查分控中心及设备机房等的数量、位置及面积。

(4) 检查安全防范管理平台、客户端或分平台的位置、数量。

(5) 检查用户终端的数量、权限设置、位置。

(6) 检查监控中心/设备机房布局图。

五、设备防雷和接地要求

网络摄像机一般会放置在室外，在雷雨多发的季节常常面临着严峻的防雷问题。恶劣的环境对应用于室外的设备在防雷等级和防雷安装方面都提出了更高的要求，而且室外环境的多样化又使得防雷安装形式复杂多变。下面主要针对室外安装的网络摄像机，在室外防护罩、设备防雷和接地等方面给出了合理化建议。

（一）室外防护罩

对于支持室外安装的网络摄像机，应配置防护罩以避免雨淋、高温和寒冷环境，以及灰尘、腐蚀性物质、振动和破坏的影响。

若网络摄像机自身不带防护罩时，一般需要将网络摄像机放入单独的防护罩中。

选择防护罩的要求如下。

(1) 防护罩可采用金属或塑料材质，金属材质的外壳及相关部件的防破坏能力优于塑料材质的外壳及相关部件。

(2) 为抵御水气和灰尘等，防护罩一般为 IP66 级及以上。

(3) 如果防护罩内还需要放置其他设备，注意不要将设备叠放，并保证网络摄像机的周围预留 5cm 的散热空间。

(4) 防护罩中要有接地排，设备接地线、防雷器接地线、总接地线、防护罩接地线等都接到接地排上，形成一个等电位体。

(5) 低温和高温环境下，可使用内置加热器和风扇（风机）的防护罩。在炎热环境下，网络摄像机可安装在配有独立热交换器、可提供主动冷却的防护罩里。

(6) 在外壳中安装固定摄像机时，摄像机的镜头一定要贴紧窗口，以免出现炫光。否则，图像中会出现摄像机和背景的反射光。为减少反光，镜头前的玻璃可采用专用涂料。

（二）设备防雷

1. 注意事项

从外部、内部和传输线路等方面进行设备防雷。

(1) 网络摄像机应置于接闪器（避雷针或其他接闪导体）的有效保护范围之内。

(2) 统计数据资料表明，监控系统 80%以上的雷害事故都是由与系统相连的线路上感应的过电压造成的，做好与系统相连的线路防护是整体防雷中不容忽视的一环。

(3) 为防止雷电波沿线路侵入网络摄像机，造成设备损坏，应在接入的每条线路上加装合适的防雷器，如电源线、视频线、控制信号线和通信线等都需加装防雷器。

2. 直击雷的外部防护

对于直击雷的外部防护，主要通过安装避雷针的方式来实现。

网络摄像机应置于避雷针的有效保护范围之内，当设备在室外独立架设时，请将避雷针安装至 3～4m 的距离以内。

3. 传输线路的防护

对于传输线路的防护，主要通过安全的布线方式来实现。

建议采用电缆全程穿金属管埋地敷设，同时，金属管两端务必确保有效接地。实际工程条件不允许时，建议采用以下方式。

(1) 电缆全程穿金属管架空走线。

(2) 不需要全程穿金属管，但在电缆接入监控机房和网络摄像机之前务必穿金属管埋地敷设，埋地长度应不小于 15m，在接入端将电缆金属外皮、金属管与防雷接地有效连接。所有传输电缆的两端应安装相应的防雷器。

4. 防雷器的内部防护

工程选用防雷器时，应根据具体情况，对防雷器的最大持续工作电压、标称导通电压、响应时间、插入损耗、适应数据传输速率、标称放电电流、冲击通流容量、限值电压、残压等参数进行选择。

（三）信号防雷器的安装要求

(1) 信号防雷器的安装必须遵循等电位连接的原则，信号防雷器与被保护设备存在一个接地汇合点（见图 2-25），信号防雷器到接地汇合点的接地线长度不能超过信号防雷器给出的接地线长度。未给出接地线长度的，建议接地线长度应控制在 0.3m 以内，不允许超过 0.5m，接地线的长度应遵循“越短越好”的原则。

(2) 当防雷器接地线无法满足长度限值要求时，应在被保护设备和信号防雷器上的接地点用导线相连，作等电位连接（见图 2-26）。

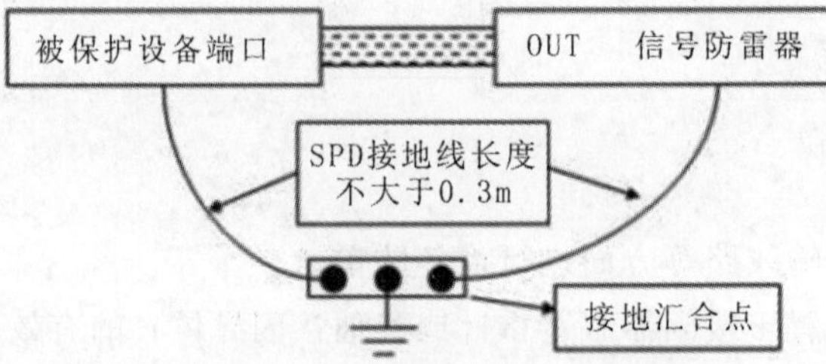

图 2-25 信号防雷器接地图例

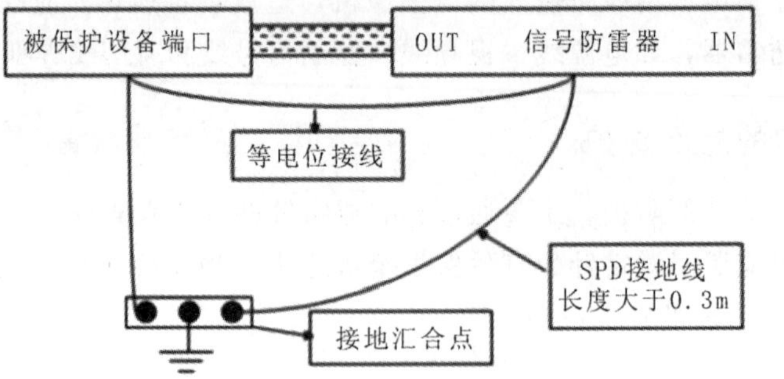

图 2-26 等电位连接图例

(3) 在安装防雷器时，须注意区分信号防雷器的 IN、OUT 的连接要求（见图 2-27），即防雷器的输入端（IN）与信号通道相连，防雷器的输出端（OUT）与被保护设备相连，不能反接。防雷器的输入端（IN）及输出端（OUT）并不一定与信号传输的方向一致。

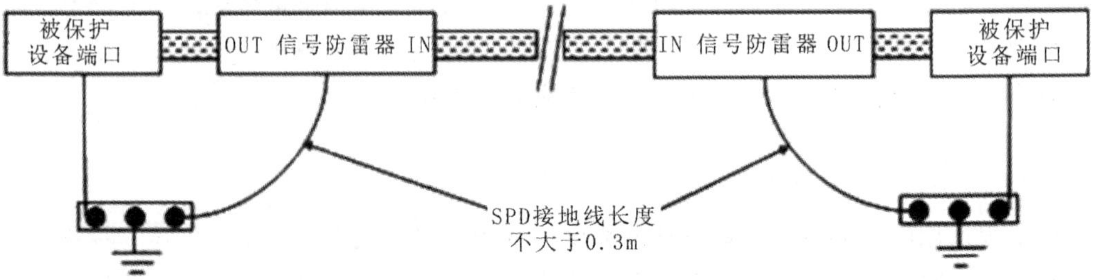

图 2-27 防雷器连接图例

（四）电源防雷器的安装要求

(1) 电源防雷器的连接引线必须足够粗，并尽可能短；

(2) 引线应采用截面积不小于 $25mm^2$ 的多股铜导线；

(3) 引线长度超过 1.0m 时，应加大引线的截面积；

(4) 引线应紧凑并排或捆扎布放；

(5) 电源防雷器的接地线应为 $25mm^2$ 到 $35mm^2$ 的多股铜导线，并尽可能就近可靠入地。

（五）安装防雷器

（1）防雷器与设备接地端子就近放置并固定。

（2）根据设备接地端子的距离，剪短防雷器的地线，并将地线牢固地拧紧在设备的接地端子上。

（3）用万用表测量防雷器接地线是否与设备接地端子及机壳接触良好。

（4）按照防雷器说明书上的描述，将防雷器用转接电缆连接。输入端（IN）与外部信号线相连，输出端（OUT）与被保护设备输入端相连，同时观察设备端口指示灯显示是否正常。

（5）用尼龙线扣将电缆绑扎整齐。

（六）直流电源设备接地

无论是室内还是室外安装的网络摄像机，都需要进行有效接地。由直流电压输入的设备在进行接地时，其连接方式及要求如下。

1. 连接接地排

当设备所处安装环境中有接地排时，将设备接地线的另一端连至接地排的接线柱上，拧紧固定螺母，如图 2-28 所示。

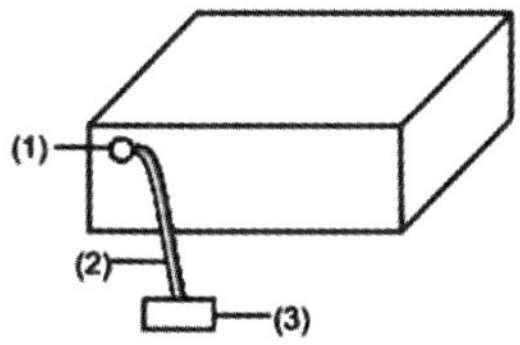

(1)接地端子
(2)接地线
(3)机房接地排

图 2-28 直流电源设备接地图例

消防水管、暖气片和大楼的避雷针接地都不是正确的接地选项，设备的接地线应该连接到机房的工程接地。

2. 埋设接地体

当设备所处安装环境中没有接地排时，若附近有泥地并且允许埋设接地体时，可采用长度不小于 0.5m 的角钢（或钢管）直接打入地下，具体接地方法如图 2-29 所示。此时，设备的接地线应与角钢（或钢管）采用电焊连接，焊接点应进行防腐处理。

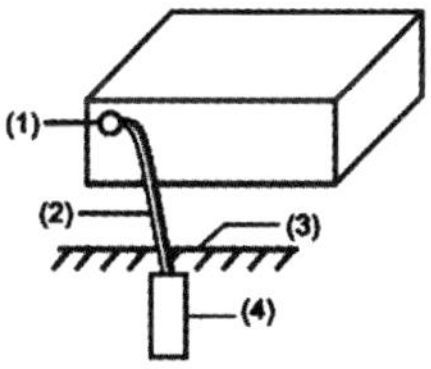

(1)接地端子
(2)接地线
(3)大地
(4)角钢(或钢管)

图 2-29 直流电源设备埋设接地体图例

（七）交流电源设备接地

由交流电压输入的设备在进行接地时，其连接方式及要求如下。

1. 连接接地排

当设备所处安装环境中有接地排时，将设备接地线的另一端连至接地排的接线柱上，拧紧固定螺母，如图 2-30 所示。

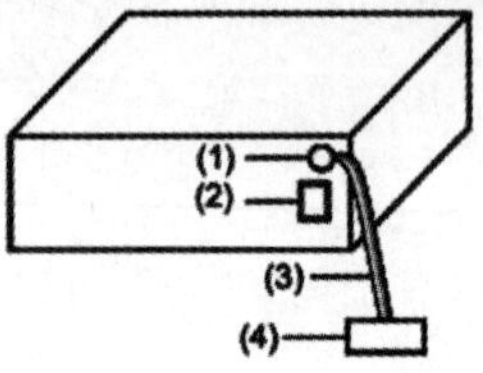

(1)接地端子
(2)交流电源输入
(3)接地线
(4)机房接地排

图 2-30　交流电源设备接地图例

消防水管、暖气片和大楼的避雷针接地都不是正确的接地选项，设备的接地线应该连接到机房的工程接地。

2. 埋设接地体

当设备所处安装环境中没有接地排时，若附近有泥地并且允许埋设接地体时，可采用长度不小于 0.5m 的角钢（或钢管），直接打入地下，具体接地方法如图 2-31 所示。此时，设备的接地线应与角钢（或钢管）采用电焊连接，焊接点应进行防腐处理。

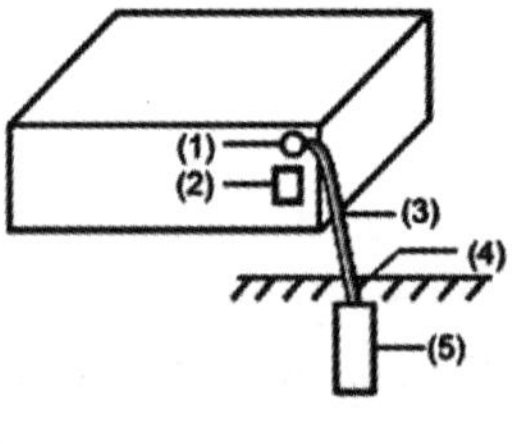

(1)接地端子
(2)交流电源输入
(3)接地线
(4)大地
(5)角钢(或钢管)

图 2-31　交流电源设备埋设接地体图例

3）交流电源 PE 线接地

当设备所处安装环境中没有接地排，并且条件不允许埋设接地体时，可以通过交流电源的 PE 线进行接地，如图 2-32 所示。此时，应确认交流电源的 PE 线在配电室或交流供电变压器侧良好接地。

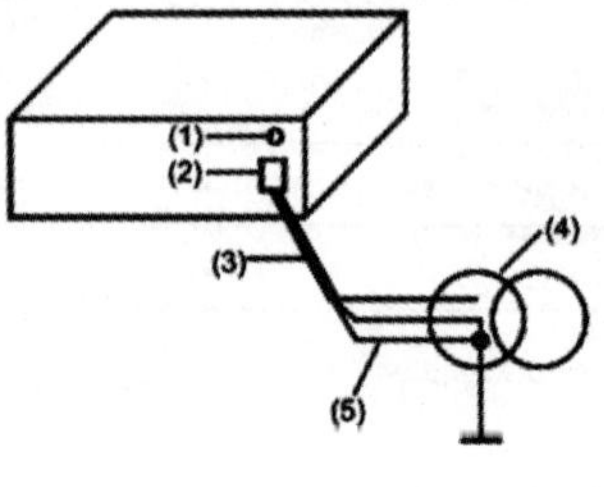

(1)接地端子
(2)交流电源输入
(3)交流电源线
(4)电力变压器
(5)PE线

图 2-32　交流电源 PE 线接地图例

实训三 网络底盒、模块、面板的安装实训

一、实训目的与要求

(1) 通过设计工作区信息点位置和数量，训练和掌握工作区子系统的设计。
(2) 通过预算、领取材料与工具、现场管理，训练和掌握工程管理经验。
(3) 通过信息点插座和模块安装，训练和掌握工作区子系统规范施工能力和方法。

二、实训设备、材料和工具

明装塑料底盒	若干
网络双绞线	若干
单口面板、双口面板	若干
RJ-45 网络模块、RJ-11 电话模块	若干
十字螺丝刀	若干
压线钳	若干
剥线钳	若干
标签	若干

三、实训步骤

(1) 设计工作区子系统。
(2) 列出工具清单和材料清单。
(3) 根据实训需要，完成清单并且领取工具和材料。
(4) 安装底盒。主要步骤如下。

① 检查底盒的外观是否合格，特别检查底盒上的螺丝孔必须正常。根据进出线方向和位置，去掉底盒预设中的挡板，按设计图纸位置用 M6 螺丝把底盒固定在装置上。

② 穿线。底盒安装好后，将网络双绞线从底盒里拉出，再根据设计的布线路径布放到网络机柜内。

③ 端接模块和安装面板。安装模块时，首先要剪掉多余线头，一般在安装模块前都要剪掉多余的长度，留出100～120mm长度用于压接模块或者检修。然后使用剥线钳剥掉双绞线的外皮，剥掉的双绞线外皮的长度为15mm，特别注意不要损伤线芯和线芯绝缘层，剥线完成后按照模块结构将8芯线分开，逐一压接在模块中。压接方法必须正确，一次压接成功。之后，装好防尘盖。模块压接完成后，将模块卡接在面板中，然后安装面板。

④ 标记。双口面板上有网络和电话插口标记时，按照标记的位置安装。双口面板上没有标记时，宜将网络模块安装在左边、电话模块安装在右边，并且在面板表面做好标记。

四、实训报告要求

（1）完成一个工作区子系统设计图。

（2）以表格形式写清楚实训材料和工具的数量、规格、用途。

（3）阐述实训程序或步骤以及安装注意事项。

（4）总结实训体会和操作技巧。

课后练习：智慧安防系统常用工具

智慧安防系统涉及计算机网络技术、通信技术、综合布线技术、电工电子技术等多个领域，在实际安装施工和维护中，需要使用大量的专业工具。以安防系统工具箱为例，请填写表 2-3 中的空白处。

表 2-3 常用工具的基本功能

序号	名称	基本功能
1	数字万用表	
2	电烙铁	
3	PVC 绝缘胶带	
4	多用剪刀	
5	网络测线仪	
6	镊子	
7	旋转剥线器	
8	单口打线钳	
9	RJ-45 网络压线钳	
10	专业剥线钳	
11	管钳	
12	尖嘴钳	
13	斜口钳	
14	老虎钳	
15	活动扳手	
16	钢卷尺	
17	十字螺丝刀	
18	一字螺丝刀	
19	十字螺丝批头	
20	一字螺丝批头	

学习单元三 智慧安防系统设备连接

学习目标

◆ **认知目标**

掌握施工准备的具体内容，了解设备连接与接线的方式。

◆ **技能目标**

能够独立完成视频监控系统的接线。

◆ **素质目标**

培养精益求精的工匠精神。

重点内容

对设备线路连接有深入的认识。

案例导入

某连锁便利店已布线完成并安装了摄像机，现需要主管人员随时用手机远程观看店内监控，摄像机总数为 24 台。当前需要在管理中心新增一台 24 路硬盘录像机，并将前端摄像机远程添加至硬盘录像机中，连接显示器实时观看监控画面，且在手机 App 上观看需要画面清晰、不卡顿。在当前环境中如何进行设备间连接及网络调试？

学习任务一　安防设备供电方式及线路连接

学习目的

掌握安防设备供电方式及线路连接。

知识要点

安防工程供电方式。

任务考核

◆ **问题**

安防工程供电方式有几种？请分别予以说明。

监控系统供电方式，一直是安防监控系统讨论较多的问题之一，也是监控系统出现问题较多的地方。因此，监控电源的选择非常重要。下面我们就来说说安防监控常用的供电方式，以及各种供电方式的优劣。

一、独立供电

独立供电是指每个摄像头前端安装一个独立的监控电源，进行一对一电源传输。一个安防监控电源只为一个摄像头供电，也就是点对点独立供电。

独立供电的优点如下。

（一）维护简单，更换电源容易

由于每个摄像头都有独立的安全监控电源，当摄像头出现故障时，可以快速排除。

如果检测到由安全监控电源引起的故障，则只需要维修和更换单个故障电源。

（二）避免监控系统瘫痪

一旦集中供电模式下的供电系统出现问题，不使用 UPS，整个监控系统将因无法正常工作而瘫痪。而在独立供电模式下，安防监控电源故障只会导致一个或几个摄像头无法工作，不影响其他摄像头的正常使用，可以避免监控系统瘫痪。

二、集中供电

集中供电是指在监控室或中间点使用 12V 开关电源向前端负载提供集中电源。集中供电相较于独立供电，最大的区别在于一个电源可以为多个摄像头供电。在 220V 电源处接一个 12V 集中式电源，然后分别用 RVB $2\times1.0mm^2$ 红黑电源线接至摄像头，12V 电源距离不超过 100 米。连接单个电源线连接器，然后将单个电源线连接器与监控摄像头的电源线连接器连接。

集中监控的目的是通过管理和技术的应用来监控基础设施的运行情况，实现故障和异常的实时发现和通知。此外，还可以对监控数据进行收集和整理，为容量管理、事件管理、问题管理和合规管理提供分析依据，最终达到数据中心高可用性的目标。

集中供电的优点如下。

（1）成本较低。虽然集中供电往往比独立供电使用更多的电缆，但是得益于集中供电的高性价比，集中供电的成本往往较低。

（2）集中维护很简单。采用集中供电方式，便于线路敷设、施工和管理。

（3）整体能耗低。实际工程案例表明，集中供电系统的总能耗低于独立供电系统。

三、 POE 供电

POE 指的是在现有的以太网 CAT5 布线基础架构不做任何改动的情况下，为一些基于 IP 的终端（如 IP 电话、无线 AP、网络摄像机等）传输数据信号的同时，还能为此类设备提供直流供电的技术。

（一） POE 供电系统

一个完整的 POE 系统包括供电端设备（PSE）和受电端设备（PD）两部分。PSE 是为以太网客户端设备供电的设备，同时也是整个 POE 以太网供电过程的管理者，如 POE 交换机。PD 是接受供电的 PSE 负载，即 POE 系统的客户端设备，如 IP 电话、无线 AP、网络摄像机等。

POE 供电流程如图 3-1 所示。

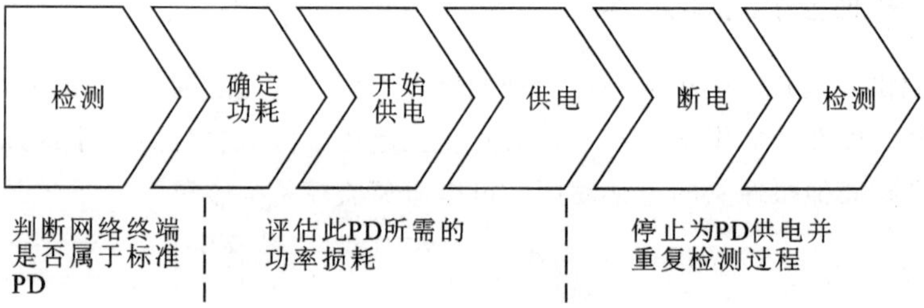

图 3-1 POE 供电流程

在上述流程中，主要涉及以下几个阶段。

（1）信号检测阶段：PSE 检测 PD 是否存在。PSE 通过检测电源输出线对之间的阻容值来判断 PD 是否存在，只有检测到 PD，PSE 才会进行下一步操作。

(2) 分级阶段：PSE 确定 PD 功耗。PSE 通过检测电源输出电流来确定 PD 功率等级。

(3) 供电阶段：PSE 给 PD 稳定供电。当检测到端口下挂设备属于合法的 PD，并且 PSE 完成对该 PD 的分类时，PSE 开始对该 PD 进行供电，输出 48 V 的电压。

(4) 监测阶段：实时监控，进行电源管理。供电期间，PSE 还要对每个端口的供电情况进行监视，提供欠压和过流保护。

(5) 断电阶段：PSE 检测 PD 是否断开。PSE 会通过特定的检测方法判断 PD 是否断开。PD 断开，PSE 将关闭端口输出电压，端口状态返回到信号检测阶段。

（二） POE 供电标准

2003 年发布的国际标准 IEEE 802.3af 要求：PSE 能达到 15.4W 的输出功率，而到达受电设备的功率是 12.95W。

2009 年发布的国际标准 IEEE 802.3at 要求：PSE 能达到 30W 的输出功率，到达受电设备的功率是 25.5W。

随着时间的推移，这两种标准所规定的功率已经不能满足现在新的更大功率的 PD 的供电要求。因此，2018 年的国际标准 IEEE 802.3bt 推出了两种要求：

第一种要求：PSE 能达到 60W 的输出功率，到达受电设备的功率是 51W～60W。

第二种要求：PSE 能达到 90W 的输出功率，到达受电设备的功率是 71W～90W。

标准的 POE，有 1236 和 4578 两种供电线序。前端摄像机要么内置 POE 模块，要么配一个 POE 分线器。POE 供电标准对 POE 交换机、POE 供电模块（POE 供电器）等 PSE 的要求是只要支持 1236 和 4578 供电线序中的一种即可。而对 POE 受电设备的要求是必须同时支持 1236 和 4578 两种供电线序。

（三） POE 供电的优点

1. 安全性相对较高

集中供电采用弱电传输，安全性较高，但是也有接头线序做错、端口插错等原因导致设备烧坏的可能。

标准的 POE 采用智能协商供电，插入非受电设备或者线序做错，交换机都不会供电。

2. 供电传输距离相对较长

集中供电采用 12V 电源，线路电压随着距离增加而降低，一般供电距离只有 30m，有的集中电源可将电压调到 15V，采用无氧纯铜线可以传输 100m。SPOE 交换机 15V 可以供电传输 100m，48V 可以满足 10M 网络 250m 供电。

3. 管理维护相对方便

POE 交换机端口拔插，能实现对前端摄像机的单路断电重启。

标准 POE 交换机的 PSE 芯片具有丰富的前端电源管理能力，可以查询统计电流、电压、功耗，精确实现端口控制。当然，这需要交换机具备智能网管功能。

四、监控供电方式选择

近年来，监控摄像机的布局发生了较大变化。而独立供电与集中供电已经是比较老的技术了，不如 POE 技术。目前 POE 技术已经成熟，具备智能化安防的优势，施工成本也比独立与集中两种供电方式来得便捷，价格也更加实惠。建议监控摄像机在选择供电方式时，尽量选择 POE 供电方式。

在监控项目布置的时候，其实可以不只使用一种电路来供电，电路是可以混合使用的，在保证成本及稳定性都合格的情况下实现效益最大化。在使用 POE 供电时，还应考虑监控摄像机的功率及开关电源的功率。

学习任务二　安防工程网络连通性

学习目的

掌握安防工程网络连通原理。

知识要点

安防系统电气测试步骤、传输方式、线缆选型。

任务考核

◆ **问题**

1. 万用表的功能有哪些？如何设置？
2. 如何选择安防设备传输方式？

一、电气测试

电气测试主要是测试并识别电压。

在给设备上电前，可通过万用表测试各个电源的供电电压。

（一）万用表的使用方法

现在，数字式仪表已成为主流，有取代模拟式仪表的趋势。与模拟式仪表相比，数字式仪表灵敏度高，准确度高，显示清晰，过载能力强，便于携带，使用更简单。下面介绍万用表（见图 3-2）的使用方法。

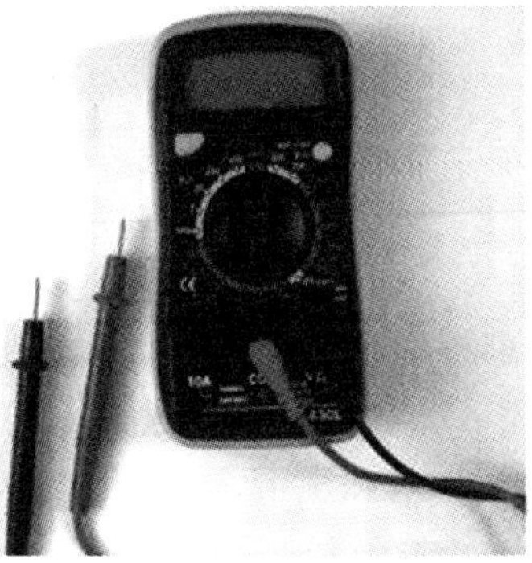

图 3-2 万用表

（1）使用前，应认真阅读有关的使用说明书，熟悉电源开关、量程开关、插孔、特殊接口的作用。

（2）将电源开关置于 ON 位置。

（3）交直流电压的测量：根据需要将量程开关拨至 DCV（直流）或 ACV（交流）的合适量程，将红表笔插入 V/Ω 孔，将黑表笔插入 COM 孔，并将表笔与被测线路并联，读数即显示。

（4）交直流电流的测量：将量程开关拨至 DCA（直流）或 ACA（交流）的合适量程，将红表笔插入 mA 孔（<200mA 时）或 10A 孔（>200mA 时），将黑表笔插入 COM 孔，并将万用表串联在被测电路中。测直流量时，数字万用表能自动显示极性。

（5）电阻的测量：将量程开关拨至 Ω 的合适量程，将红表笔插入 V/Ω 孔，将黑表笔插入 COM 孔。如果被测电阻值超出所选择量程的最大值，万用表将显示“1”，这时应选择更高的量程。测量电阻时，红表笔为正极，黑表笔为负极，这与指针式万用表正好相反。因此，测量晶体管、电解电容器等有极性的元器件时，必须注意表笔的极性。

（二）注意事项

（1）如果无法预先估计被测电压或电流的大小，则应先拨至最高量程挡测量一次，再视情况逐渐把量程减至合适范围。测量完毕，应将量程开关拨到最高电压挡，并关闭电源。

（2）满量程时，仪表仅在最高位显示数字“1”，其他位均消失，这时应选择更高的量程。

(3) 测量电压时，应将数字万用表与被测电路并联。测量电流时，应将数字万用表与被测电路串联，测直流量时不必考虑正、负极性。

(4) 当误用交流电压挡去测量直流电压，或者误用直流电压挡去测量交流电压时，显示屏将显示“000”，或低位上的数字出现跳动。

(5) 禁止在测量高电压（220V 以上）或大电流（0.5A 以上）时换量程，以防止产生电弧，烧毁开关触点。

二、传输方式、线缆选择与布线设计

（一）传输方式

传输方式应符合现行国家标准《安全防范工程技术标准》（GB 50348—2018）的下列规定。

(1) 传输方式的选择取决于系统规模、系统功能、现场环境和管理工作的要求。一般采用有线传输为主、无线传输为辅的传输方式。

(2) 选用的传输方式应保证信号传输的稳定、准确、安全、可靠，且便于布线、施工、检测和维修。

(3) 可靠性要求高或布线便利的系统，应优先选用有线传输方式。布线困难的地方可考虑采用无线传输方式，但要选择抗干扰能力强的设备。

（二）线缆选择

线缆选择除应符合现行国家标准《安全防范工程技术标准》（GB 50348—2018）的相关规定外，还应符合下列规定。

(1) 模拟信号宜采用同轴电缆，根据信号的传输距离、端接设备的信号适应范围和电缆本身的衰耗指标等确定同轴电缆的型号、规格；信号经差分处理，也可采用五类及以上的双绞线传输。

(2) 数字信号的传输按照数字系统的要求选择线缆。

(3) 根据线缆的敷设方式和途经环境的条件确定线缆型号、规格。

（三）布线设计

(1) 综合布线系统的设计应符合现行国家标准《综合布线系统工程设计规范》（GB 50311—2016）的相关规定。

(2) 非综合布线系统的路由设计，应符合下列规定。

① 同轴电缆宜采取穿管暗敷的方式，当线路附近有强电磁场干扰时，电缆应在金属管内穿过，并埋于地下；当必须架空敷设时，应采取防干扰设施。

② 路由应短捷、安全可靠，施工维护方便。

③ 应避开恶劣环境条件或易使管道损伤的地段。

④ 与其他管道等障碍物不宜交叉跨越。

三、系统安全性、可靠性、电磁兼容性、环境适应性

（一）系统安全性

系统安全性除应符合现行国家标准《安全防范工程技术标准》（GB 50348—2018）的相关规定外，还应符合以下规定。

(1) 具有视频丢失检测示警能力。

(2) 系统选用的设备不应引入安全隐患和对防护对象造成损害。

（二）系统可靠性

系统可靠性应符合现行国家标准《安全防范工程技术标准》（GB 50348—2018）的相关规定，根据系统规模的大小和用户对系统可靠性的要求，将整个系统的可靠性合理分配到系统的各个组成部分。

（三）系统电磁兼容性

系统电磁兼容性应符合现行国家标准《安全防范工程技术标准》（GB 50348—2018）的相关规定，选用的控制、显示、记录、传输等主要设备的电磁兼容性应符合电磁兼容试验和测量技术系列标准的规定，其严酷等级应满足现场电磁环境的要求。

（四）系统环境适应性

系统环境适应性应符合现行国家标准《安全防范工程技术标准》（GB 50348—2018）的相关规定，各种监控设备应符合其使用环境，如室内外温度、湿度、大气压等的要求。

（五）引用标准及安防系统通用图形符号

1. 引用标准

引用标准主要包括：

《标准编写规则 第 2 部分：符号标准》（GB/T 20001.2—2015）；

《电气简图用图形符号 第 3 部分：导体和连接件》（GB/T 4728.3—2018）；

《电气简图用图形符号 第 6 部分：电能的发生与转换》（GB/T 4728.6—2022）；

《电气简图用图形符号 第 8 部分：测量仪表、灯和信号器件》（GB/T 4728.8—2022）；

《电气简图用图形符号 第 10 部分：电信：传输》（GB/T 4728.10—2022）；

《电气简图用图形符号 第 11 部分：建筑安装平面布置图》（GB/T 4728.11—2022）；

《图形符号表示规则 总则》（GB/T 16900—2008）；

《技术文件用图形符号表示规则 第 1 部分：基本规则》（GB/T 16901.1—2008）；

《设备用图形符号表示规则 第 1 部分：符号原图的设计原则》（GB/T 16902.1—2017）；

《标志用图形符号表示规则 公共信息图形符号的设计原则与要求》（GB/T 16903—2021）。

2. 安防系统通用图形符号

安防系统通用图形符号（部分）如表 3-1 所示。

表 3-1 安防系统通用图形符号（部分）

编号	图形符号	名称	说明
1	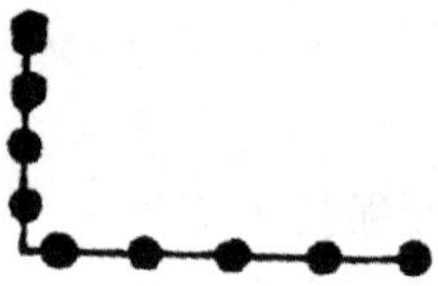	栅栏	单位地域界标
2		监视区	区内有监控，人员出入受控制
3		禁区	位于保护区内，禁区人员出入受严格限制
4	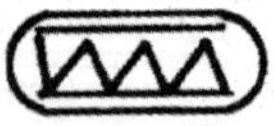	警戒电缆传感器	—
5	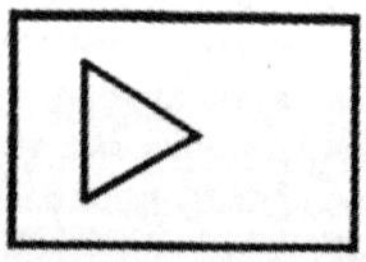	警戒感应处理器	—
6	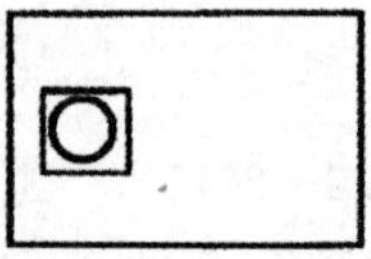	周界报警控制器	—

续表

编号	图形符号	名称	说明
7	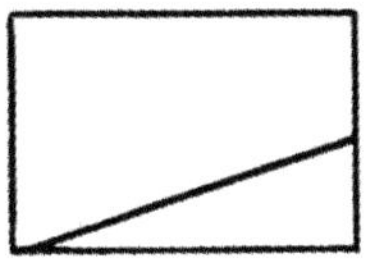	界面接口盒	—
8	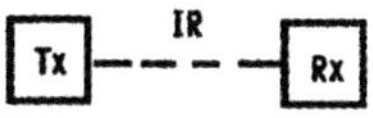	主动红外入侵探测器	发射、接收分别为 Tx、Rx
9	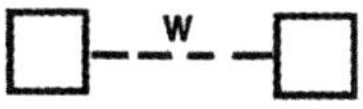	张力导线探测器	—
10		静电场或电磁场探测器	—
11	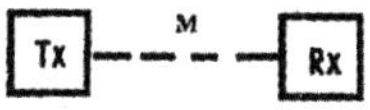	遮挡式微波探测器	—
12		埋入线电场扰动探测器	—
13		弯曲或震动电缆探测器	—
14		微音器电缆探测器	—
15	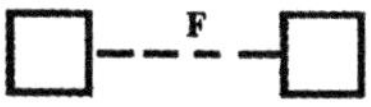	光缆探测器	—
16		压力差探测器	—

续表

编号	图形符号	名称	说明
17	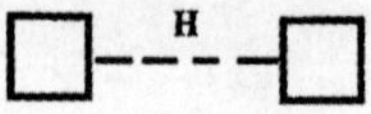	高压脉冲探测器	—
18	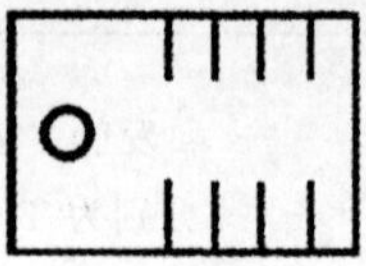	楼寓对讲电控 防盗门主机	—
19		对讲电话分机	—
20		锁匙电开关	—
21	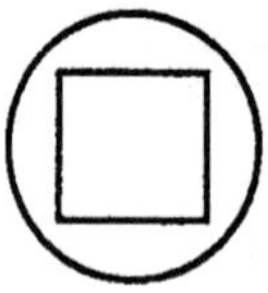	密码 开关	—
22		电控锁	—
23	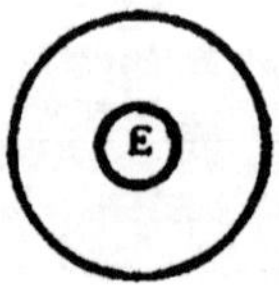	电锁 按键	—
24		声控锁	—

续表

编号	图形符号	名称	说明
25	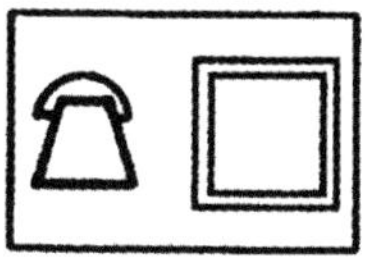	可视对讲机	—
26	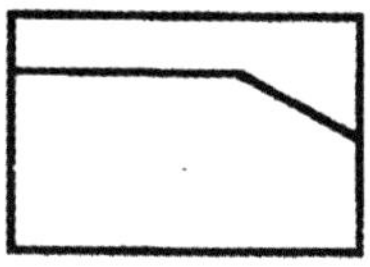	读卡器	—
27	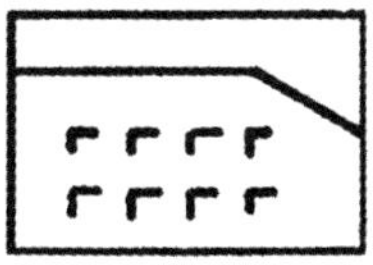	键盘读卡器	—
28		指纹识别器	—
29		掌纹识别器	—
30		人像识别器	—
31	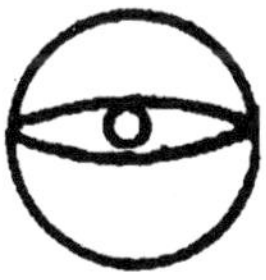	眼纹识别器	—
32	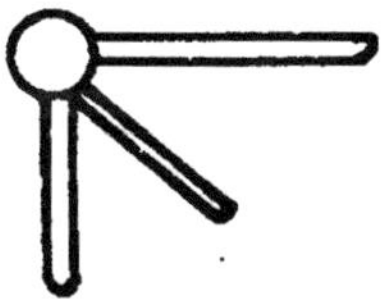	卡控叉形转栏	—

续表

编号	图形符号	名称	说明
33	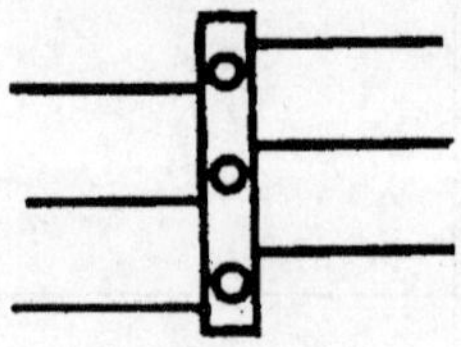	卡控旋转栅门	—
34	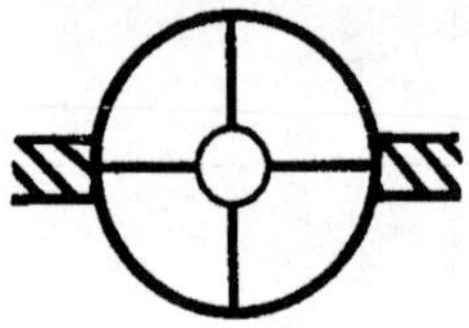	卡控旋转门	—
35	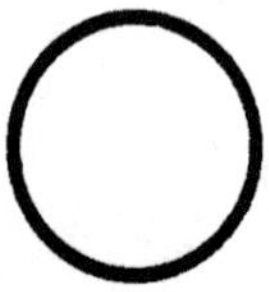	报警开关	—
36		紧急脚挑开关	—
37	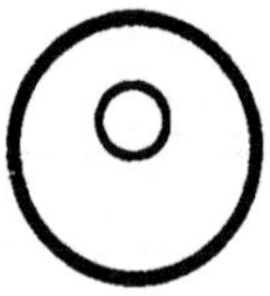	紧急按钮开关	—
38	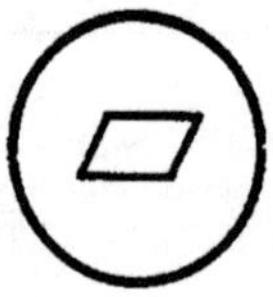	压力垫开关	—

续表

编号	图形符号	名称	说明
39		门磁开关	—
40	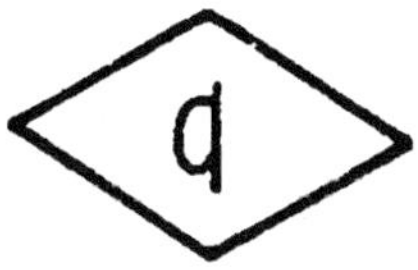	声波探测器	—
41	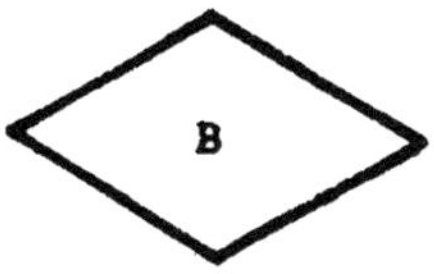	玻璃破碎探测器	—
42	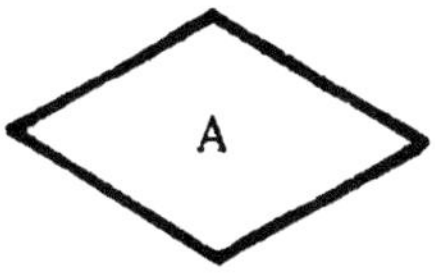	振动探测器	—
43		被动红外入侵探测器	—
44		微波入侵探测器	—
45	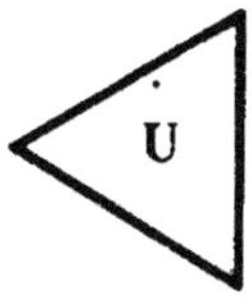	超声波入侵探测器	—
46		被动红外/微波双技术探测器	—

续表

编号	图形符号	名称	说明
47		三复合探测器	—
48	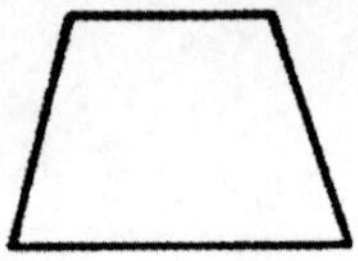	声光报警器	具有内部电源
49	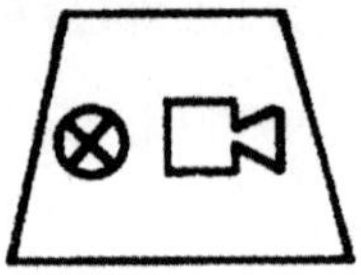	声光报警箱	—
50		灯光示警控制器	—
51	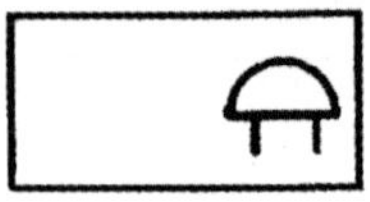	声响告警控制箱	—
52		开关操作声光报警控制箱	—
53		标准镜头	—
54		广角镜头	—
55	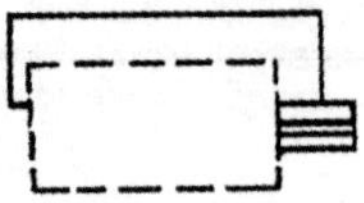	自动光圈镜头	—

续表

编号	图形符号	名称	说明
56	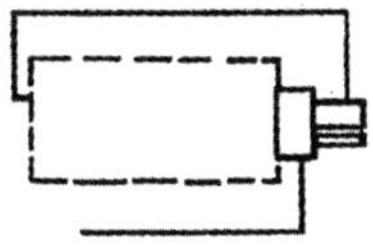	自动光圈电动聚焦镜头	—
57	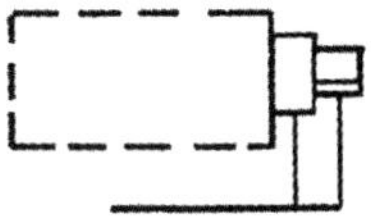	三可变镜头	—
58		黑白摄像机	—
59	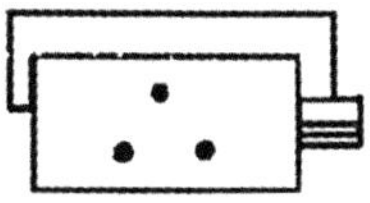	彩色摄像机	—
60	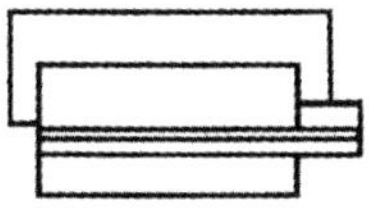	微光摄像机	—
61	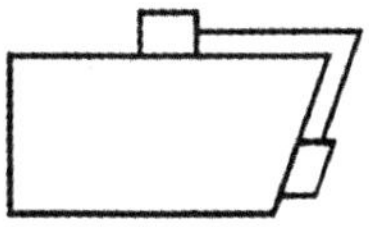	室外防护罩	—
62		室内防护罩	—
63	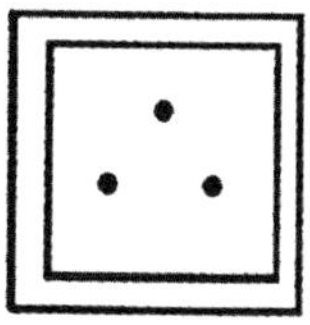	彩色监视器	—

实训四 PVC线管、线槽布线实训

一、实训目的

（1）通过设计水平子系统布线路径和距离，熟练掌握水平子系统的设计。

（2）通过训练线管的安装和穿线等，熟练掌握水平子系统的施工方法。

（3）通过使用弯管器制作弯头，熟练掌握弯管器使用方法和布线曲率半径要求。

（4）通过核算、列表、领取材料和工具，训练规范施工的能力。

二、实训要求

（1）设计一种水平子系统的布线路径和方式，并且绘制施工图。

（2）按照设计图，核算实训材料规格和数量，掌握工程材料核算方法，列出材料清单。

（3）按照设计图，列出实训工具清单，准备实训工具，独立领取实训材料和工具。

（4）独立完成水平子系统线管安装和布线方法，掌握PVC管卡、管的安装方法和技巧，掌握PVC管弯头的制作。

三、实训设备、材料和工具

（1）ϕ20 PVC管、管接头、管卡若干。

（2）弯管器、穿线器、十字螺丝刀、M6×16十字螺钉。

（3）钢锯、线槽剪、登高梯子、编号标签。

四、实训步骤

（1）使用PVC管设计一种从信息点到楼层机柜的水平子系统，并且绘制施工图。由3～4人成立一个项目组，选举项目负责人，每人设计一种水平子系统布线图，并且绘制图纸。项目负责人指定1种设计方案进行实训。

(2) 按照设计图，核算实训材料规格和数量，掌握工程材料核算方法，列出材料清单。

(3) 按照设计图需要，列出实训工具清单，领取实训材料和工具。

(4) 首先在需要的位置安装管卡，然后安装 PVC 管，两根 PVC 管连接处使用管接头，拐弯处必须使用弯管器制作大拐弯的弯头连接。

(5) 明装布线时，边布管边穿线。暗装布线时，先把全部管和接头安装到位，并且固定好，然后从一端向另外一端穿线。

(6) 布管和穿线后，必须做好线标。

五、实训报告要求

(1) 完成水平布线子系统施工图。

(2) 列出实训材料规格、型号、数量清单表。

(3) 列出实训工具规格、型号、数量清单表。

(4) 总结使用弯管器制作大拐弯接头的方法和经验。

(5) 总结水平子系统布线施工程序和要求。

(6) 总结使用工具的体会和技巧。

学习单元四

视频监控系统安装与调试

学习目标

◆ **认知目标**

掌握视频监控系统安装与调试方法

◆ **技能目标**

能够掌握视频监控设备的安装、视频监控系统调试软件的使用，完成视频监控设备功能调试

◆ **素质目标**

培养学生依法规范自己行为的意识和习惯，进一步培养精益求精的工匠精神

重点内容

了解视频监控系统设备功能，能够完成视频监控系统设备功能调试。

案例导入

视频监控系统包括网络摄像机（IPC）、硬盘录像机（DVR）（或者普通PC机加客户端，适合家有台式电脑的普通用户少量安装）、交换机（需根据摄像头数量和码率进行调节，可采用供货商的建议）、硬盘、显示器、网线、电源护套线、电源适配器（或12V直流开关电源）、摄像机支架、网线水晶头等设备。

视频监控系统的点数不同，所采用的连接方式也不同。

架构一：1～8个点的小型工程

针对1～8个点的小型工程，可以直接采用普通百兆交换机实现网络环境搭建。假如采用200万像素IPC，码流以6Mbps计算，8台摄像机占用带宽为48Mbps，而百兆交换机实际使用率为50%～70%，即50～70Mbps，

可以满足 8 台 IPC 的传输要求。

架构二：9～50 个点的中小型工程

针对 9～50 个点的中小型工程，仅仅采用百兆交换机是远远不够的，需要更高性能的二层全千兆交换机，才能保证视频信息的流畅传输。

架构三：50 个点以上的中大型工程

针对 50 个点以上的中大型工程，需要采用三层网络架构：接入层、汇聚层、核心层。

学习任务一　视频监控系统设备安装

学习目的

掌握视频监控系统设备安装流程，正确完成设备安装及连接。

知识要点

（1）摄像机的安装及连接。

（2）硬盘录像机的安装及连接。

（3）视频监控系统设备安装的注意事项。

任务考核

◆ **问题**

视频监控系统设备主要有哪些？

一、全彩摄像机（楼宇公共区域）的安装

实操步骤如下。

步骤 1：根据现场安装环境选择合适的支架（见图 4-1）；将壁装支架上的万向接头拆卸下来。

步骤 2：将万向接头安装到摄像机底座上面，并将摄像头固定到展板上（见图 4-2）。

图 4-1 摄像机支架图例

图 4-2 全彩摄像机安装图例

二、声光警戒球型网络摄像机的安装

实操步骤如下。

步骤 1：根据现场安装环境确认安装的位置。

步骤 2：将底座跟展板固定（见图 4-3）。

图 4-3 声光警戒球型网络摄像机安装图例

三、半球摄像机吸顶的安装

实操步骤如下。

步骤 1：确认好安装位置。

步骤 2：将半球摄像机贴合展板用螺丝进行固定（见图 4-4）。

图 4-4　半球摄像机安装图例

四、硬盘录像机的安装

实操步骤如下。

步骤 1：安装前先检查硬盘录像机（见图 4-5）的外观是否完好。

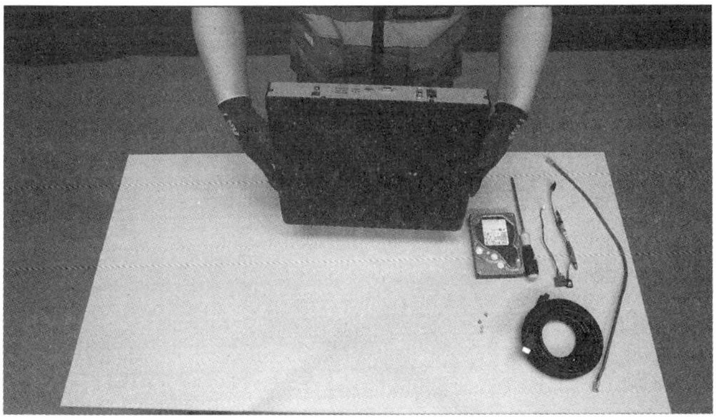

图 4-5　硬盘录像机图例

步骤 2：拧开硬盘录像机背部和侧面的螺钉（见图 4-6，注意安全防护措施，戴好手套）。

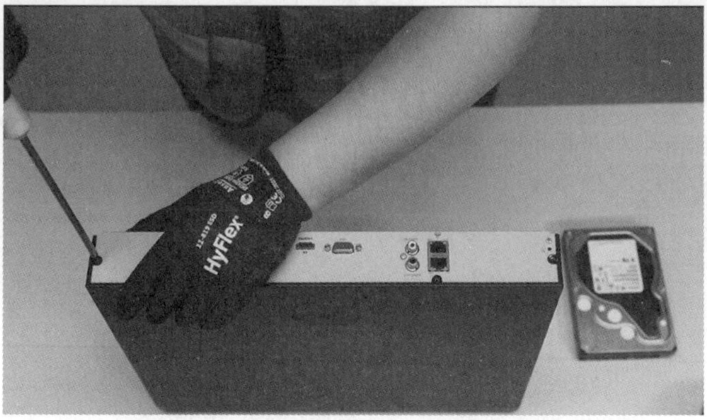

图 4-6　拆除硬盘录像机螺丝图例

步骤 3：取下盖板，将数据线分别接至主板和硬盘的数据口，电源线分别接至主板和硬盘的电源口（见图 4-7）。

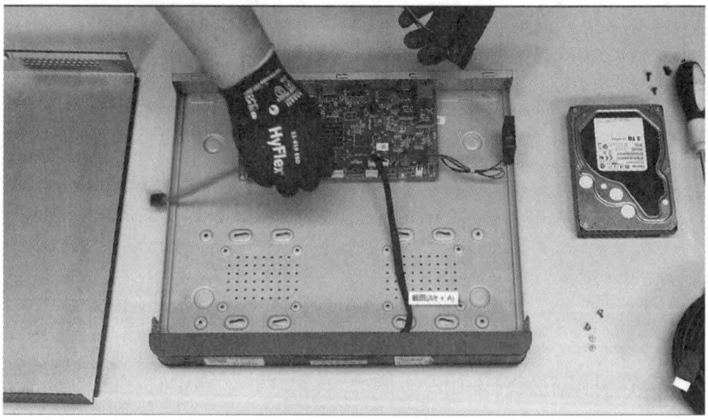

图 4-7　安装硬盘录像机配线图例

步骤 4：用螺丝将硬盘固定到主板上（见图 4-8）。

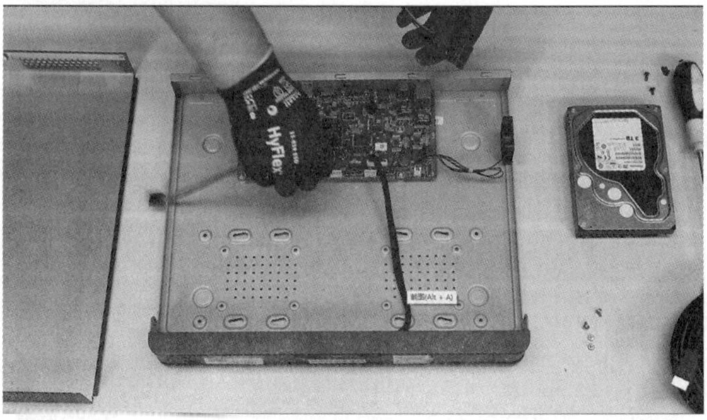

图 4-8　硬盘录像机安装硬盘图例

步骤 5：盖好机身盖板，用螺钉固定好（见图 4-9，固定后要检查是否拧紧）。

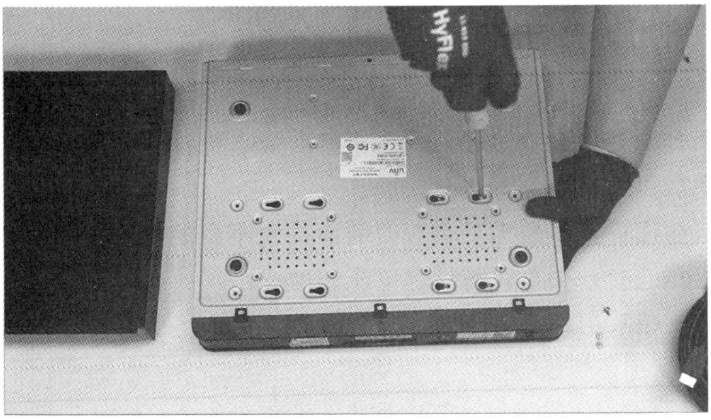

图 4-9　硬盘录像机固定螺丝图例

步骤 6：将跳线一端接入硬盘录像机网络端口，一端接入交换机（见图 4-10）。

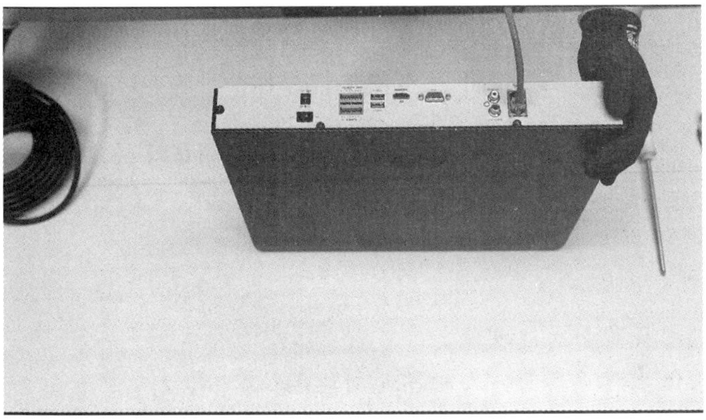

图 4-10　硬盘录像机连接网线图例

步骤 7：将视频线一端接入视频端口，一端接入显示设备或主机（见图 4-11）。

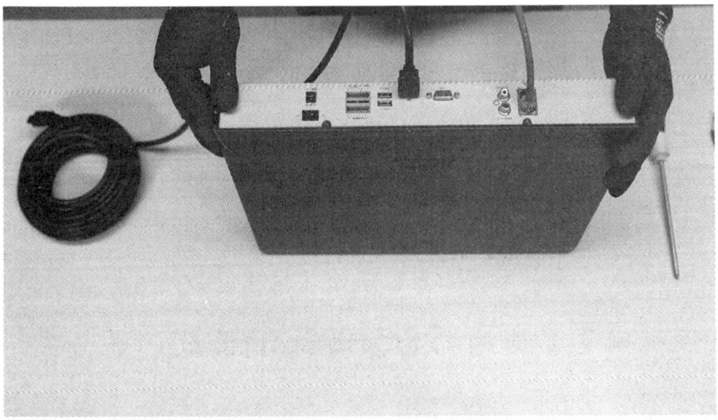

图 4-11　硬盘录像机连接视频线图例

步骤 8：安装完成后，使用打标机进行标签制作，并贴到对应的设备及线缆上。

五、使用前注意事项

主机通电前，须先检查，避免因接触不良而烧坏配件。检查方法如下：
(1) 晃动主机以检查内部是否有松脱；
(2) 从主机后面检查各插卡是否有歪斜而接触不良的现象；
(3) 检查电压选择开关是否与供电电压匹配。
如有不正常现象，请不要通电。应立即通知供货商，听取处理意见。

学习任务二 视频监控系统基本功能操作

学习目的

掌握视频监控系统设备调试流程，正确完成设备调试及功能实现。

知识要点

(1) 摄像机网页界面功能调试。
(2) 硬盘录像机网页界面、人机界面功能调试。

任务考核

◆ **问题**

视频监控系统适用于哪些场景？能够实现哪些功能？

一、前端摄像头设备的调试

（一）摄像机网页界面的初始密码和 IP 修改

操作步骤如下。

步骤 1：摄像机初始 IP 为 192.168.1.13，将电脑 IP 地址修改为和摄像机相同的网段地址，不冲突即可。然后打开网页，在网页上输入摄像机 IP 地址 http//192.168.1.13（见图 4-12）。

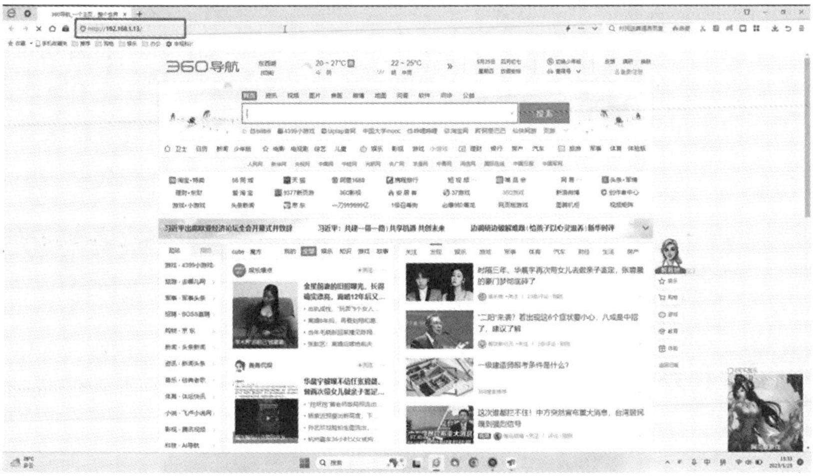

图 4-12　网页界面输入 IP 地址图例

步骤 2：初始账号是 admin，密码是 123456，进入登录摄像机界面（见图 4-13）。

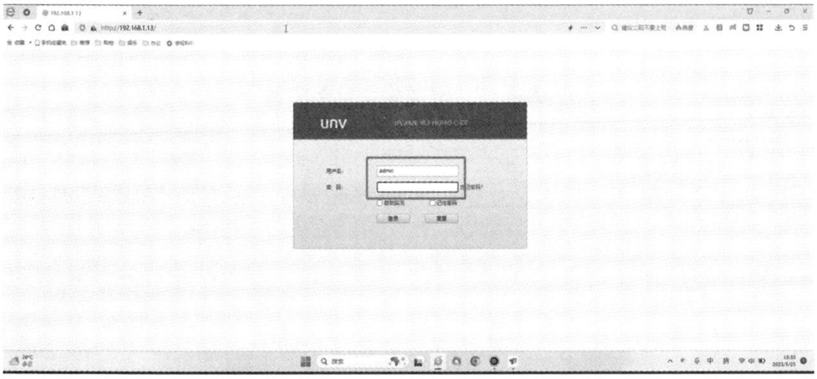

图 4-13　摄像机网页界面图例

步骤 3：点击“配置—常用—用户”，点击选择 admin 用户，点击“编辑”修改密码（见图 4-14），修改摄像机密码。注意：新密码应由字母及特殊符号组成。

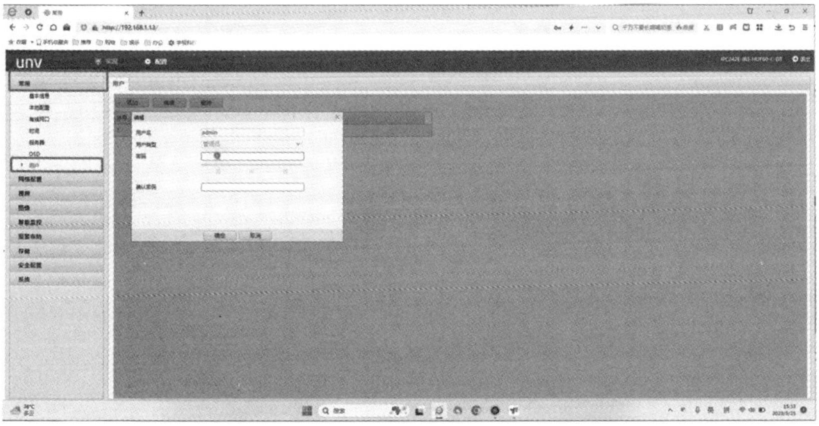

图 4-14　摄像机密码修改图例

步骤 4：点击“配置—网络配置”进行网口配置（见图 4-15），修改摄像机 IP 地址。获取 IP 方式选择静态地址、IP 地址、子网掩码、默认网关，根据地址规划表修改。网口配置中，根据实验要求，IP 地址按照要求进行修改，但要确保局域网内 IP 地址唯一，子网掩码为 255.255.255.0（见图 4-16），默认网关填写 192.107.x.254 即可。

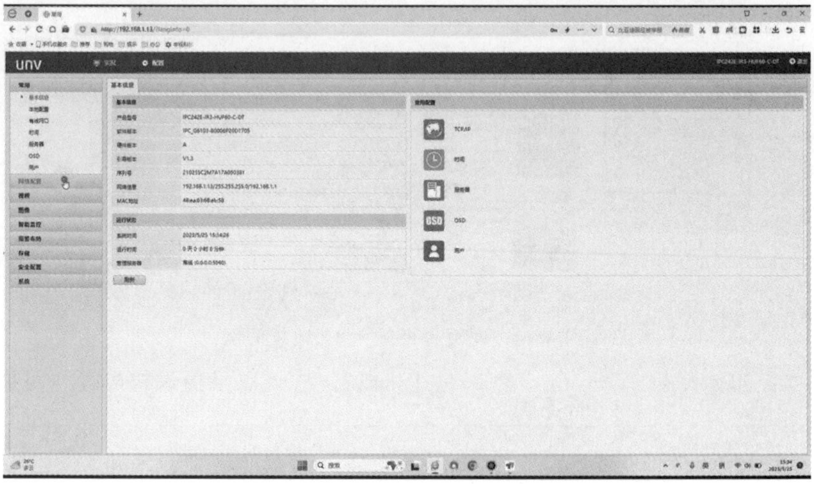

图 4-15　网络配置界面图例

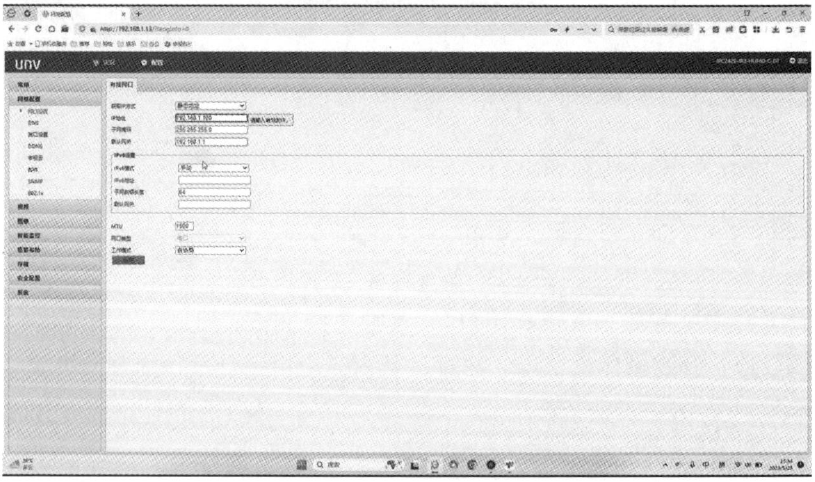

图 4-16　IP 地址修改图例

（二）摄像机的 OSD 配置

操作步骤如下。

步骤 1：首先登录摄像机预览界面（见图 4-17）。

步骤 2：然后点击“配置—常用—OSD”（见图 4-18）。

步骤 3：选定右边的显示位置，选择区域 1，叠加区域内容选择“日期＋时间”，点击确定。

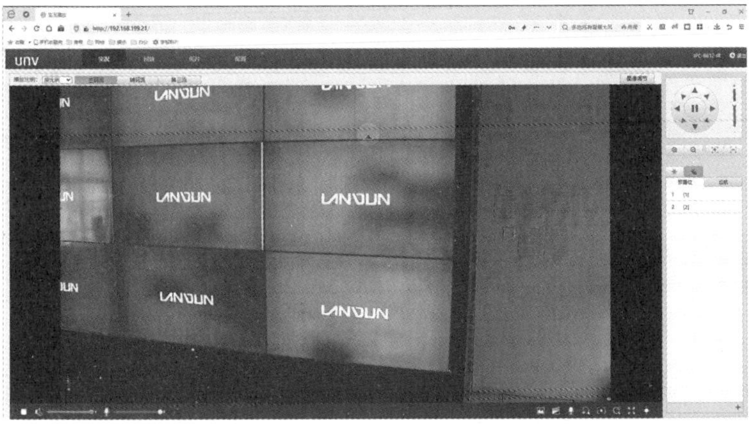

图 4-17　摄像机预览界面图例

图 4-18　摄像机 OSD 配置图例

步骤 4：选定右边的显示位置，选择区域 2，叠加区域内容输入自定义内容“实训室”，点击确定。

步骤 5：返回实况页面，查看区域 1、区域 2 是否已经修改为对应内容。

相关说明如下。

① 显示位置：可在 OSD 配置里预览画面中先单击对应区域的方框，鼠标指针变成可移动的状态后，按住鼠标左键拖动即可。② 叠加 OSD 内容：可以选已有的时间、预置位、方位信息等，也可以自定义。③ 内容样式：OSD 的效果、字体大小、字体颜色、最小边距、日期格式等信息可以根据实际需要进行配置。

（三）前端摄像机人脸检测

操作步骤如下。

步骤 1：进入网页界面，点击“配置—智能—智能功能”（见图 4-19），勾选“人脸检测”，点击后面的齿轮图标。

步骤 2：选择抓拍区域，可选择全屏或指定区域（见图 4-20）。

步骤 3：设置目标抓拍灵敏度（见图 4-21），数值越高越灵敏。

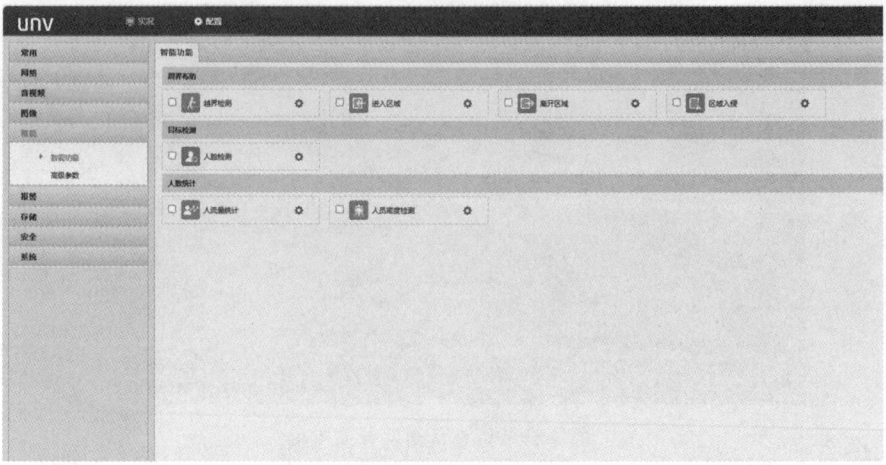

图 4-19　web 界面智能功能图例

图 4-20　人脸检测设置区域图例

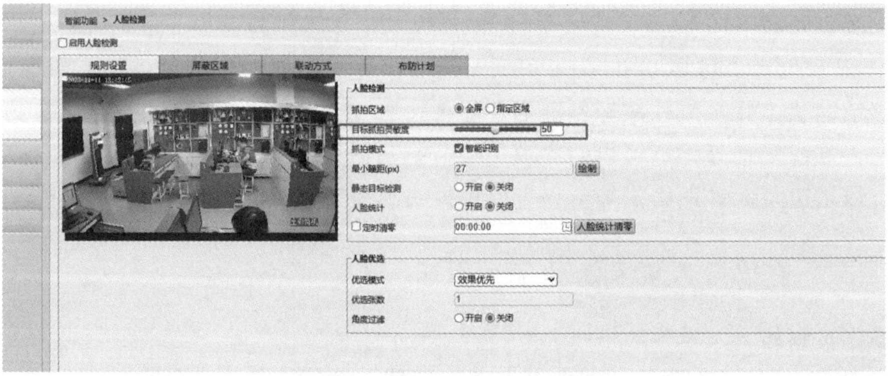

图 4-21　人脸检测设置灵敏度图例

步骤 4：抓拍模式选择“智能识别”（见图 4-22），智能识别由摄像机自动完成。

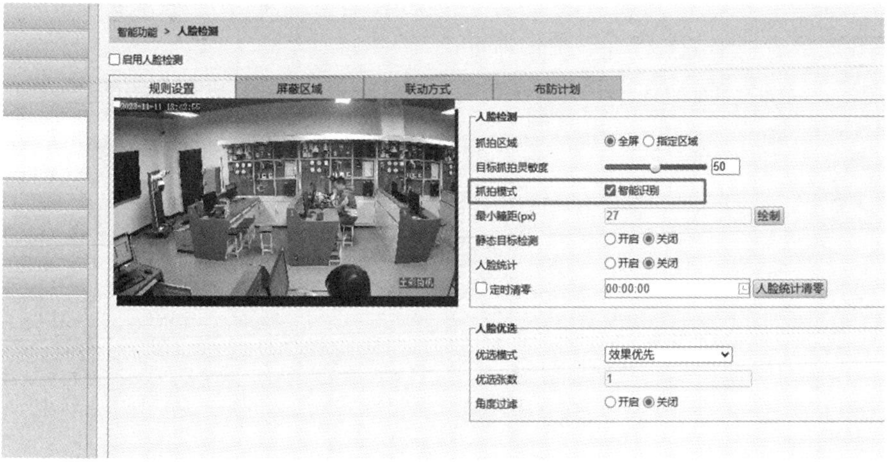

图 4-22　人脸检测抓拍设置图例

二、后端设备的调试

（一）硬盘录像机网页界面的调试

操作步骤如下。

1. 手动添加

步骤 1：登录硬盘录像机的网页界面，点击“配置—通道配置”进行通道管理（见图 4-23）。

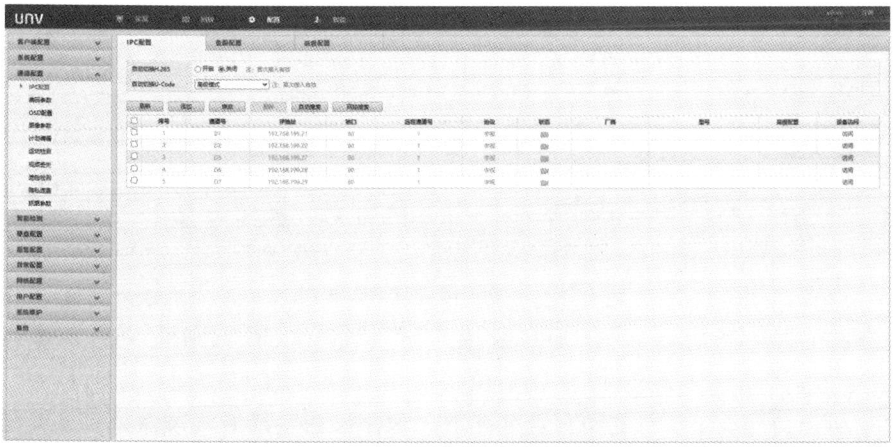

图 4-23　录像机通道管理设置图例

步骤 2：单击“添加”按钮后出现图 4-24 所示界面，里面的协议选择“宇视”，IP 地址填写摄像机的 IP 地址，端口填写 80，用户名和密码填写录像机的用户名和密码。填写完成后，单击“保存”按钮即可。

图 4-24　录像机添加通道设置图例

2. 网段搜索添加

步骤 1：单击“网段搜索”按钮后出现图 4-25 所示的界面，填写起始 IP 地址和结束 IP 地址，点击“搜索”会显示同网段下的录像机，勾选需要添加的设备，单击“确定”按钮即可。

图 4-25　录像机网段搜索设置图例

步骤 2：添加完成后，在“IPC 配置”界面中可以看到刚添加的录像机（见图 4-26）。在高级配置中可以修改该录像机的 IP 地址、子网掩码、默认网关。单击“访问”，可以访问该录像机的网页端并获取图像。添加在线后，录像机默认是全天主码流存储录像。如果需要做修改，则在硬盘配置里做相应改动。

图 4-26 录像机添加设备完成图例

（二）硬盘录像机录像检索和回放

操作步骤如下。

步骤 1：单击“回放”按钮，打开回放界面（见图 4-27）。

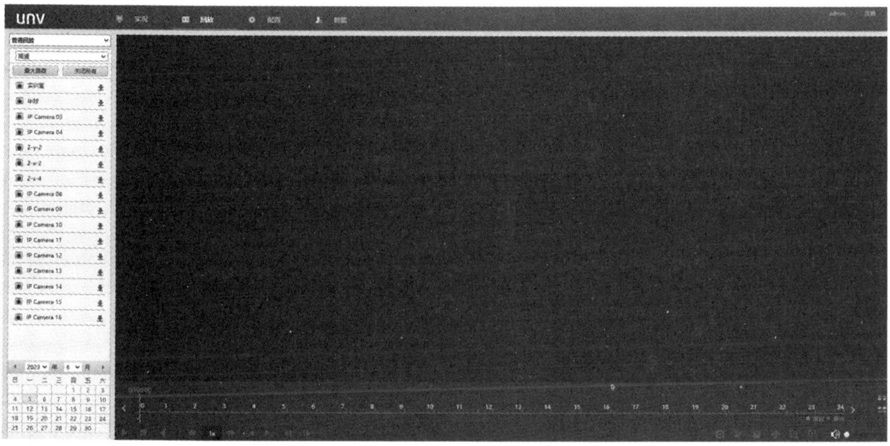

图 4-27 录像机回放界面预览图例

步骤 2：选择某个通道或多个通道录像机进行回放。

步骤 3：选择需要回放的时间（见图 4-28）。

图 4-28 录像机回放界面时间选择图例

步骤 4：点击蓝色进度条即可进行实况回放（见图 4-29）。

图 4-29　录像机实况回放图例

（三）硬盘录像机网页界面报警配置

操作步骤如下。

1. 区域入侵

步骤 1：单击智能—智能功能配置，选择通道后打开“周界布防”下的“区域入侵”选项（见图 4-30）。

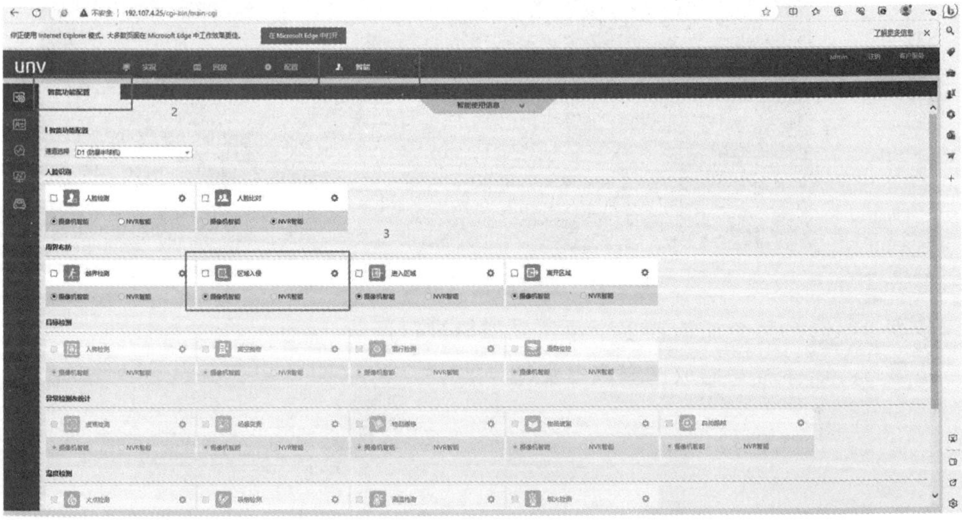

图 4-30　区域入侵设置图例

步骤 2：进入区域入侵设置界面，绘制规则区域（见图 4-31），可以针对不同规则，设置灵敏度、时间阈值等参数。最后设置联动方式和布防计划。

步骤 3：保存配置，返回智能功能配置界面，勾选区域入侵即可（见图 4-32）。

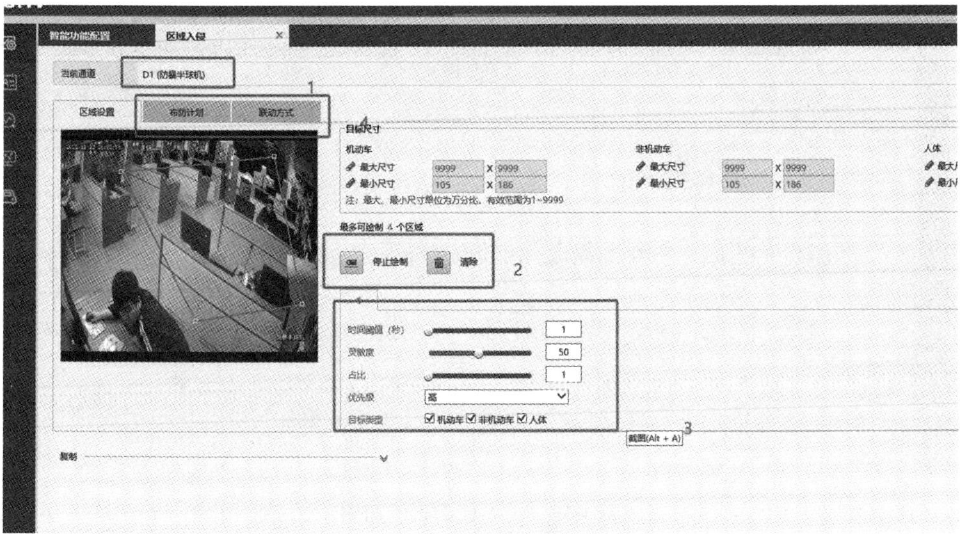

图 4-31 区域入侵规则设置图例

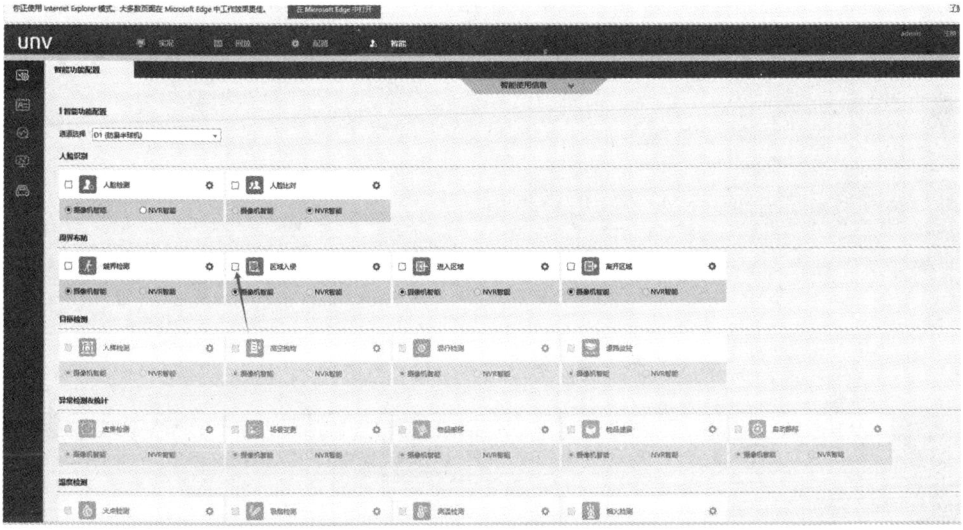

图 4-32 区域入侵设置完成图例

2. 越界检测

步骤 1：单击“智能—智能功能配置”，选择通道相机，然后选择“周界布防”下的“越界检测”选项（见图 4-33）。

步骤 2：进入越界检测设置界面，绘制规则（见图 4-34），可以针对不同规则，设置方向和灵敏度。最后设置联动方式和布防计划。

步骤 3：保存配置，返回智能功能配置界面，勾选“越界检测”即可（见图 4-35）。

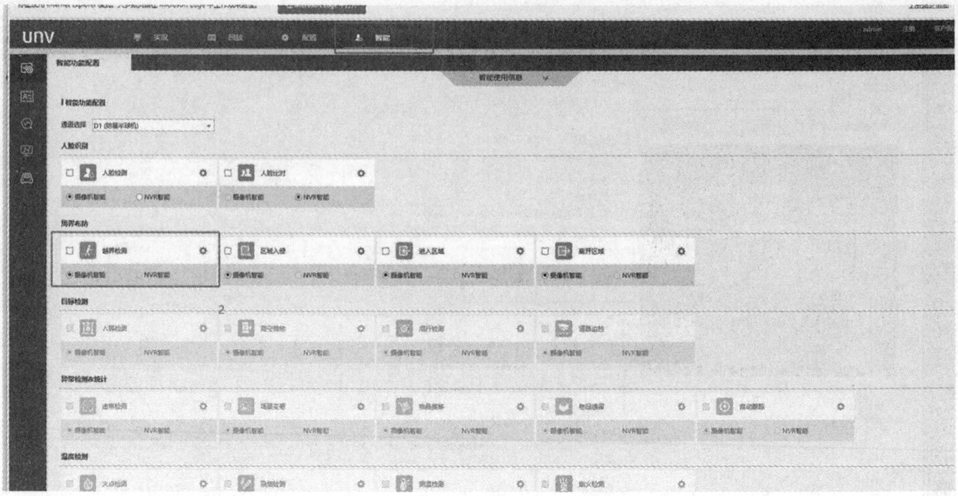

图 4-33　越界检测设置图例

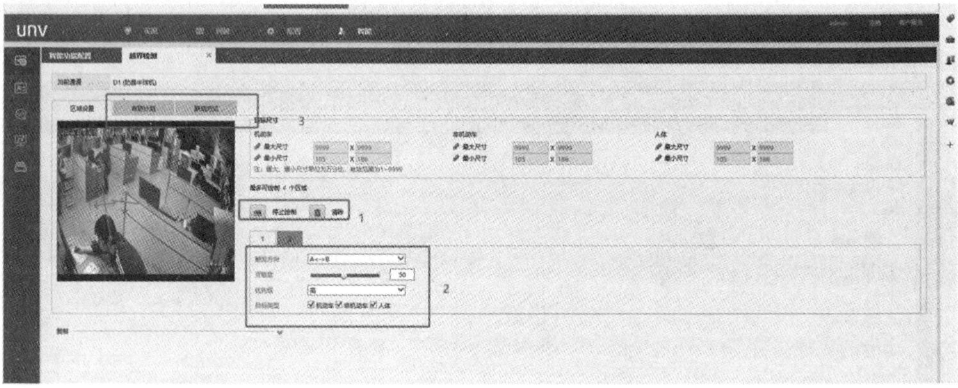

图 4-34　越界检测规则设置图例

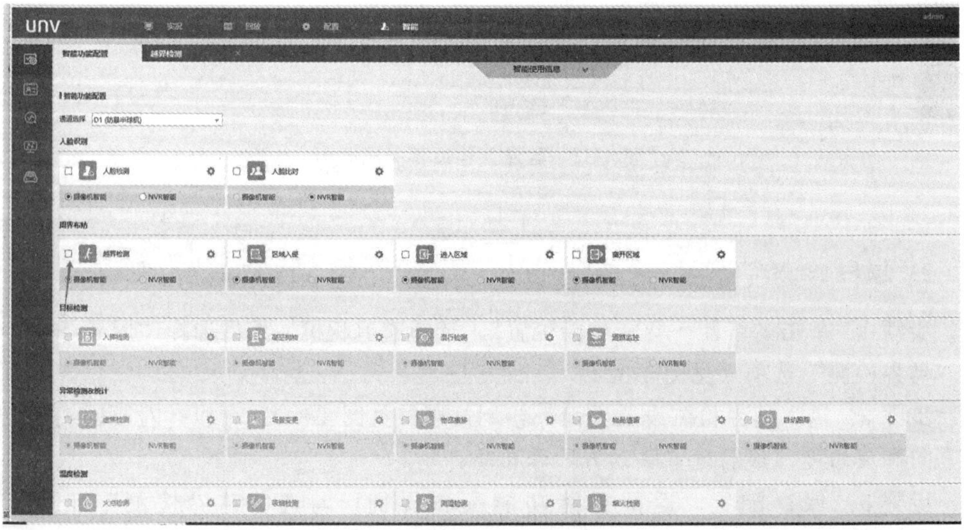

图 4-35　越界检测设置完成图例

（四）硬盘录像机人机界面IP地址修改

操作步骤如下。

步骤1：鼠标右键点击实况界面，唤出主菜单，点击进入主菜单。

步骤2：选择网口配置，点击网口1。

步骤3：将IPV4修改为所需的IP地址、子网掩码、网关。

（五）硬盘录像机人机界面添加摄像机的调试

操作步骤如下。

在硬盘录像机监视器端添加IPC至相应通道，有快速添加IP通道、搜索添加IP通道等多种途径。

1. 快速添加IP通道

步骤1：在实况预览界面，点击实况界面中间的“添加”，进入“添加IP通道”界面

步骤2：选择录像机，选择录像机的协议，输入端口、用户名、密码，然后单击“确定”按钮，录像机就会上线。

2. 搜索添加IP通道

步骤1：鼠标右键点击实况界面，唤出主菜单，点击进入主菜单。

步骤2：在“通道配置”界面中，单击“网段搜索”按钮，弹出“网段搜索”界面，可以指定网段搜索IPC，输入指定的IP网段，单击“搜索”按钮。

步骤3：从搜索出来的录像机中选择一个，单击“添加”按钮，进入“添加IP通道”。

步骤4：单击“添加所有”按钮，IPC将被添加到设备上面。

步骤5：在“通道管理”界面中查看录像机连接状态。

在不超过设备路数的情况下，搜索到的所有IPC都能被添加到硬盘录像机中。如果“状态”为“在线”，则表明添加成功；否则检查网络或IPC用户名、密码等信息是否正确。

（六）硬盘录像机人机界面遮挡检测的调试

在人机界面配置录像机遮挡检测，设置联动方式为蜂鸣声并将计划时间设置为周一至周日，调试完成后使用手遮挡来触发蜂鸣声。

操作步骤如下。

步骤1：点击“报警配置—遮挡检测”。

步骤2：选择需要配置遮挡检测的录像机。

步骤 3：选择联动方式，勾选蜂鸣声，点击确定。

步骤 4：点击布防计划，再选择布防时间（默认即可），选择复制到每一天，点击确认保存。

步骤 5：勾选“启动录像机遮挡检测”，点击“应用”。

步骤 6：使用遮挡物在录像机镜头前摇晃，听录像机是否有蜂鸣声。

实训五　监控中心设备的安装与调试

一、实训目的

（1）根据工艺设计文件安装监控中心各项设施设备，检验系统功能、安装质量。
（2）按性能指标要求对系统进行调试、检测。

二、实训内容

（1）熟悉监控中心设备的安装工艺要求。
（2）掌握控制、显示、记录和配电设备及辅助设备的安装。
（3）检验安装后质量。
（4）掌握监控中心设备功能设置、检验和调试。

三、实训设备、材料和工具

CRT 监控器	1 台
液晶监视器	1 台
网络存储录像机	1 台
管理服务器	2 台
网络解码器	1 台
报警主机	1 台
交换机	1 台
机柜	1 台
工具包	1 套

四、实训步骤

（1）根据说明书，各实训台的视频信号经路由器接入监控中心的交换机内，经交换机连接到网络存储录像机与网络解码器上。

（2）安装网络存储录像机硬盘。安装步骤如下。

① 从设备前面板方向，将硬盘架拉出。

② 将固定硬盘架的挡条取下。

③ 将硬盘安装在硬盘架上，每个硬盘配备 4 个螺钉。

④ 确定网络存储录像机的磁盘排列顺序。横排序号是由左往右依次递增，纵排序号是由上往下依次递增。

（3）接线。接线端口说明见表 4-1。

表 4-1　接线端口说明

序号	接线端口	说明
1	电源接口	用于连接 220V 交流电
2	普通鼠标/键盘接口	用于连接鼠标/键盘以查看设备情况
3	USB 接口	用于连接带有 USB 接口的设备
4	串口	用于连接 RS-232 串口，进入命令行页面
5	CRT 接口	用于连接显示器
6	以太网口	用于数据传输，为千兆以太网口
7	以太网口	用于数据传输，为千兆以太网口
8	扩展连接口	用于连接扩展的磁盘柜

（4）启动网络存储录像机硬盘。启动步骤如下。

① 连接电源线。

② 按下设备的电源开关，硬盘通道上的电源指示灯变黄色，指示灯闪烁一次表示启动完毕。第一次启动设备时，需要手动配置网络操作系统。

（5）对监控中心进行操作，参照说明书填写操作步骤。

五、实训报告要求

（1）简述监控中心的作用。

（2）简述监控中心的组成。

（3）简述监控中心解码器的作用。

实训六　视频监控系统工程综合实训

一、实训任务

学生将实训装置上的摄像机拆下，安装在教室等实际环境中，进行视频监控工程项目的布线、安装和调试等实际操作，使得视频监控系统工作正常。通过本实训内容，掌握视频监控系统从前端到控制中心的系统性综合安装工程技术。

二、实训技能

（1）合理规划和设计前端摄像机的安装位置。

（2）正确敷设线缆，包括信号传输线缆、供电线缆等，尽量避免线缆交叉。

三、实训设备、材料和工具

（1）视频监控系统实训装置、平台。

（2）智能化系统工具箱。

四、实训步骤

将视频监控系统实训装置自带的4个摄像机安装到实训室墙角或者楼道、门口等位置，图4-36为安装位置示意图。请根据本校情况，由学生设计、老师确认后进行综合实训，实训只适合少量学生一次性安装，不适合全班学生多次重复安装。

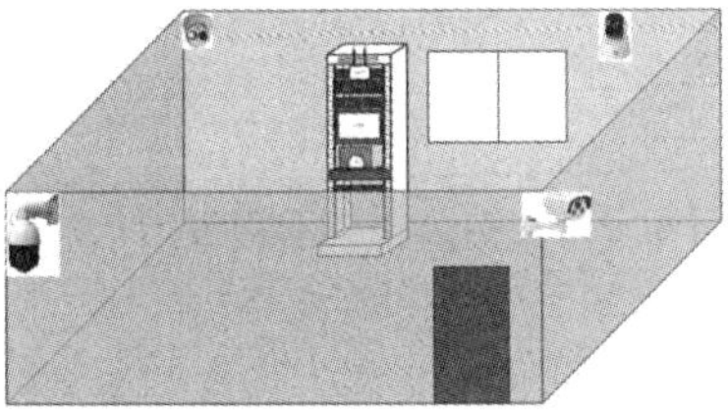

图4-36　视频监控综合实训安装位置示意图

下面以视频监控安装维护员实训平台为例，说明安装方法和关键技术。适合全班学生多次重复安装实训，也适合学生按照自己的设计方案进行个性化安装实训。具体实训步骤如下。

第一步：将视频监控系统实训装置移到视频监控安装维护员实训平台设计位置，模拟视频监控系统的监控中心。

第二步：拆下左侧一体化摄像机和电源等配件，安装到工程实训平台的右侧位置，作为前端监控点1。

第三步：拆下右侧枪式摄像机和电源等配件，安装到工程实训平台的左侧，作为前端监控点2。

第四步：拆下中间半球固定摄像机和电源等配件，安装到工程实训平台的左侧L角位置，作为前端监控点3。

第五步：拆下中间半球云台摄像机和电源等配件，安装在工程实训平台的右侧，作为前端监控点4。

第六步：完成4个监控点摄像机到监控中心的信号线和控制线布线，要求布线符合相关施工要求，安全可靠，布线路由合理等。

第七步：完成4个监控点摄像机到监控中心的电源线布线，要求布线符合相关施工要求，安全可靠，布线路由合理等。

第八步：确认视频监控系统各个设备连线正确，接通电源，完成设备调试，实现系统正常工作。

五、实训报告要求

(1) 每组学生自行设计施工安装图，包括实训装置的摆放位置、摄像机安装位置、布线路由等。注意设计图纸必须有设计人、审核人、审定人签字和日期。

(2) 按照设计图纸进行设备安装和布线，要求拍摄主要安装步骤和关键位置。

(3) 进行系统调试，对主要操作界面截屏保存。

(4) 实训报告首先给出设计图和设计说明，然后要以图文并茂的方式叙述安装过程和操作经验，关键步骤用照片直观说明安装方法，调试部分用文字和截屏图片说明。

(5) 总结安装与调试实训体会，给出至少3条安装方法或者工作经验。

课后练习：摄像机的网络配置与修改

摄像机的网络配置与修改应遵循相应的规定。请结合所学知识和相关规定，简要描述视频监控系统摄像机的网络配置与修改。

学习单元五

出入口控制系统安装与调试

学习目标

◆ **认知目标**

掌握出入口控制系统设备安装与调试方法。

◆ **技能目标**

能够掌握出入口控制系统设备的安装及调试软件的使用，实现出入口控制系统设备功能。

◆ **素质目标**

培养学生依法规范自己行为的意识和习惯。进一步培养精益求精的工匠精神。

重点内容

了解出入口控制系统设备功能设置，能够实现出入口控制系统设备功能。

案例导入

出入口一体机系列，集抓拍、补光、显示、对讲、道闸于一体，去繁从简，一体集成，广泛应用于小区、园区、校园、商业综合体、企业、酒店、景区等众多场景，凭借着亮眼的功能，助力各地更好地满足出入口停车管理需求。

项目环境：本住宅小区是该地较大的高品质小区，人员车辆进出较多，业主对停车需求较大。

项目效果：选用出入口一体机系列停车产品，车辆管理高效智能，停车轻松方便。入口由于高度限制而使用 1 台曲臂杆道闸。出口使用 1 台快速直杆道闸，降低逃费的可能性。监控室使用控制终端显示一体机，用于系统管理和收费。有特殊情况时，车主还可以通过一体机呼叫按钮与监控室值班人员进行可视对讲。对进出业主、商铺等车辆进行授权管理，数据一键可查，避免人工漏记等情况，保障小区业主安全。专业的无人值守功能，让停车管理更加高效轻松，打造无人值守智慧停车场。

学习任务一　出入口控制系统设备安装

学习目的

掌握出入口控制系统设备安装流程，正确完成设备安装及连接。

知识要点

(1) 电脑调试、交换机安装及连接。
(2) 门禁控制器安装及连接。
(3) 人脸门禁安装及连接。
(4) 磁力锁、门禁按钮安装及连接。
(5) 出入口控制系统设备安装注意事项。

任务考核

◆ **问题**

出入口控制系统设备主要有哪些？

一、设备安装流程

(1) 电脑 PC 端，采用桌面式安装（见图 5-1），电源连接 220V 电源，网口连接至交换机。

(2) 交换机，采用桌面式安装/机架式安装（见图 5-2），电源连接 220V 电源。

(3) 双门门禁控制器，采用壁挂式安装（见图 5-3），螺丝穿过双门门禁控制器机箱安装口固定，网口连接至交换机。

图 5-1　电脑安装图例

图 5-2　交换机安装图例

图 5-3　双门门禁控制器

（4）人脸门禁，壁挂式安装（见图 5-4），将 86 型底盒固定至墙面。使用配套螺丝固定安装支架，将人脸门禁连接至双门门禁控制器。将门禁主机正确接线后对准安装孔位扣至支架，使用六角螺丝刀固定底部螺丝。

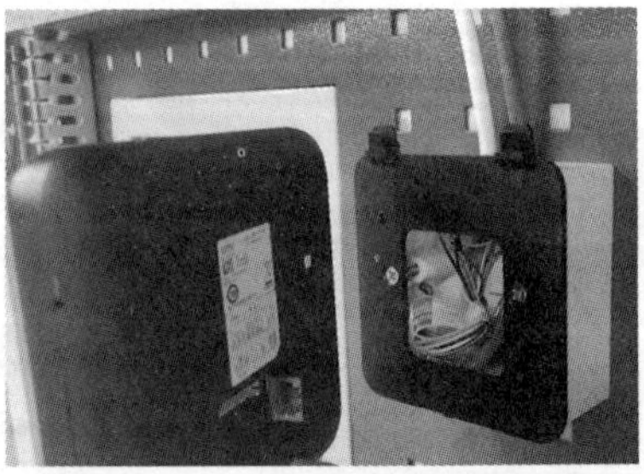

图 5-4　人脸门禁安装图例

（5）磁力锁锁体分解，将信号线穿过接线孔，将双门门禁控制器端口连接至磁力锁，将边板固定至门体（见图 5-5）。安装锁体，正确接线，安装副锁片，测试与锁体贴合情况，完全贴合后固定螺丝。

（6）门禁开关按钮使用 86 型底盒固定至墙面或展示板（见图 5-6），连接至门禁控制器端口。

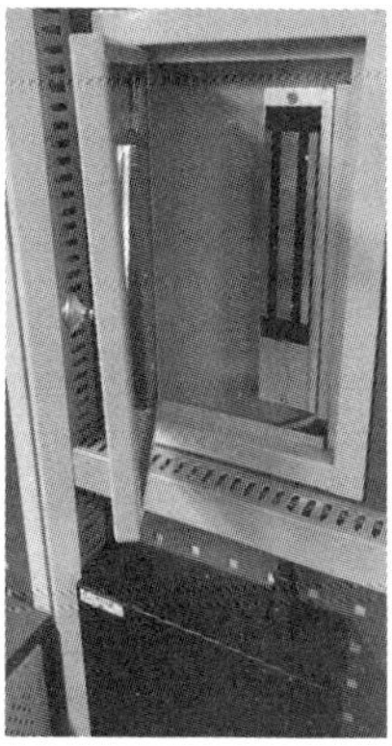

图 5-5　磁力锁安装图例

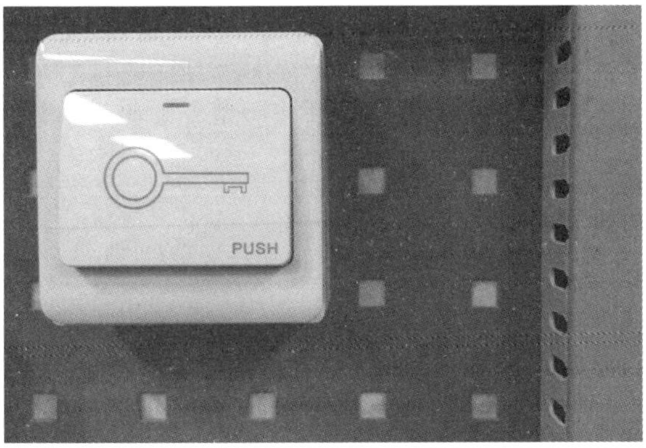

图 5-6　门禁开关安装图例

二、注意事项

（1）终端设备安装应牢固可靠。

（2）箱内线缆应排列整齐，分类绑扎成束，并留有适当余量。

（3）箱、盒内应清洁无杂物，且设备表面无划痕及损伤。

（4）门禁系统设备导线的压接必须牢固可靠，线号正确齐全，导线规格符合设计要求。

（5）保护接地的接地电阻值应不大于 10Ω。

（6）门禁系统软件的功能应符合说明书中的要求。

（7）门禁功能和软件全部检测，功能符合设计要求为合格，合格率 100%时为系统功能检测合格。

学习任务二　出入口控制系统设备调试

学习目的

掌握出入口控制系统设备调试流程，正确完成设备调试及功能实现。

知识要点

（1）门禁控制器管理软件使用及调试流程。

（2）人脸门禁调试流程及功能实现。

任务考核

◆ **问题**

出入口控制系统适用于哪些场景？能够实现哪些功能？

一、设备搜索

打开门禁调试软件，点击“自动搜索设备”（见图 5-7），提示搜索到设备（见图 5-8）。点击“获取控制器通信信息”（见图 5-9），显示设备详细信息（见图 5-10），如 IP 地址、通信密码等。

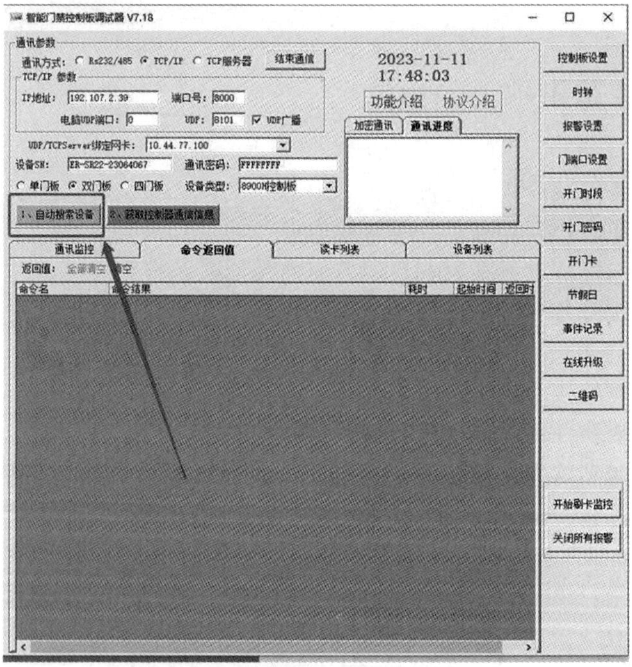

图 5-7 门禁调试软件搜索界面

二、客户端登录

打开门禁管理软件 EZAccess，登录后进入首页（见图 5-11）。

选择设备管理（见图 5-12），点击“门禁控制器”。

点击“自动搜索”（见图 5-13），提示搜索中（见图 5-14）。

显示搜索结果，选择添加（见图 5-15）。

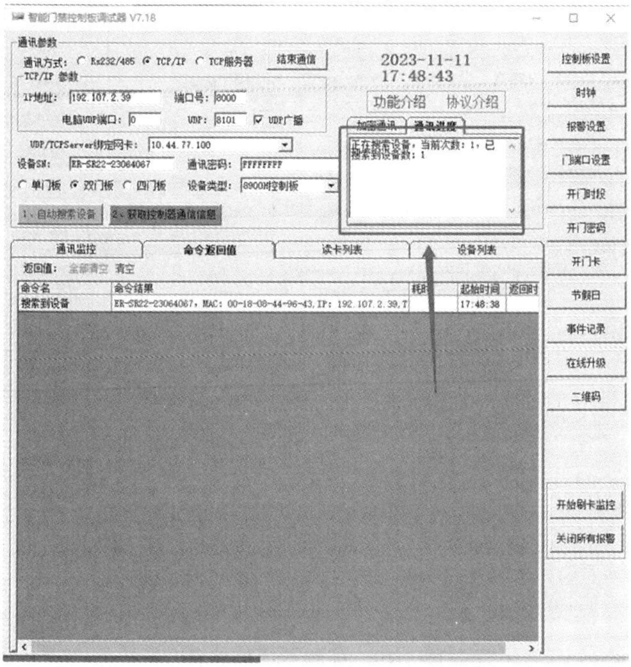

图 5-8 门禁调试软件设备搜索界面

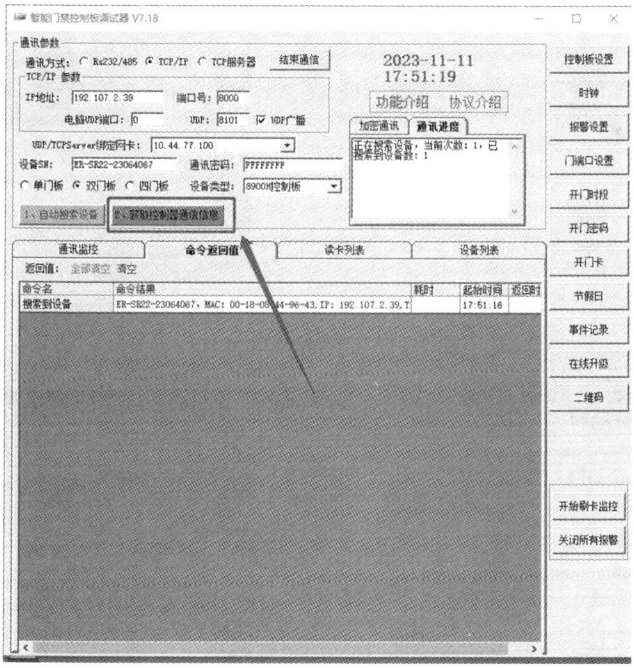

图 5-9 获取控制器通信信息

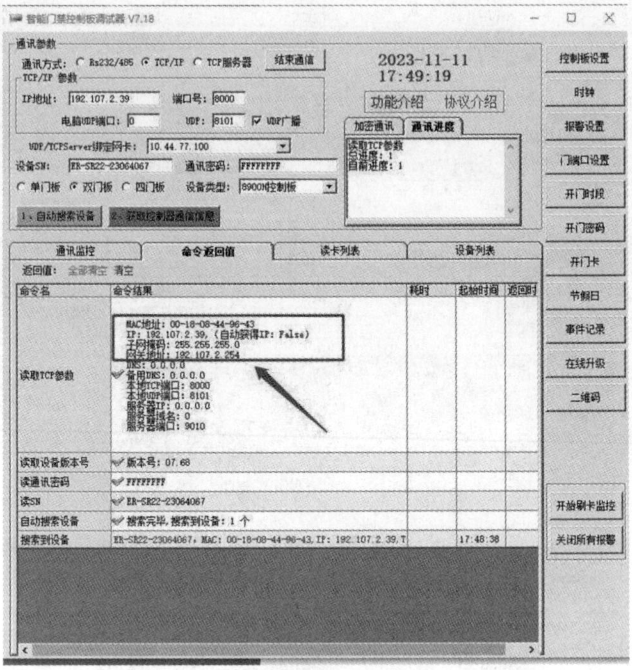

图 5-10 控制器通信信息

图 5-11 门禁管理软件首页

图 5-12 门禁管理软件设备管理

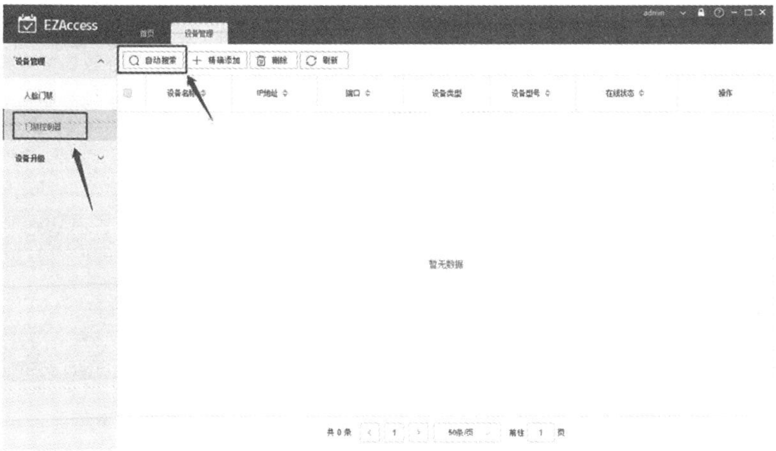

图 5-13　门禁管理软件自动搜索

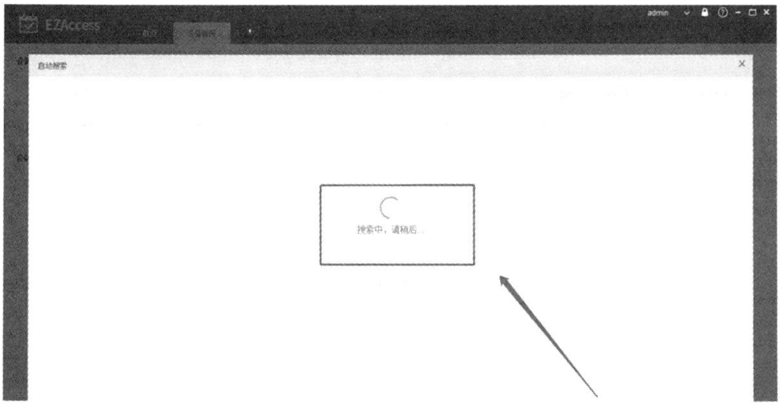

图 5-14　门禁管理软件搜索门禁中

图 5-15　门禁管理软件设备添加

设置设备名称，输入默认密码 FFFFFFFF，点击“确定”（见图 5-16），提示添加成功。

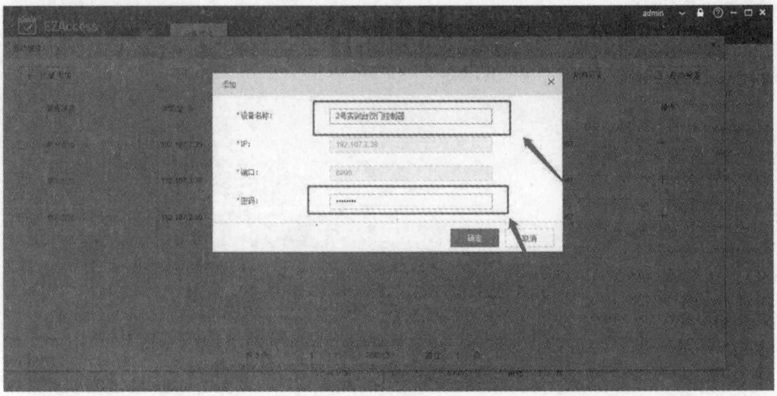

图 5-16　门禁管理软件设备命名

三、客户端添加人脸门禁

选择人脸门禁，点击“自动搜索”(见图 5-17)。

图 5-17　管理软件搜索界面

选择添加（见图 5-18)。

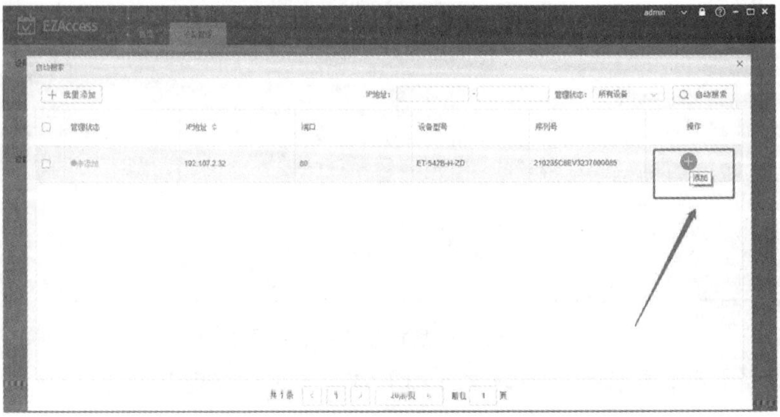

图 5-18　管理软件添加设备界面

设置设备名称，输入设备密码（见图 5-19），默认密码为 123456。

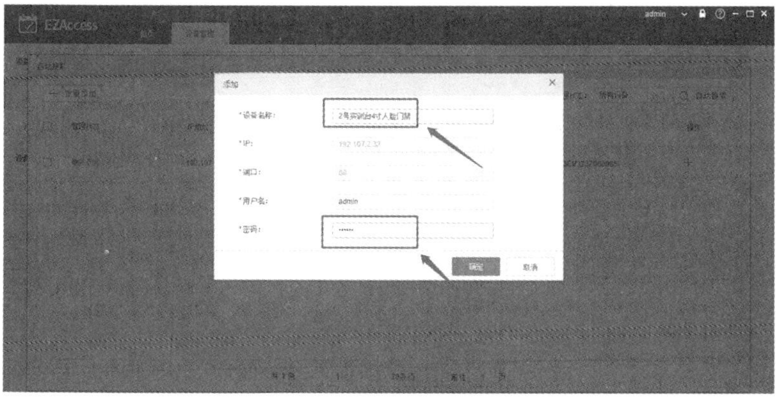

图 5-19　设备命名界面

点击“确定”，提示添加成功（见图 5-20）。

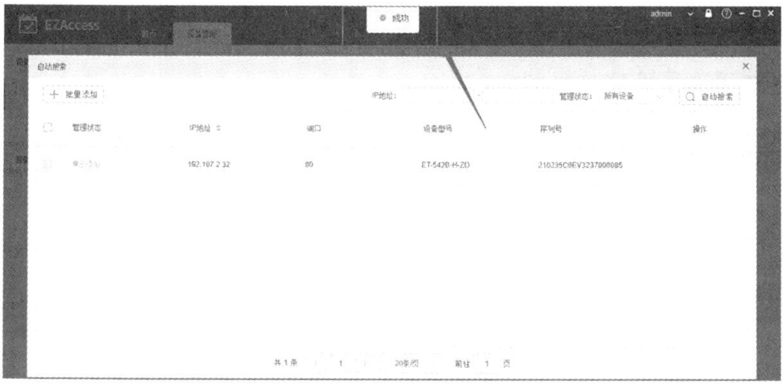

图 5-20　设备添加成功提示界面

添加完成后，设备管理界面显示人脸门禁在线（见图 5-21），门禁控制器在线（见图 5-22）。

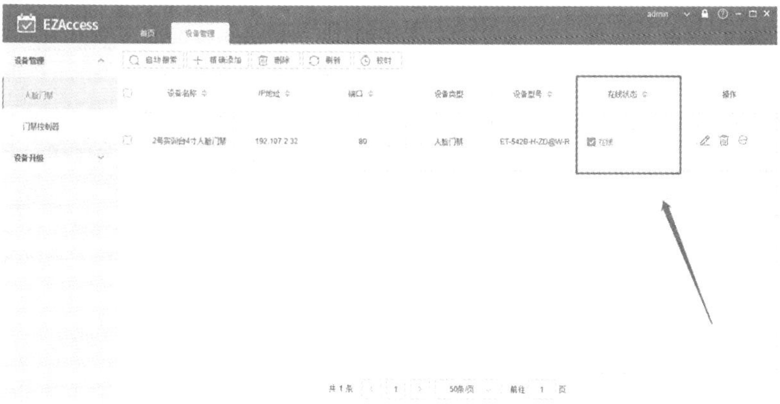

图 5-21　人脸门禁在线状态界面

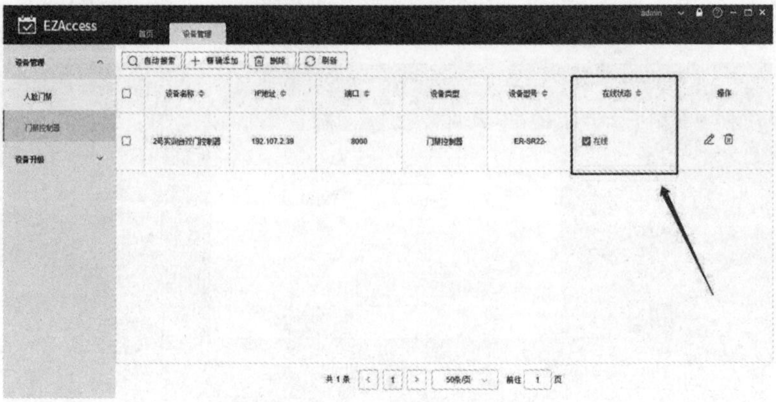

图 5-22　门禁控制器在线状态界面

四、客户端配置人员管理

在首页选择人员管理（见图 5-23）。

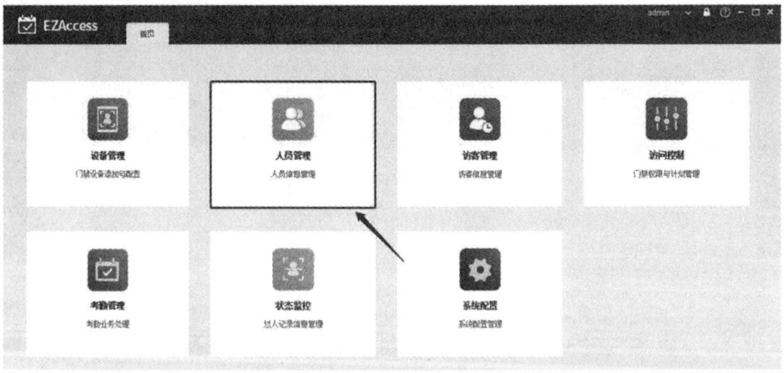

图 5-23　人员管理界面

在“部门”下点击“dept＋”可添加下级组织（见图 5-24），便于不同部门人员权限下发。

图 5-24　新增下级组织界面

点击“添加”，即可添加人员（见图 5-25）。

图 5-25 添加人员界面

填入人员信息，点击“确定”（见图 5-26）。

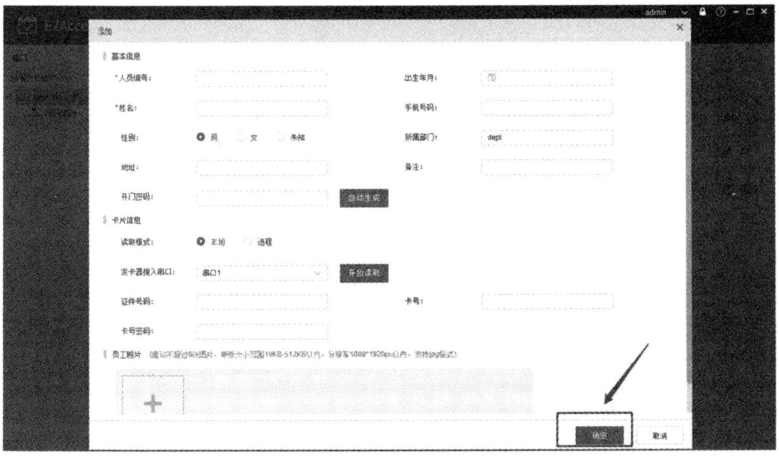

图 5-26 填写人员信息界面

添加完成后（见图 5-27），即可显示“人员添加完成”。

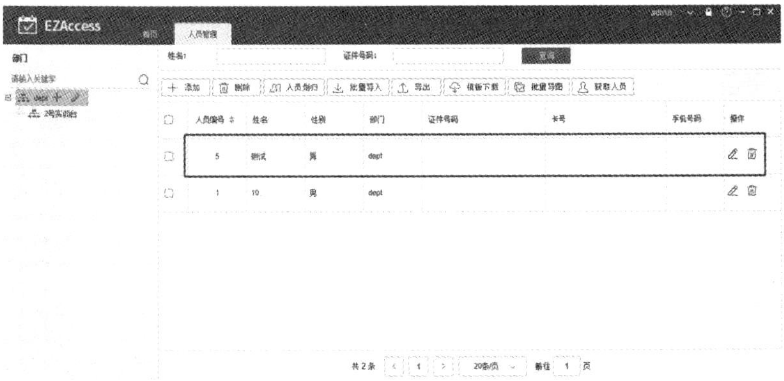

图 5-27 人员添加完成界面

选择访问控制（见图 5-28），进行设置，即可下发人员信息，设置开门权限。

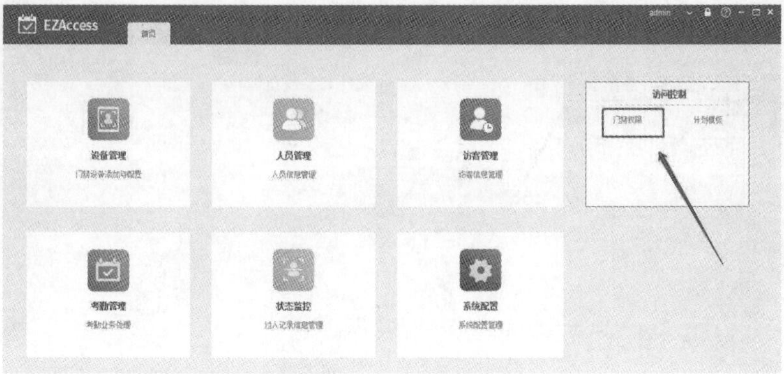

图 5-28　门禁权限界面

点击“新增授权”，选择设备，点击箭头，点击“下一步”（见图 5-29）。

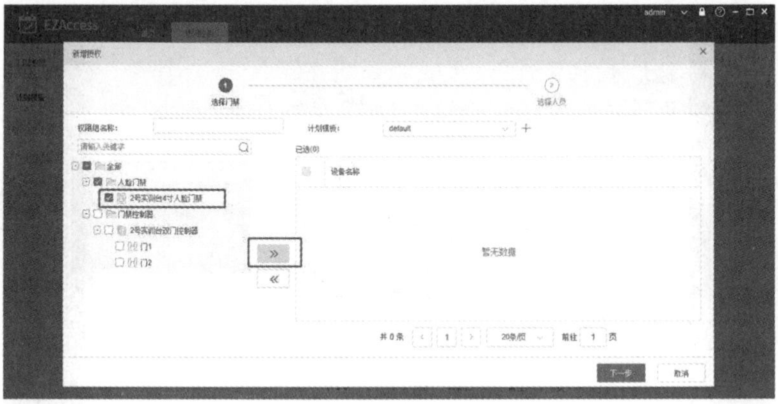

图 5-29　新增授权界面

选择组织，或者选择下级组织，也可选择单个人员。选择完成后，点击箭头（见图 5-30）。

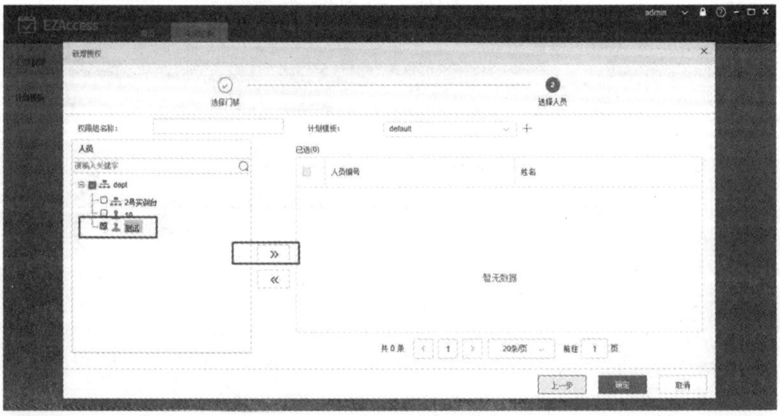

图 5-30　选择组织界面

命名权限组（见图 5-31），点击“确定”。

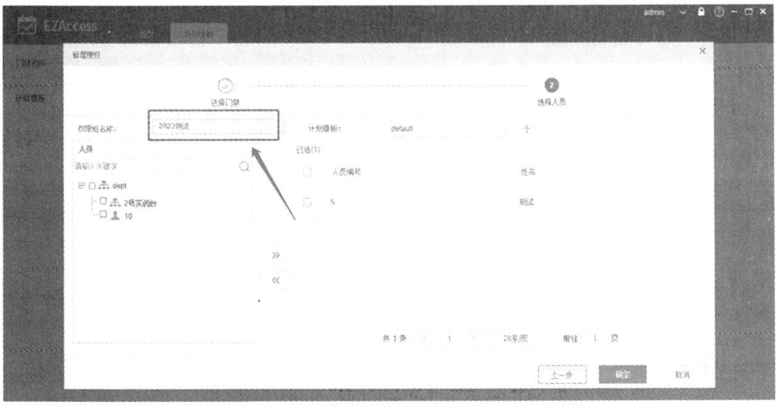

图 5-31　权限组命名界面

下发权限提示同步中（见图 5-32），稍等后提示完成（见图 5-33）。

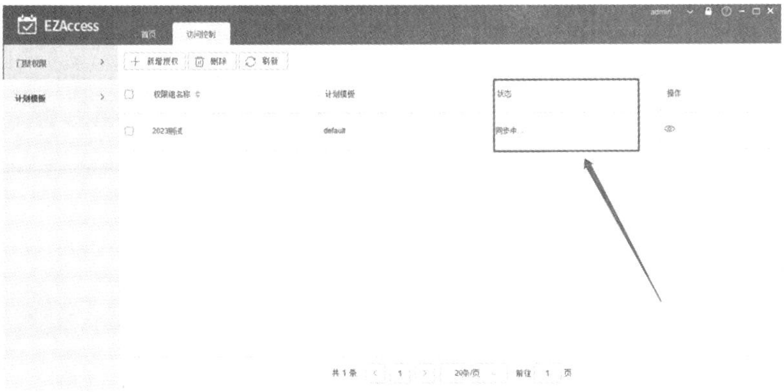

图 5-32　门禁权限同步界面

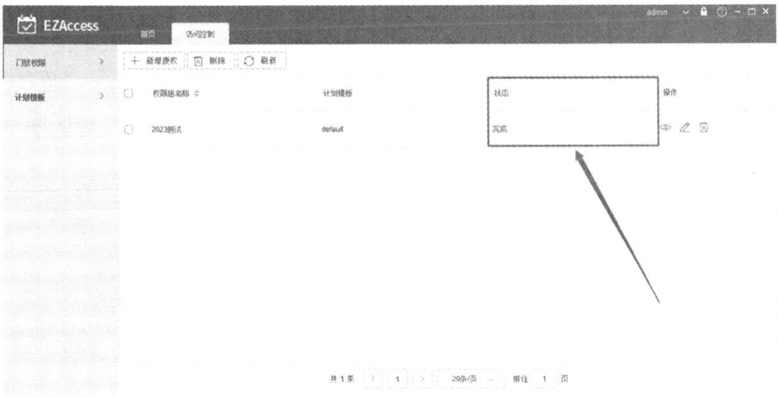

图 5-33　门禁权限同步完成界面

点击“设备添加—人员添加”，人员权限下发完成。

五、客户端配置状态监控

选择状态监控，点击“实时监控”（见图 5-34），可实现远程开门（见图 5-35）。

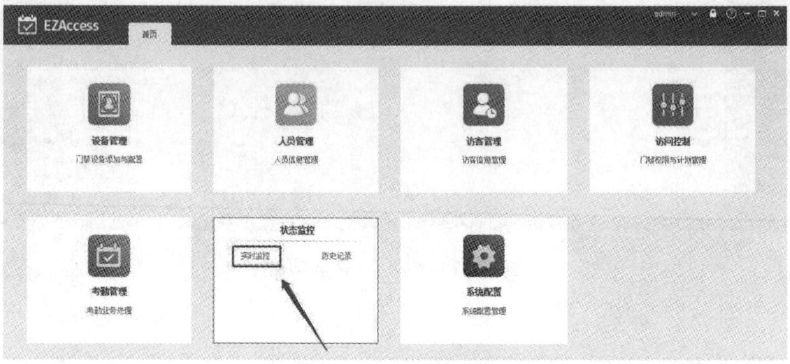

图 5-34　状态监控界面

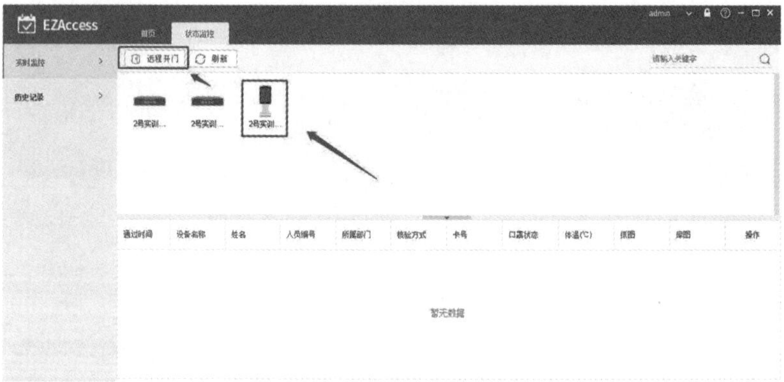

图 5-35　远程开门界面

选择状态监控，点击“历史记录”（见图 5-36），查看历史记录（见图 5-37），可查看设备验证人员。直接拖拽人员照片（见图 5-38）到桌面，用于人员添加。

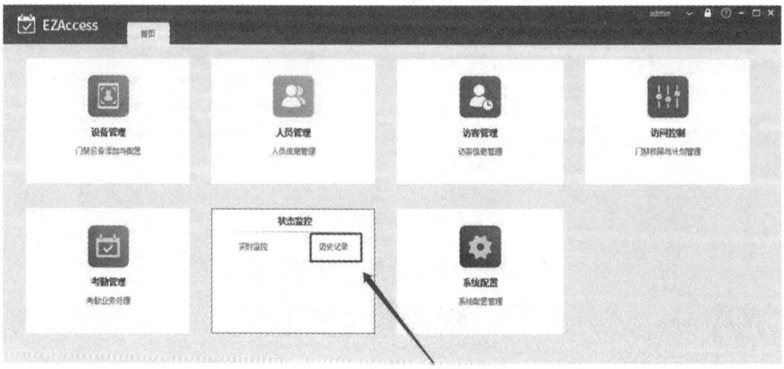

图 5-36　状态监控历史记录界面

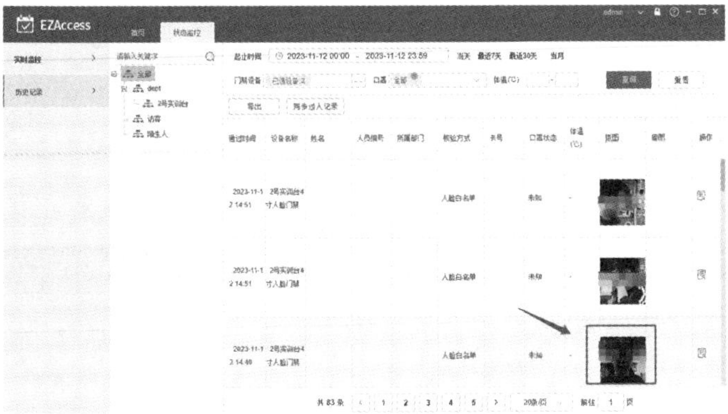

图 5-37 历史记录查询界面

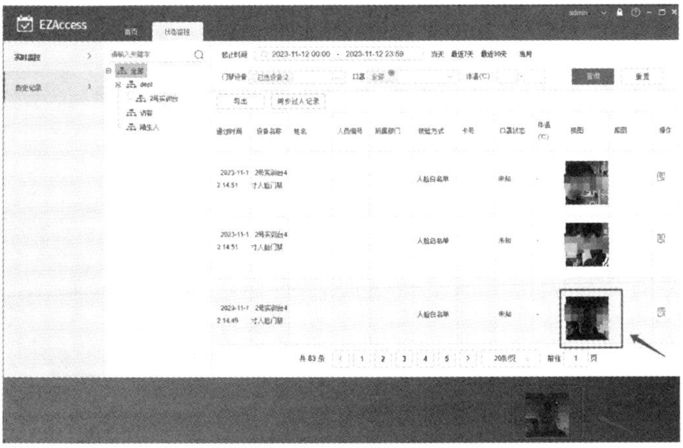

图 5-38 人员图片拖拽图例

六、人脸门禁登录

在浏览器内输入设备 IP 地址 192.168.1.13（默认），点击“搜索”，进入设备网页界面。输入默认用户名 admin、默认密码 123456，点击“登录”（见图 5-39）。

登录时需修改调试电脑 IP 地址为同一网段。

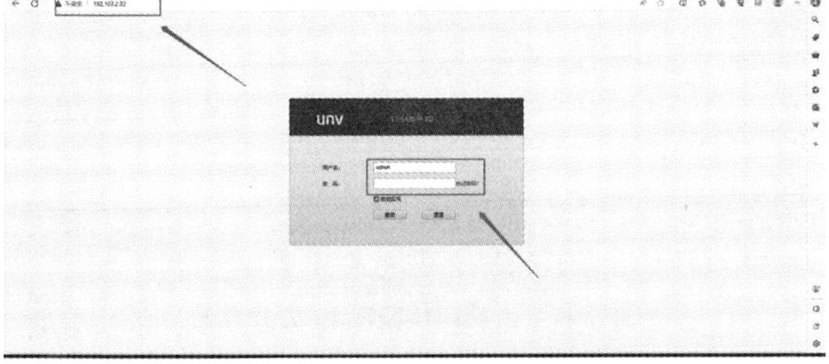

图 5-39 人脸门禁网页界面

七、门禁 IP 地址修改

选择配置，点击“网络配置—网口设置”，选择有线网口（见图 5-40）。

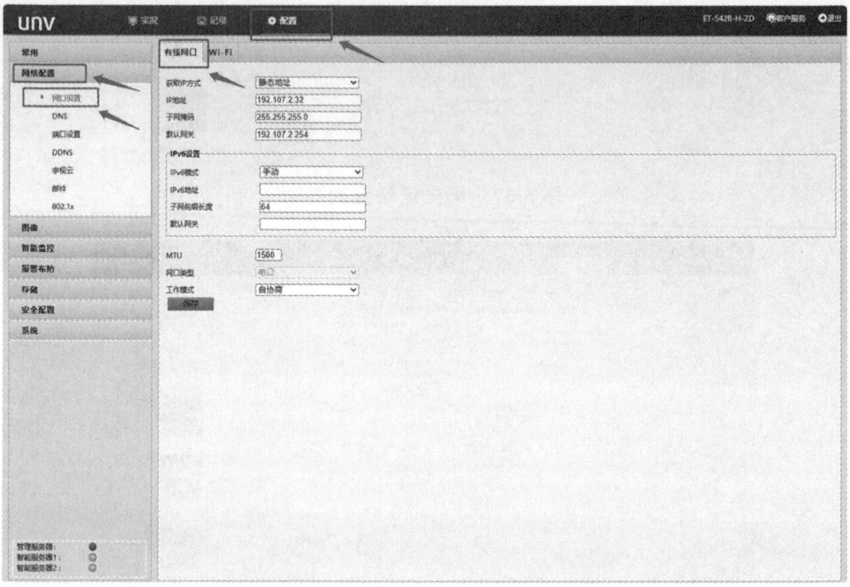

图 5-40　人脸门禁网络配置界面

将获取 IP 方式调整为“静态地址”（见图 5-41），即可修改 IP 地址。

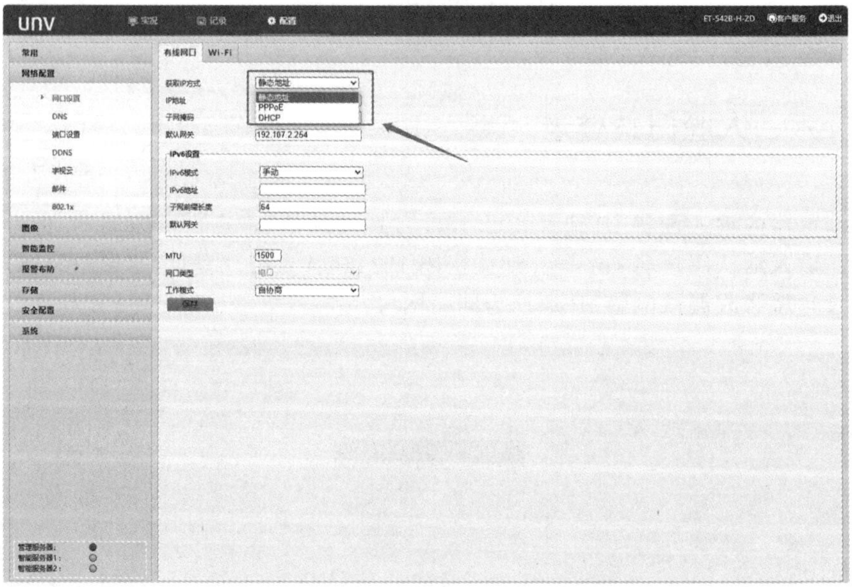

图 5-41　人脸门禁获取 IP 方式界面

修改完成后等待界面提示与设备断开连接，重新登录网页界面。

八、门禁配置开门

选择配置，点击“智能监控”，选择核验模板。设置时段为全时段（默认），设置核验方式为号码白名单、人脸白名单（默认）（见图 5-42）。

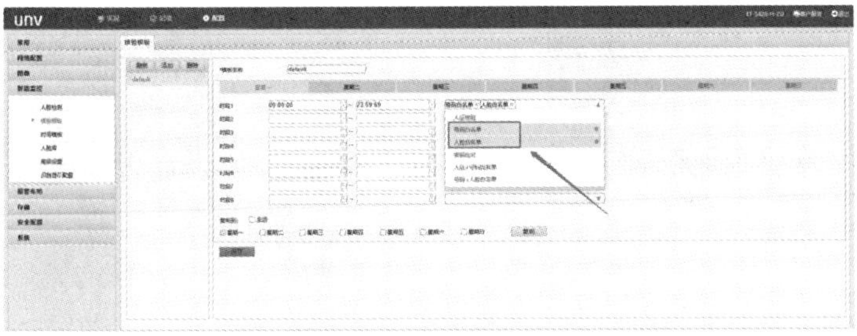

图 5-42　人脸门禁核验模板界面

九、门禁配置人脸库

选择配置，点击“智能监控”，选择人脸库（见图 5-43），点击“添加”，即可增加新人脸库。

图 5-43　人脸门禁人脸库界面

输入添加人脸库的名称，选择核验模板（见图 5-44）。

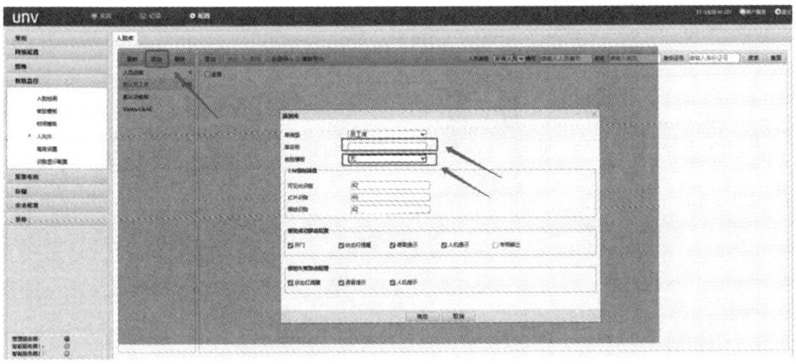

图 5-44　人脸门禁人脸库核验模板界面

十、门禁配置人员管理

选择添加，即可添加人员信息（见图 5-45）。

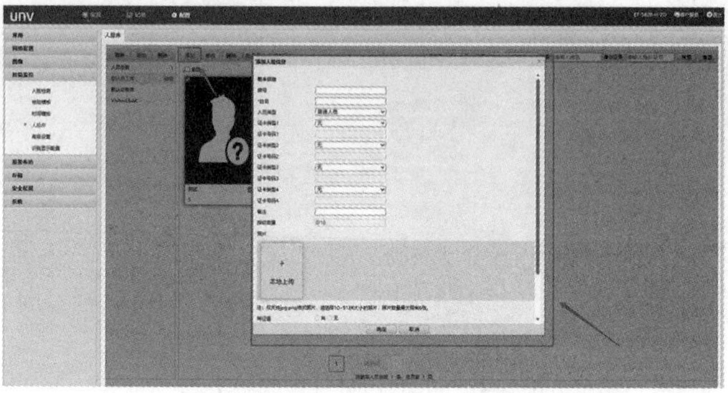

图 5-45 人脸门禁人员管理界面

在时间模板处，勾选 default，即可设置人员信息有效期（见图 5-46）。点击“确定”，人员添加完成。

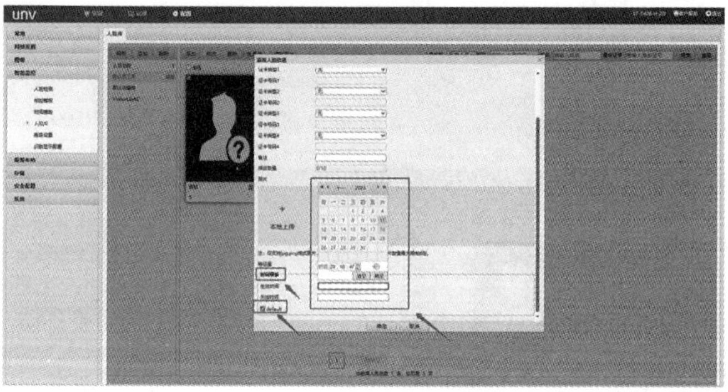

图 5-46 人脸门禁时间模板界面

点击删除，提示删除人员信息，点击“确定”，即可删除（见图 5-47）。

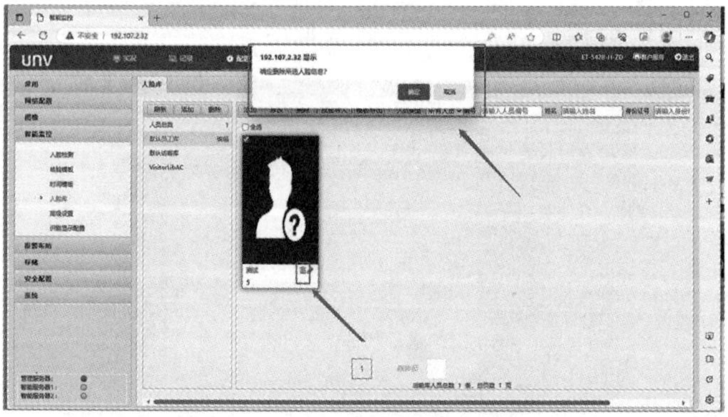

图 5-47 人脸门禁删除人员界面

十一、门禁活体检测

选择智能监控，点击“人脸检测”，可开启活体检测，调整活体检测等级（见图 5-48)。活体检测开启后可避免使用照片验证开门。

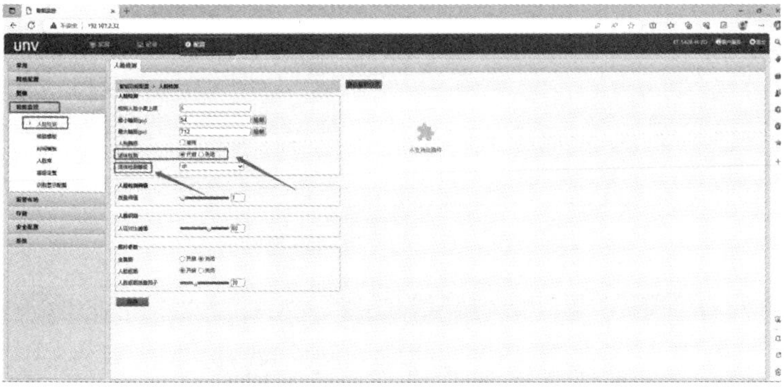

图 5-48 人脸门禁活体检测界面

十二、门禁属性规则配置

选择智能监控，点击“高级设置”，可进行属性规则配置（见图 5-49)，可设置核验失败是否开门。

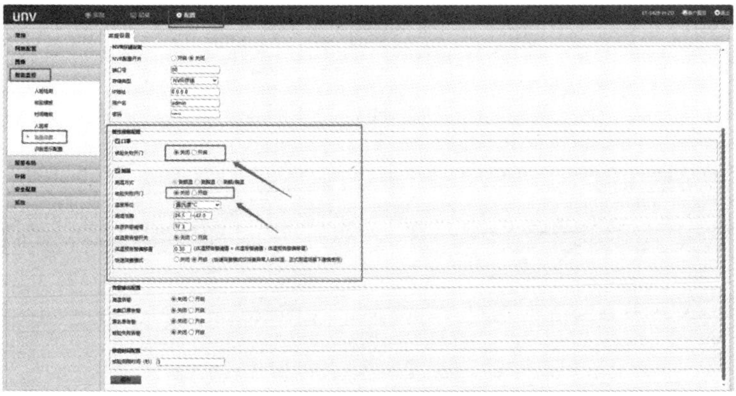

图 5-49 人脸门禁属性规则配置界面

十三、门禁用户添加

选择安全配置（见图 5-50)，点击“用户”，点击“添加”（见图 5-51)，输入用户名信息，即可新增用户。

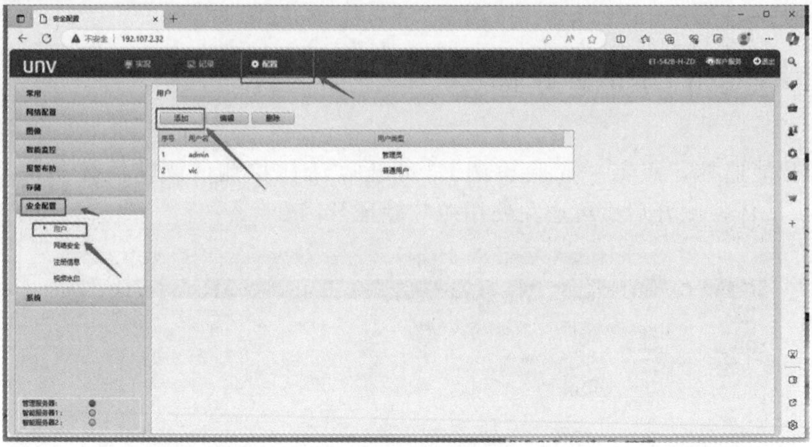

图 5-50　人脸门禁用户配置界面

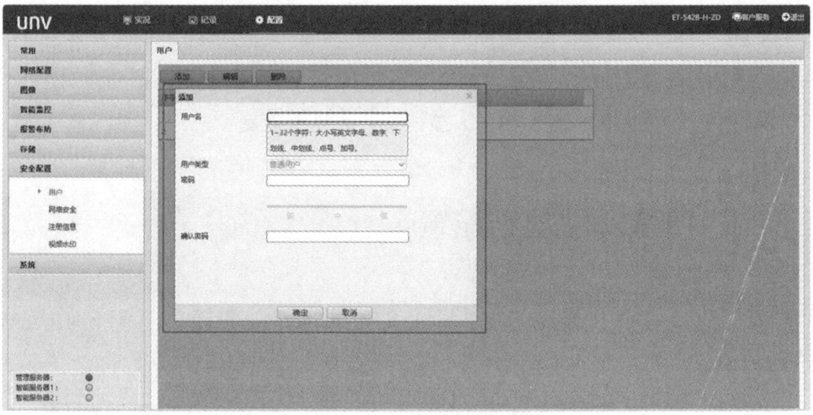

图 5-51　人脸门禁新增用户界面

如需删除用户，则选中需要删除用户栏（见图 5-52），点击“删除”，根据提示点击“确定”，即可删除用户。

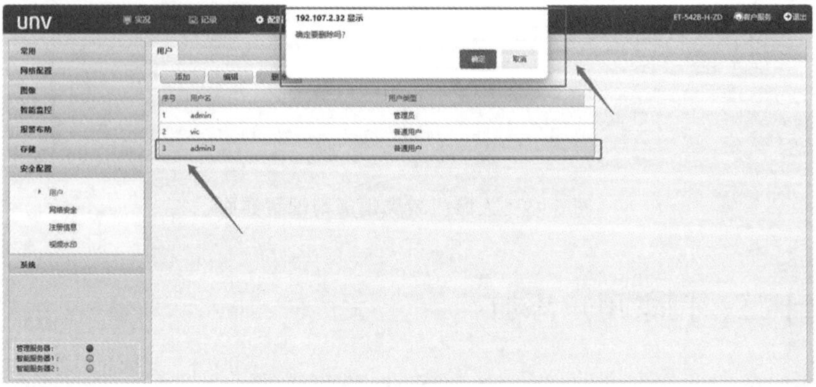

图 5-52　人脸门禁删除用户界面

十四、门禁提示音量

选择配置，点击“常用”，选择端口与外接设备，点击“音量控制”（见图 5-53）。

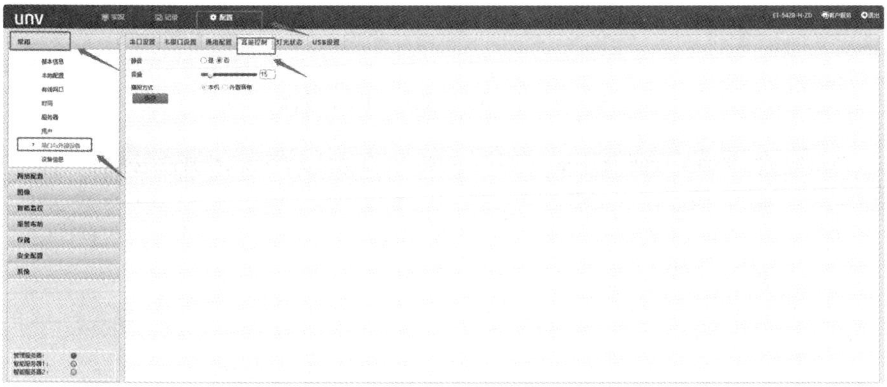

图 5-53　人脸门禁音量控制界面

根据实际使用需要调整音量大小（见图 5-54）。设置完成，点击“保存”，提示设置成功。

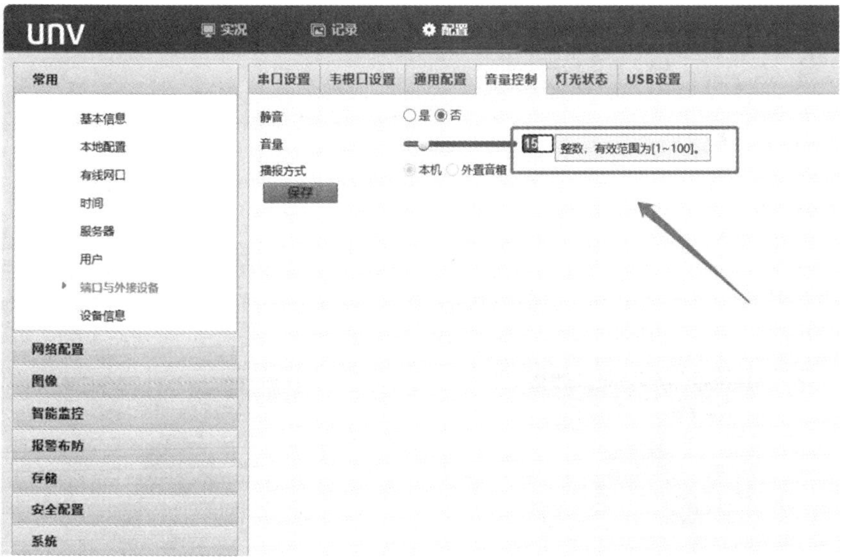

图 5-54　人脸门禁音量调整界面

十五、门禁反应时间设置

选择配置，点击“常用”，选择端口与外接设备，点击“通用配置”（见图 5-55）。调整完成后，点击“保存”，提示设置参数成功（见图 5-56）。

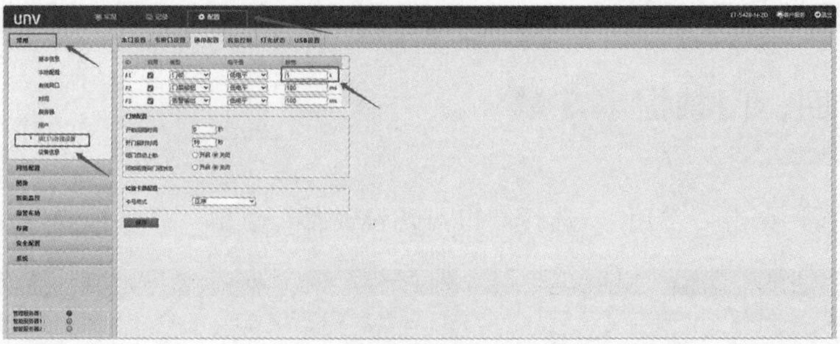

图 5-55 人脸门禁反应时间界面

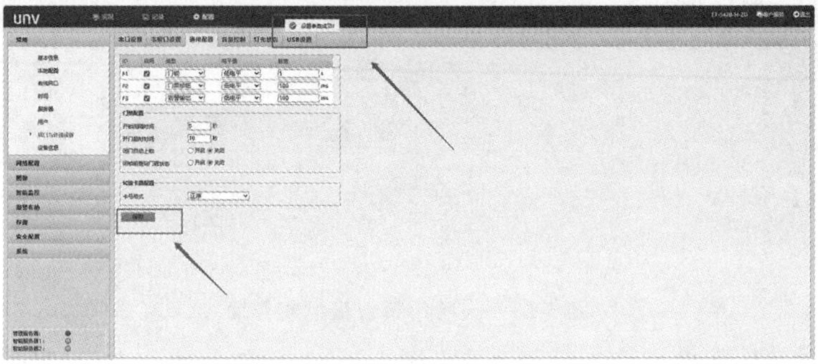

图 5-56 人脸门禁反应时间设置参数成功界面

十六、门禁开门设置

设置完成后，人员在终端前刷脸，人脸识别终端将采集到的人脸照片与人脸底库照片做比对。

比对成功，界面显示如图 5-57，同时语音提示“识别成功”，可成功开门。

比对失败，界面显示如图 5-58，同时语音提示“无权限”，可联系管理人员通过其他方式开门。

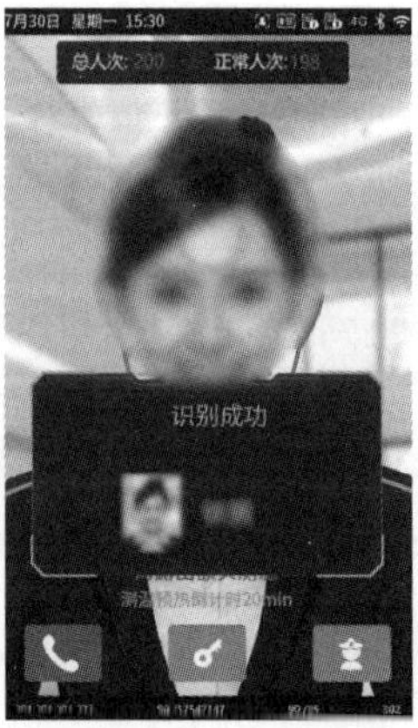

图 5-57 人脸门禁刷脸成功户界面

图 5-58 人脸门禁刷脸失败界面

人员刷脸开门中，还会遇到其他失败情形。例如：人脸规格不符，请调整角度；非规定时间等。

人脸门禁配置完成后，交换机连接至外网，进入设备网页界面，选择配置，点击“网络配置”，选择宇视云，点击“开启”（见图 5-59）。

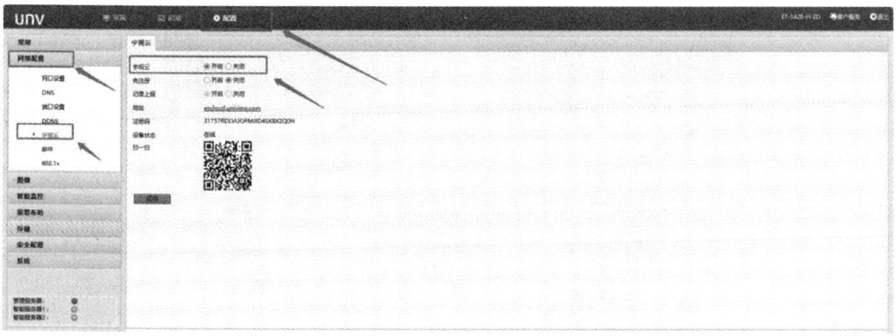

图 5-59　人脸门禁宇视云开启界面

设备连接外网并开启宇视云后，设备状态显示为在线（见图 5-60）。

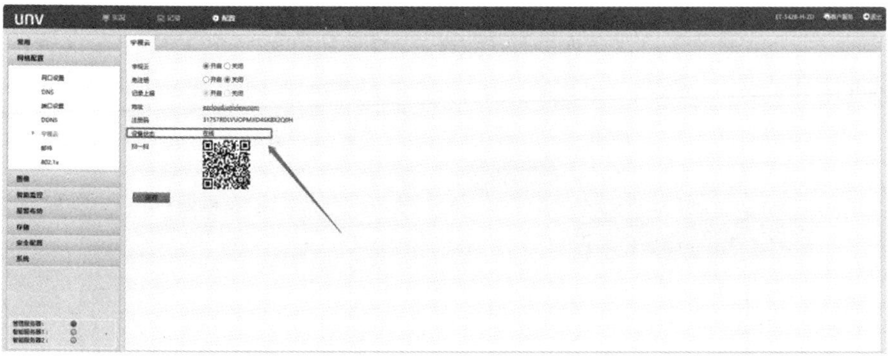

图 5-60　人脸门禁开启宇视云后在线界面

打开手机微信，搜索宇视云通行小程序（见图 5-61）。

进入小程序后，点击“立即登录”（见图 5-62）。

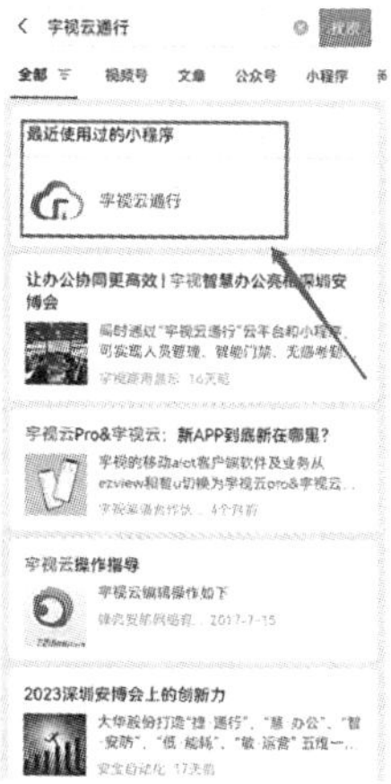

图 5-61　人脸门禁手机小程序搜索界面

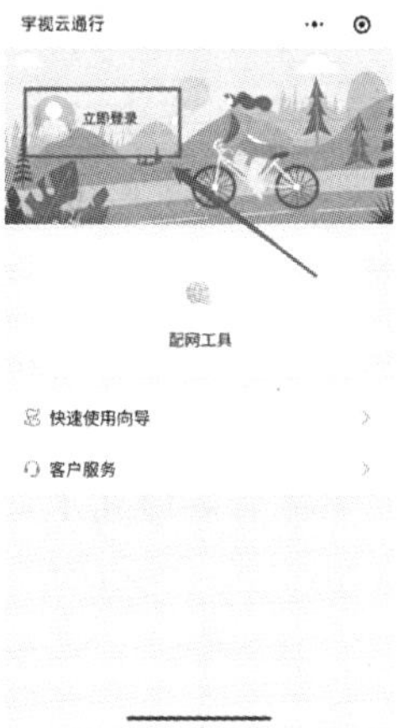

图 5-62　人脸门禁手机小程序主页界面

进入登录界面，选择新用户注册，按提示注册并登录（见图 5-63）。

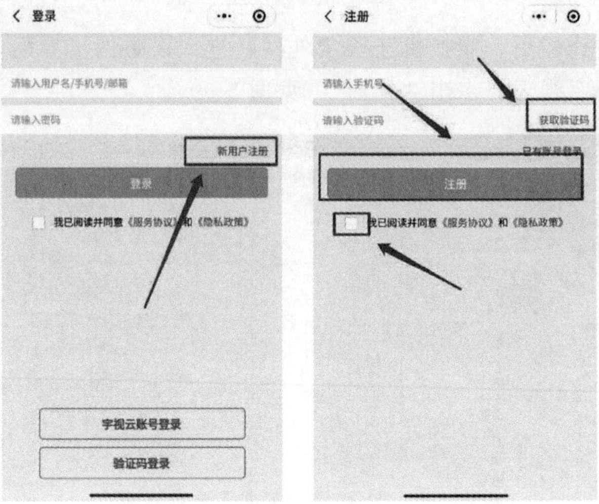

图 5-63　人脸门禁手机小程序登录界面

完成登录（见图 5-63）后，选择设备管理，点击“添加门禁设备”，可通过不同方式添加设备（见图 5-64）。在人脸门禁手机小程序添加设备界面可查看设备注册码、二维码等信息。

图 5-64　人脸门禁手机小程序添加方式界面

使用扫码添加，对添加设备进行命名（见图 5-65），点击“确定”后显示设备已添加，为灰色图标，点击刷新按钮。设备显示为蓝色图标，为在线状态。

在首页选择人员管理，点击“创建团队”，对创建团队进行命名后，点击“确定”（见图 5-66）。

创建团队完成后可增加不同子部门用于人员管理。也可直接进行人员添加操作，点击“添加成员”。可选择微信邀请，让邀请人员进行信息录入，点击“手动录入”，填写人员信息。填写完成，点击“拍照上传”（见图 5-67）。

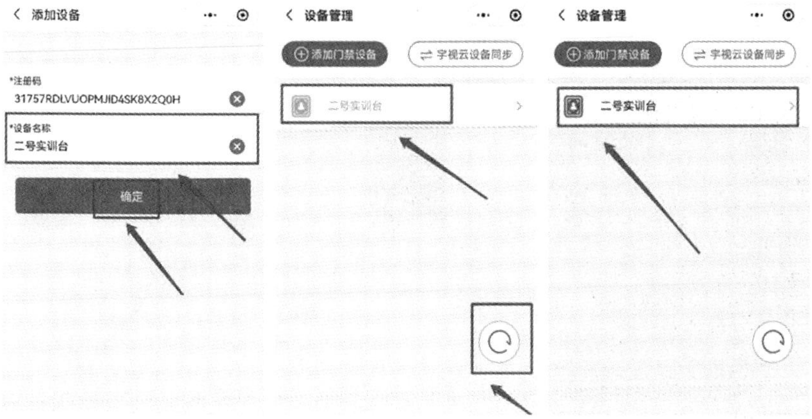

图 5-65　人脸门禁手机小程序添加设备命名界面

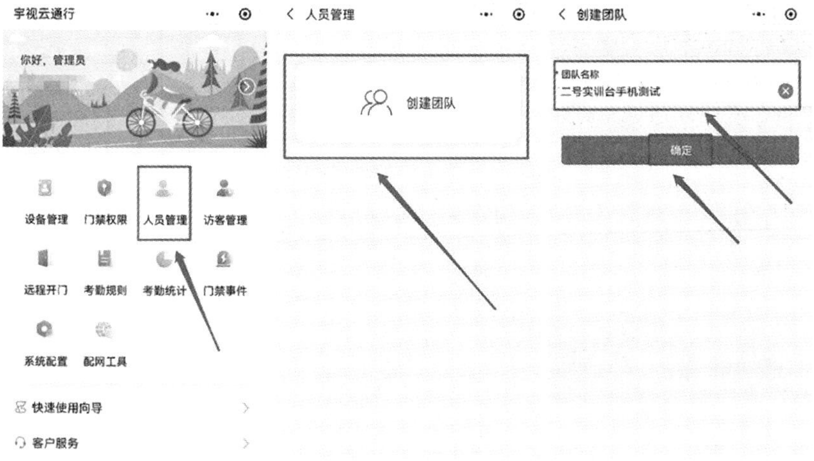

图 5-66　人脸门禁手机小程序创建团队界面

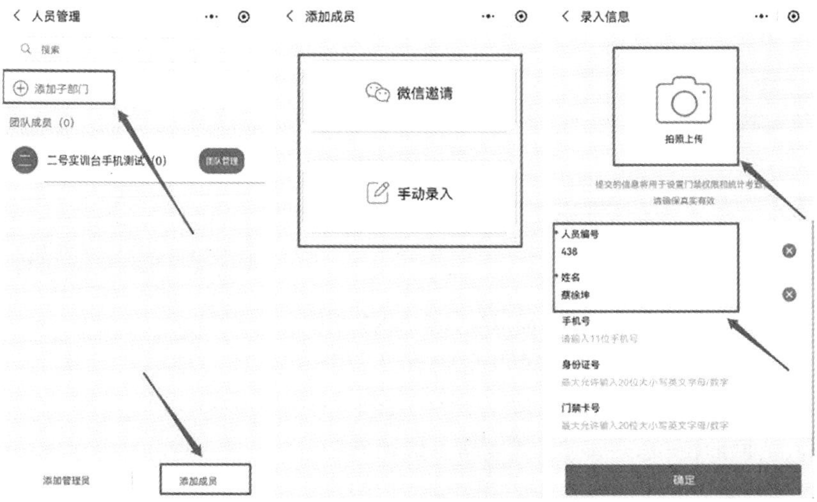

图 5-67　人脸门禁手机小程序添加成员界面

拍照完成，点击“确定”，人员管理界面显示新增人员（见图 5-68）。

图 5-68　人脸门禁手机小程序新增人员设置界面

选择门禁权限（见图 5-69），勾选需添加人员，点击“同步至设备”。

图 5-69　人脸识别门禁手机小程序门禁权限界面

提示同步中（见图 5-70），同步完成后设备显示人数，点击“设备”，显示同步成功。

进行人员刷脸测试，提示验证成功，成功开门。

如需进行远程开门，在首页点击“远程开门”，提示开门成功（见图 5-71），门锁打开。

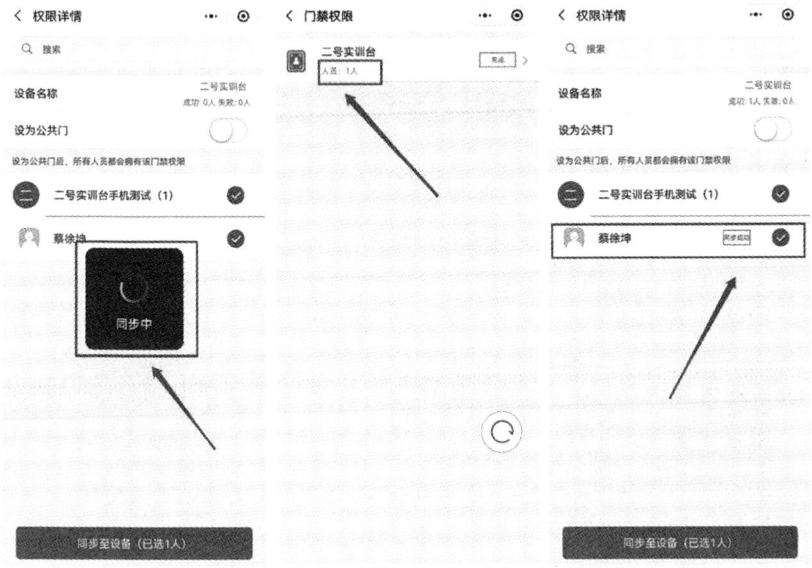

图 5-70　人脸识别门禁手机小程序门禁权限设置成功界面

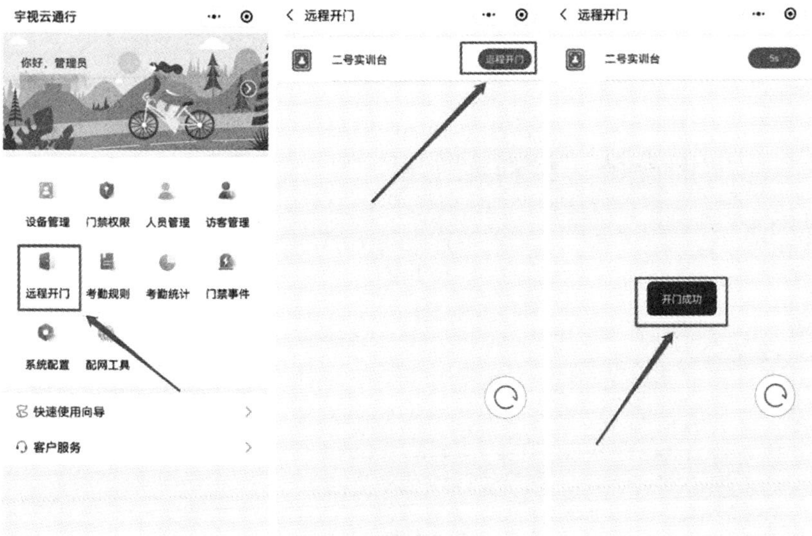

图 5-71　人脸门禁手机小程序远程开门界面

实训七　入侵报警系统与门禁系统联动调试

一、实训目标

通过该任务内容的学习，使学生掌握入侵报警系统与门禁系统联动的硬件接线、参数设置、调试方法等。

二、实训内容

在门禁实训室内，完成对入侵报警系统与门禁系统联动的硬件连接，实现入侵报警系统与门禁系统联动调试。

三、实训设备、材料和工具

门禁控制器	1台
读卡器	1个
被动红外探测器	1对
紧急按钮	1个
线材	若干
电源	1个
工具包	1套

四、实训步骤

实训步骤如下。

(1) 完成入侵报警系统与门禁系统的设备安装，完成入侵报警系统与门禁系统联动的硬件连接。

(2) 分组，以组为单位进行课程练习。

(3) 选择规则触发控制器。

(4) 选择触发门点。

(5) 选择触发事件。

(6) 选择输入/输出控制器。

(7) 选择输入/输出端口。

(8) 设置完毕后，对系统进行布撤防管理。

注意事项如下。

(1) 布撤防的功能是对各门点的辅助输入进行布撤防。

(2) 布防的作用是使辅助输入引发的联动有效。

(3) 撤防的作用是使辅助输入引发的联动无效。

(4) 布撤防的功能属性主要表现在门点上，以门点为单位。

(5) 普通门禁控制器只支持密码和手动/自动布撤防。

五、实训报告要求

按照实训流程，完成入侵报警系统与门禁系统联动调试报告。

课后练习：智慧安防系统的调试

智慧安防系统在试运行后、竣工验收前，需要对系统的全部设备和性能进行检验，保证后续顺利验收。检验项目包括设备安装位置、安装质量、系统功能、运行性能、系统安全性和电磁兼容性等。

对于大型复杂智慧安防系统，必须进行系统功能和主要性能的检验，一般按照相关国家标准的规定进行。

请填写表 5-1 中的空白。

表 5-1　智慧安防系统检验项目、检验要求及测试方法

序号	检验项目	检验要求及测试方法
1	智能功能检验	
2	监视功能检验	
3	显示功能检验	
4	记录功能检验	
5	回放功能检验	
6	报警联动功能检验	

学习单元六

入侵报警系统安装与调试

学习目标

◆ **认知目标**

掌握入侵报警系统设备安装与调试方法。

◆ **技能目标**

能够掌握入侵报警系统设备的安装、入侵报警系统调试软件的使用，实现入侵报警系统设备的功能。

◆ **素质目标**

培养学生依法规范自己行为的意识和习惯，进一步培养精益求精的工匠精神。

重点内容

了解入侵报警系统设备功能设置，能够实现入侵报警系统设备的功能。

案例导入

随着国家一系列数字化改革方针政策的出台，建设新型智慧城市和数字孪生城市成为热门议题和发展方向。智慧园区作为智慧城市的核心基础模块，关联个体、组织、社会，使物理世界和数字世界实现有机联动。智慧园区的建设涉及以5G、大数据、云计算、物联网等为代表的新技术，同时整合了园区建筑、设备、能源、系统等相关资源和数据，是数字化改革的重要落脚点。如何通过新技术对园区进行整合管理，推动园区统一智能化管理管控，成为智慧园区建设的重点。

智慧园区建设采用移动互联网、数字孪生、大数据等技术，整合园区的海量信息资源和统一管理平台，实现高效的园区运营管理，为实际业务决策提供科学依据，推动园区发展和产业升级，助力现代化市域治理。主要措施如下。

1. 统一管理，形成全维闭环

通过智慧园区平台支撑应用、数据、服务、资源等的互通，通过智能化的数据分析，结合UE模型，通过可视化的方式，实时、动态、直观地对园区内建筑设备从宏观到微观进行全方位管理。

2. 统一服务，打造便捷体验

通过智慧园区平台实现跨系统的访客服务、门禁服务、预约停车服务、在线消费服务等。

3. 统一接入，实现轻松集成

通过智慧园区平台，实现园区门禁系统、一卡通消费系统、停车系统、楼宇自控系统的统一接入。

4. 统一运营，助力高效管理

通过智慧园区平台，实现企业入驻申请处理、企业物业报修处理、园区活动管理等。

学习任务一　入侵报警系统设备安装

学习目的

掌握入侵报警系统设备安装流程，正确完成设备安装及连接。

知识要点

(1) 报警主机安装及连接。

(2) 入侵报警系统前端设备安装及连接。

任务考核

◆ **问题**

入侵报警系统有哪些前端设备？各适用于什么场景？

一、全网络报警主机

全网络报警主机（以下简称“报警主机”）安装流程如下。

步骤 1：首先测量出报警主机背面安装孔（见图 6-1）之间距离和安装孔到设备周边的距离等相关参数。

步骤 2：根据步骤一中测量出的数据，在展示台上选择合适的位置与高度，再根据安装孔之间的距离，在展示板上拧入两颗自攻螺丝（见图 6-2）。注意：螺丝不要拧紧，需要外露一部分螺帽。

步骤 3：将主机背面安装孔对准展示台上的螺帽，放置于展示台上，最后将网线水晶头插到 RJ-45 网口、电源线插到电源端口，即可完成安装（见图 6-3）。

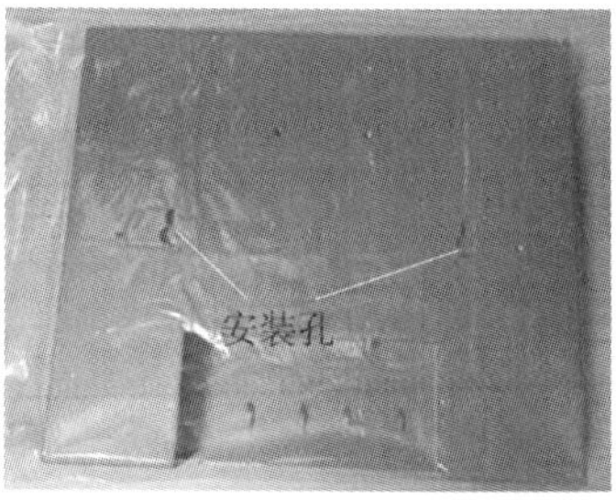

图 6-1　报警主机外观图

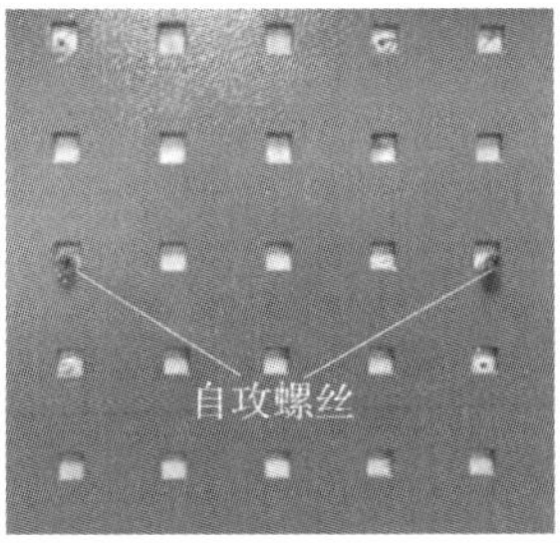

图 6-2　报警主机安装点位

图 6-3　报警主机完成安装

二、全网络报警主机分控键盘

全网络报警主机分控键盘（以下简称“分控键盘”）安装流程如下。

步骤 1：将分控键盘（见图 6-4）用小平口螺丝刀撬开底座，将底座（见图 6-5）用自攻螺丝安装在展示板上合适的位置。

图 6-4　分控键盘外观

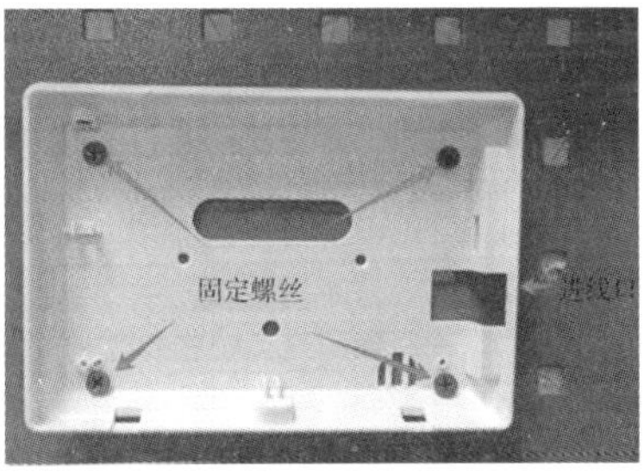

图 6-5　分控键盘底座

步骤 2：将分控键盘电源排线连接好，外接 12 伏直流电源线缆，线排穿过底座进线口，插入到键盘背面电源插口（见图 6-6）上，最后将分控键盘正确扣到底座上。

步骤 3：将预留的网线制作成水晶头，直接从右侧进线口插入到分控键盘 RJ-45 网络接口内，即可完成安装（见图 6-7）。

图 6-6　分控键盘电源插口

图 6-7　分控键盘完成安装

三、四线双防区 POE 网络版主机

四线双防区 POE 网络版主机（以下简称“双防区主机”）安装流程如下。

步骤 1：首先测量出主机背面安装孔（见图 6-8）之间距离和安装孔到设备周边的距离等相关参数。

步骤 2：根据步骤一中测量出的数据，在展示台上选择合适的位置与高度，再根据安装孔之间的距离，在展示台上拧入自攻螺丝（见图 6-9）。注意：螺丝不要拧紧，需要外露一部分螺帽。

步骤 3：将主机背面安装孔对准展示台上的螺帽，放置于展示台上，最后将网线水晶头插到 RJ-45 网口、电源线插到电源端口，即可完成安装（见图 6-10）。

图 6-8　双防区主机外观图

图 6-9　双防区主机安装点位

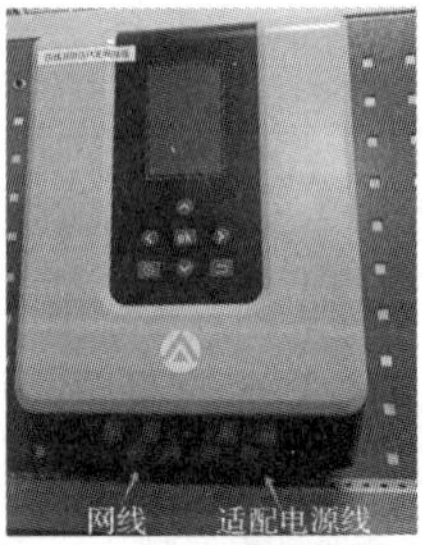

图 6-10　双防区主机完成安装

四、 POE 网络张力电子围栏主机

POE 网络张力电子围栏主机（以下简称“电子围栏主机”）安装流程如下。

步骤 1：首先测量出主机背面两安装孔（见图 6-11）之间距离和安装孔到设备周边的距离等相关参数。

步骤 2：根据步骤一中测量出的数据，在展示台上选择合适的位置与高度，再根据两安装孔之间的距离，在展示台上拧入两颗螺丝（见图 6-12）。注意：螺丝不要拧紧，需要外露一部分长螺帽。

步骤 3：将主机背面安装孔对准展示台上的螺帽，放置于展示台上，最后将网线水晶头插到 RJ-45 网口、电源线插到电源端口，即可完成安装（见图 6-13）。

图 6-11　电子围栏主机外观图

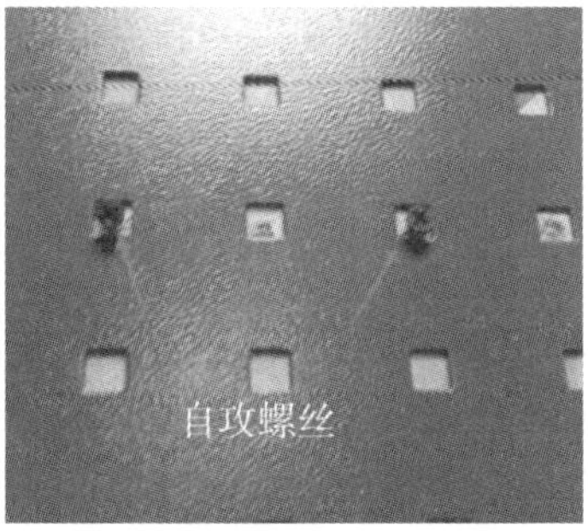

图 6-12　电子围栏主机点位

图 6-13　电子围栏主机完成安装

五、 POE 网络被动红外探测器

POE 网络被动红外探测器（以下简称“红外探测器”）安装流程如下：

步骤 1：首先确定好红外探测器在展示板上的安装位置，然后将红外探测器底座用自攻螺丝固定到展示板上（见图 6-14）。

步骤 2：先将适配排线插入红外探测器背面排线插孔内，再将红外探测器固定卡对准底座上的卡槽，卡入卡槽内，调整好探测角度，将适配排线另一端 RJ-45 网口插入预留网线水晶头，即可完成安装（见图 6-15）。

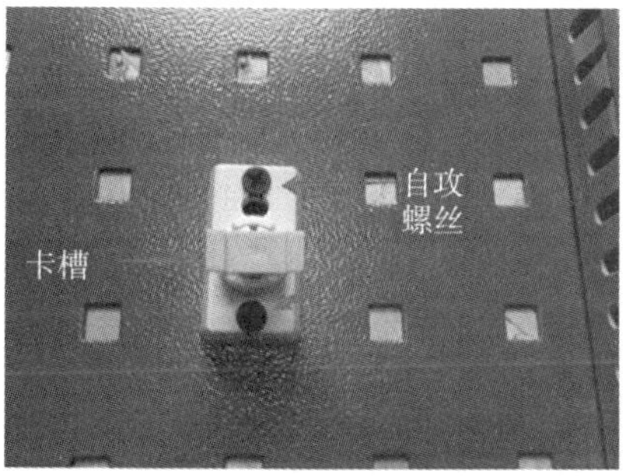

图 6-14　红外探测器底座

图 6-15　红外探测器完成安装

六、 POE 网络紧急按钮

POE 网络紧急按钮（以下简称“紧急按钮”）安装流程如下。

步骤 1：首先将紧急按钮的底盒放置于展板合适位置，用自攻螺丝将底盒固定到展示台上（见图 6-16），检查好底盒水平度。

步骤 2：将预留网线从底盒进线口穿过，在网线上接入 568B 标准型水晶头，然后将网线水晶头插入紧急按钮背面 RJ-45 网口中（见图 6-17）。

步骤 3：用设备自带固定螺丝，将紧急按钮固定到底盒上，边固定边调整好设备水平度，固定好紧急按钮以后可以盖上盖板，即可完成安装（见图 6-18）。

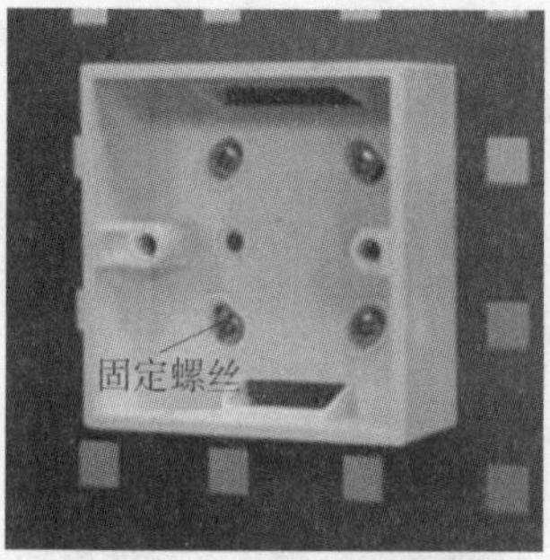

图 6-16　紧急按钮底盒

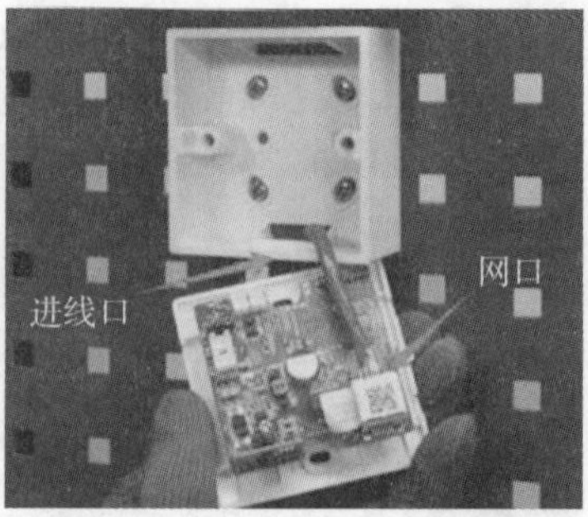

图 6-17　紧急按钮接线

图 6-18　紧急按钮完成安装

七、 POE 声光警号

POE 声光警号（以下简称“声光警号”）安装流程如下。

步骤 1：首先在展示板上确定好声光警号的安装位置，然后将底座安装到展示板上（见图 6-19）。

步骤 2：将预留的网线水晶头插入声光警号背面 RJ-45 网口内（见图 6-20），然后将网线从声光警号左侧进线孔处引出，对准声光警号底座，将声光警号扣接到底座上，即可完成安装（见图 6-21）。

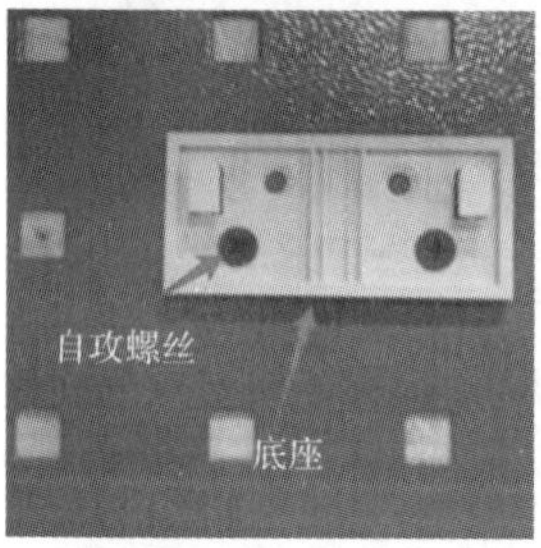

图 6-19　声光警号底座

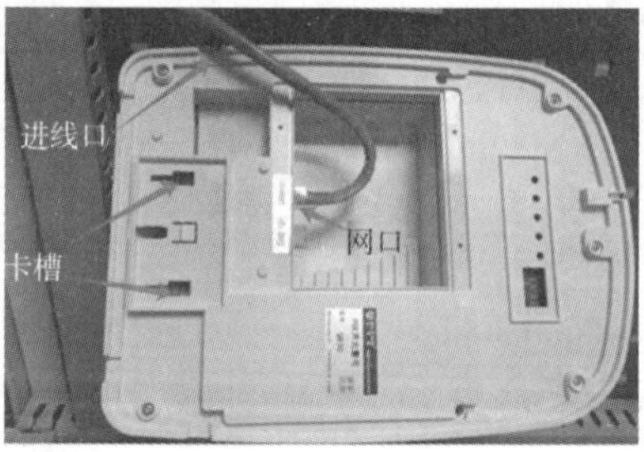

图 6-20　声光警号接线

图 6-21　声光警号完成安装

八、 POE 智能红外光栅

POE 智能红外光栅（以下简称“红外光栅”）安装流程如下。

步骤 1：首先拆掉红外光栅两端的盖板盒，然后将红外光栅放置于展示板合适的位置上（见图 6-22），用自攻螺丝穿过安装孔，将红外光栅固定到展示板上。主副光栅皆如此安装，两者正面正好相互对射。红外光栅底座如图 6-23 所示。

步骤 2：固定好红外光栅以后，主光栅直接用预留网线制作的水晶头插入，RJ-45 网口内（见图 6-24），主光栅与副光栅之间用一根线芯线缆连接，即可完成安装（见图 6-25）。

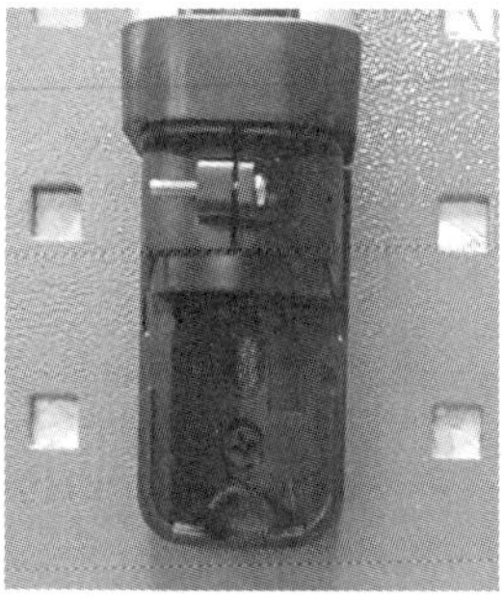

图 6-22　红外光栅底座

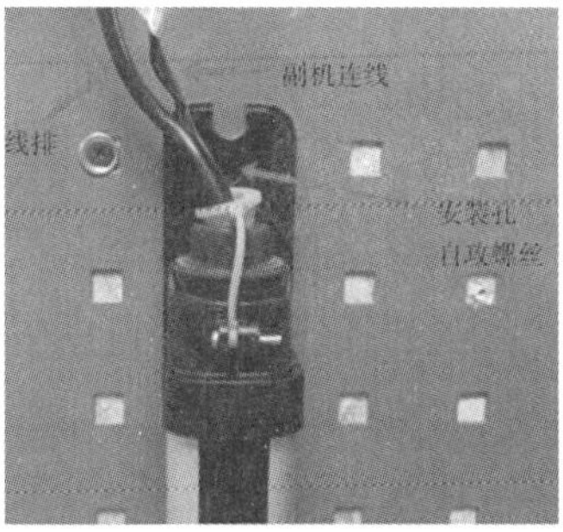

图 6-23　红外光栅外观

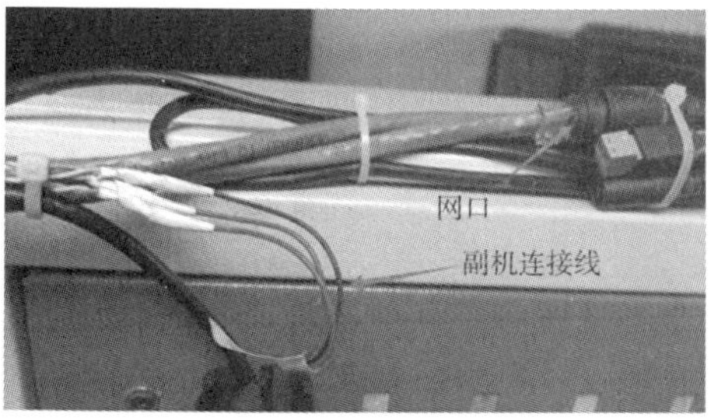

图 6-24　红外光栅接线

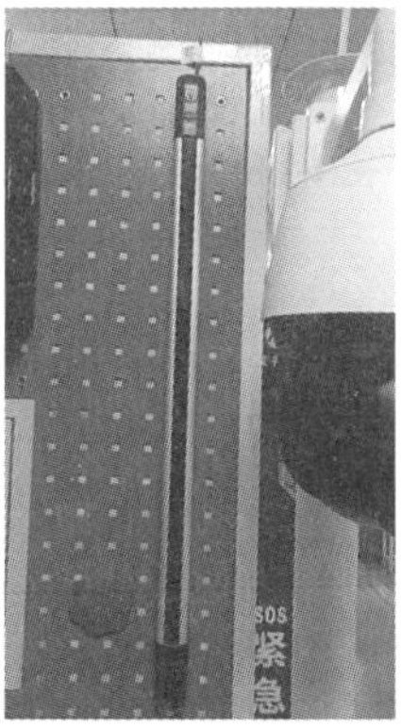

图 6-25　红外光栅完成安装

九、 POE 智能红外对射

POE 智能红外对射（以下简称“红外对射”）安装流程如下。

步骤 1：首先用螺丝刀拆掉红外对射盖板（见图 6-26），然后将拆卸好的设备放置于展示板适当位置，用自攻螺丝固定在展示板上面（见图 6-27）。

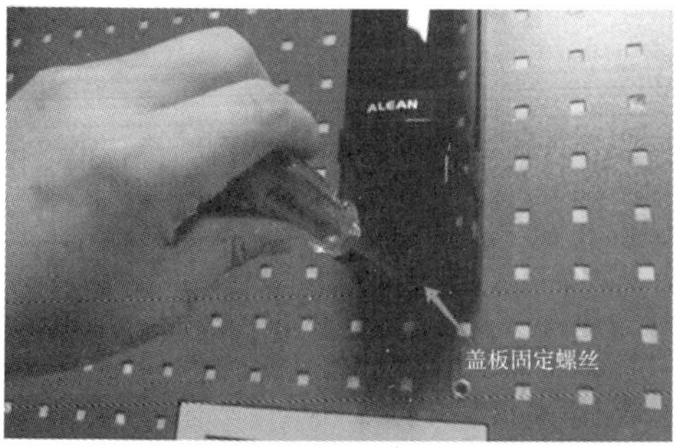

图 6-26　红外对射盖板

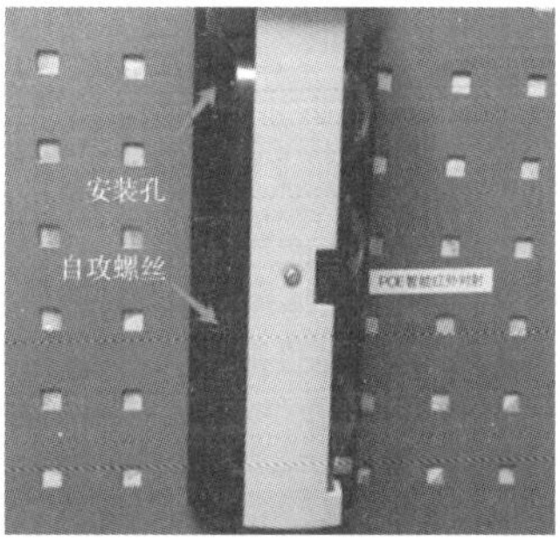

图 6-27　红外对射固定

步骤 2：调整发射球（见图 6-28）的角度，发送端与接收端等高、齐平对应，然后盖上盖板。

步骤 3：在预留网线上制作水晶头，插入发送端设备的 RJ-45 网口内（见图 6-29），接收端设备只用提供 12 伏直流电源（见图 6-30）。至此，红外对射即可完成安装（见图 6-31）。

图 6-28　红外发射球调整

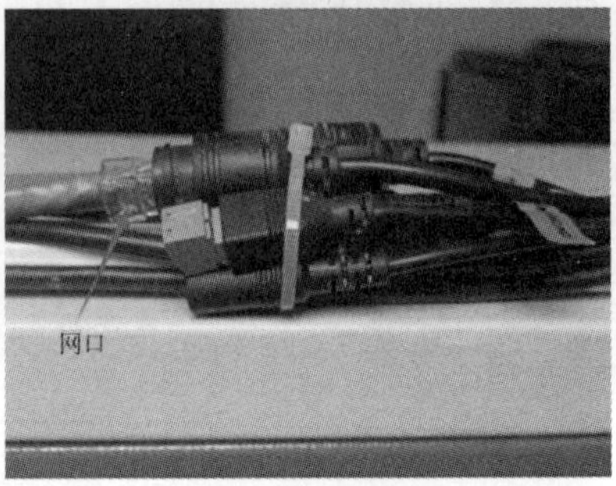

图 6-29　红外对射主机网口接线

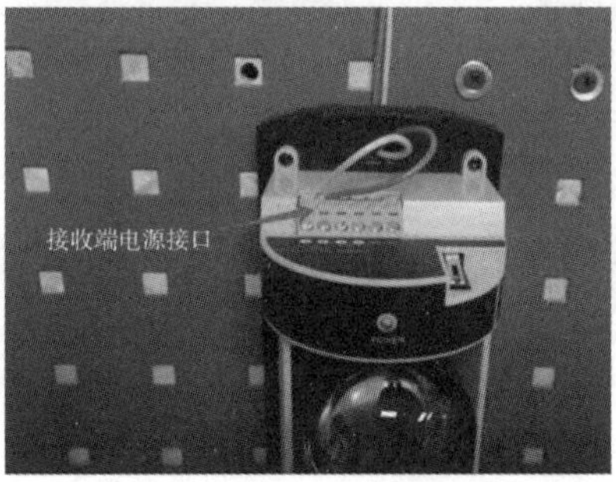

图 6-30　红外对射主机接收端电源

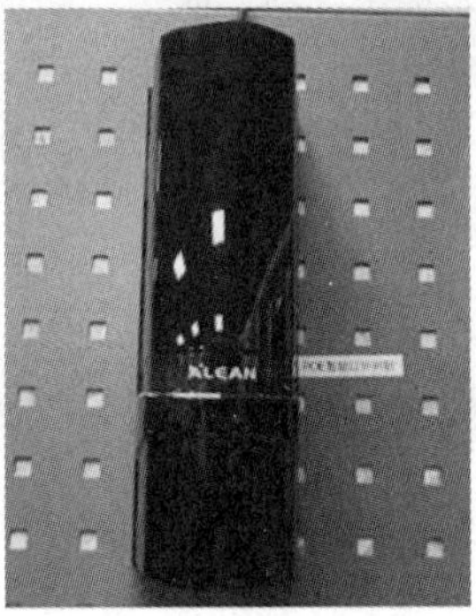

图 6-31　红外对射完成安装

十、一键报警主机

一键报警主机安装流程如下。

步骤 1：用一键报警主机机箱钥匙打开机箱门盖，然后将机箱放置于展示板合适位置，使用自攻螺丝直接穿过机箱后侧安装孔（见图 6-32），将其固定到展示板上。

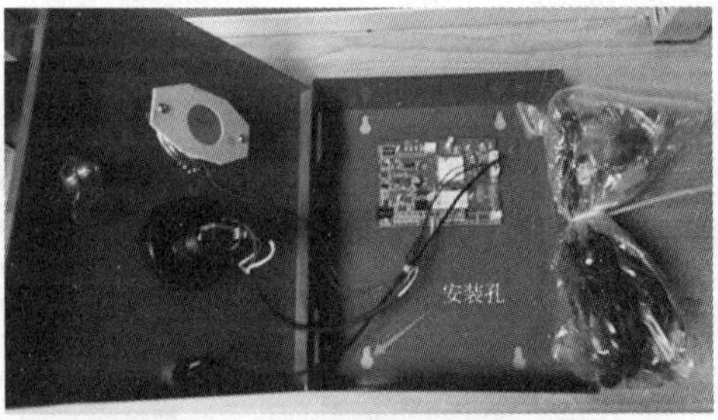

图 6-32　一键报警主机外观

步骤 2：将主机电源线插入适配电源接口（见图 6-33），安装好设备天线，设备即可完成安装（见图 6-34）。

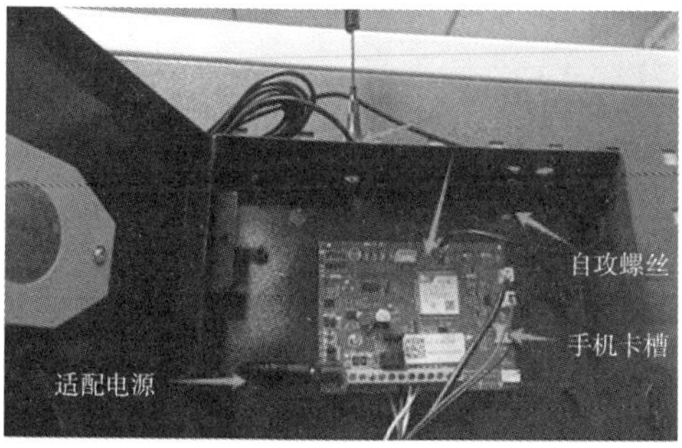

图 6-33　一键报警主机接线

图 6-34　一键报警主机完成安装

十一、 IP 报警盒

IP 报警盒安装流程如下。

步骤 1：首先打开 IP 报警盒，将 IP 报警盒底座（见图 6-35）放置于展示板合适位置，用自攻螺丝拧紧并固定好底盒。

步骤 2：将预留好的网线从底座进线孔穿入，在网线上制作水晶头，将其插入 IP 报警盒背面的 RJ-45 网口内（见图 6-36）。

步骤 3：将接好线的报警盒重新拧紧，固定到底座上，即可完成安装（见图 6-37）。

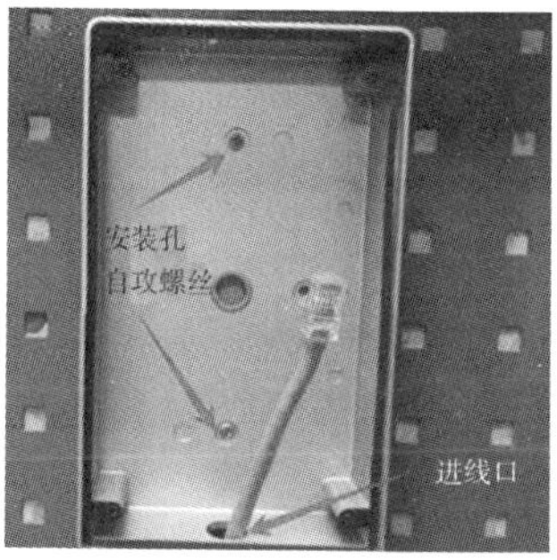

图 6-35　IP 报警盒底座

图 6-36　IP 报警盒接线

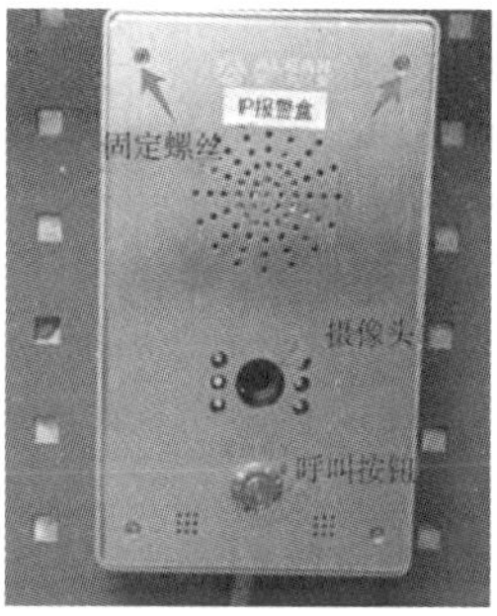

图 6-37　IP 报警盒完成安装

十二、 IP 对讲报警柱

IP 对讲报警柱（以下简称“报警柱”）安装流程如下。

步骤 1：在地面上选择合适的安装位置，将报警柱放置于该处，用记号笔在底座固定孔上做好打孔标记，然后挪开报警柱。

步骤 2：用冲击钻在做好标记处打孔，然后将报警柱放置回打孔处，用膨胀螺栓拧紧，固定好报警柱（见图 6-38）。

步骤 3：打开报警柱上的报警设备，将事先预留的电源线和网线从报警柱底部进线孔穿入报警设备，在网线上制作水晶头，将其插入报警设备后面的 RJ-45 网口，将电源线插入电源接口（见图 6-39），最后将报警设备重新固定在立柱上，即可完成安装（见图 6-40）。

图 6-38　报警柱固定

图 6-39　报警柱接线

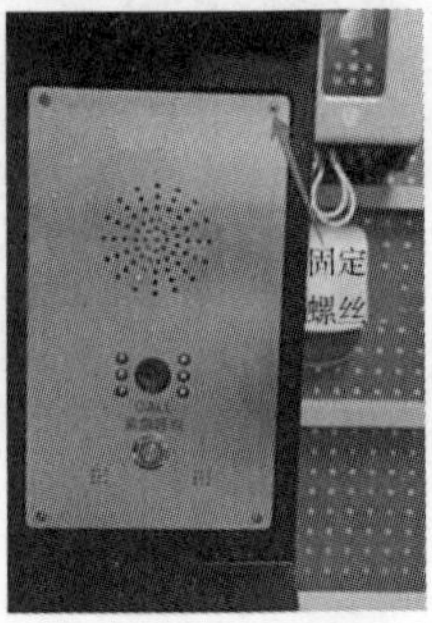

图 6-40　报警柱完成安装

学习任务二　入侵报警系统设备调试

学习目的

掌握入侵报警系统设备调试流程，正确完成设备调试及功能实现。

知识要点

（1）入侵报警主机的调试流程及设备添加方法。

（2）入侵报警系统前端设备调试方法及功能实现。

任务考核

◆ 问题

入侵报警系统前端设备各适用于哪些场景？请举例说明。

一、配置网络设备参数

（一）普通网络设备参数修改步骤

步骤 1：在打开全网络配置工具 V2.0 前，先找到并安装运行补丁（见图 6-41、图 6-42）。

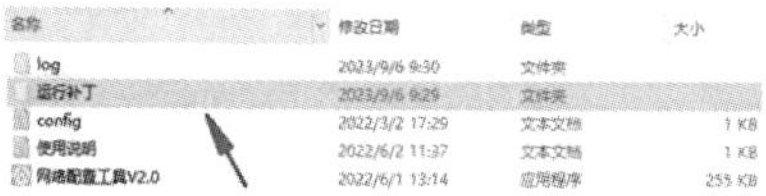

图 6-41 找到运行补丁

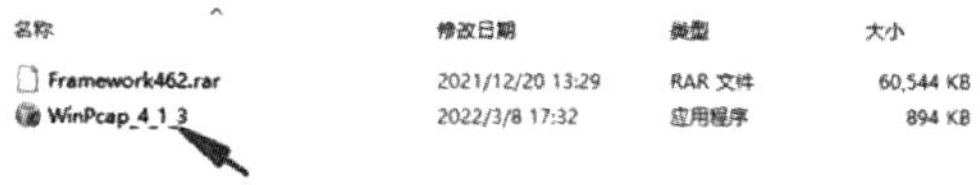

图 6-42 安装运行补丁

步骤 2：打开全网络配置工具 V2.0 并登录（见图 6-43）。用户名为 admin，密码为 admin。

图 6-43 调试软件登录

步骤 3：点击“在线搜索”，进行设备搜索，根据设备的 MAC 地址找到对应的设备，并双击进入设备配置界面（见图 6-44）。

图 6-44 调试软件设备搜索

步骤 4：配置设备的参数（见图 6-45）。

图 6-45 配置设备的参数

注意：本配置工具无法搜索到呼叫设备、全网络主机以及分控键盘设备的 IP 地址，故无法修改 IP。

参数设置说明如下。

【DHCP】选择禁止。

【IP 地址】指的是网络模块的 IP 地址。

【中心 IP】指上位机的 IP 地址，这里指的是 Q800 报警主机的 IP 地址。

【中心端口】指上位机的接收端口，这里指 Q800 报警主机的 UDP 接收端口。

【设备编号】设备编号不可重复，如 1E \ 2E \ 4E 网络模块的设备编号是 1，那么对应 Q800 报警主机上设备管理菜单的设备编号就是 1。

【通讯机号】对应 Q800 报警主机上设备管理菜单的通讯机号，一般设置为 0。

【在线时间】1E \ 2E \ 4E 网络模块往上位机上报的心跳时间，建议设置为 10 秒，即每十秒上报一条心跳到 Q800 报警主机。

【密码】填写 123456。

【网关】【子网掩码】根据现场网络设置。

步骤 5：参数设置后，点击“确定”，等待提示操作完成（见图 6-46）即可。

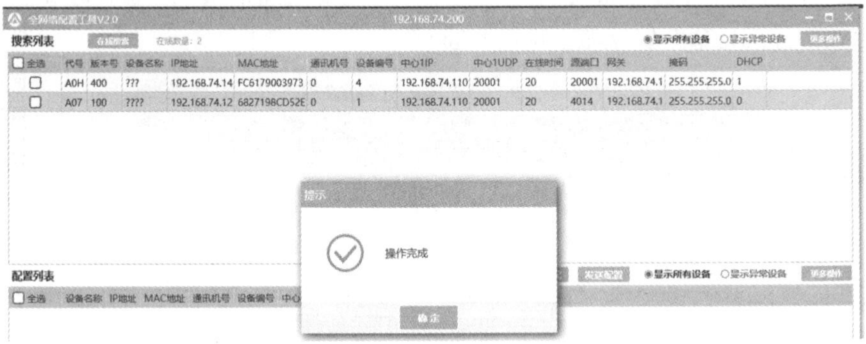

图 6-46　配置完成提示界面

注意：脉冲电子围栏主机和张力电子围栏主机修改设备编号，需要到主机界面上修改，并且一个防区就是一个编号；脉冲电子围栏主机长按功能键，等显示图标闪烁，然后按上下键移位到防区号，再按左右键加减数字，最后按返回键退出设置；张力电子围栏主机按菜单（见图 6-47），输入密码 1234，在本机防区里面设置设备编号。

图 6-47　主机配置界面

（二）分控键盘网络参数的修改步骤

步骤 1：将键盘通电，并接入 Q800 报警主机所在的网络中，点击屏幕任意位置进入图 6-48 所示界面。

步骤 2：点击右上角“键盘”，弹出图 6-49 所示界面。

图 6-48　分控键盘配置界面

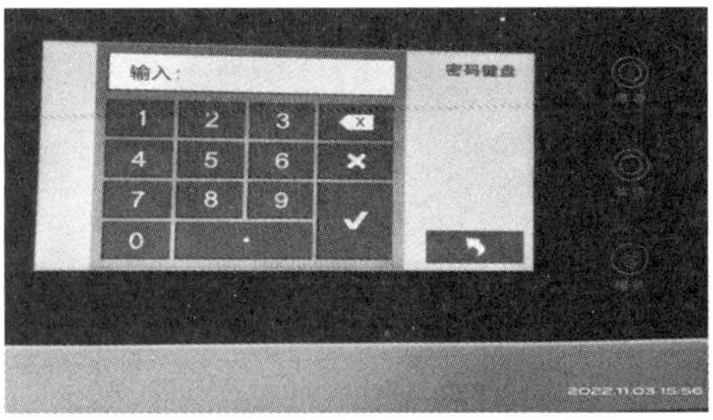

图 6-49　分控键盘配置

输入密码（见图 6-50）123456（默认，可更改），点击“√”，进入图 6-51 所示界面。

图 6-50　分控键盘密码输入

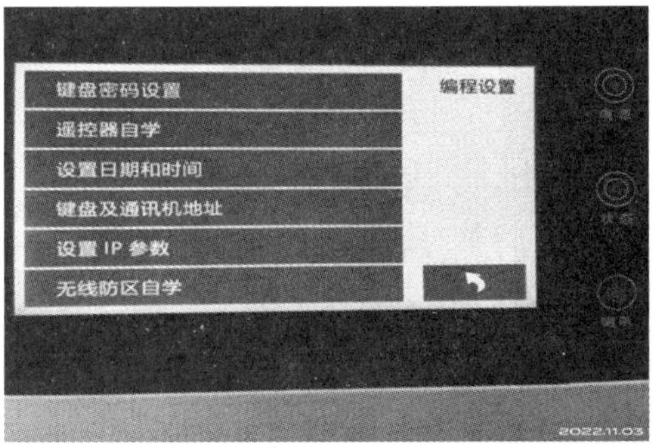

图 6-51　分控键盘配置界面

步骤 3：选择第 4 项键盘及通讯机地址，进入图 6-52 所示界面，设置完成后点击右下角返回箭头退回到主界面。

步骤 4：选择第 5 项设置 IP 参数进入设置每一项（见图 6-53），设置完成后点击右下角返回箭头，退回到主界面。

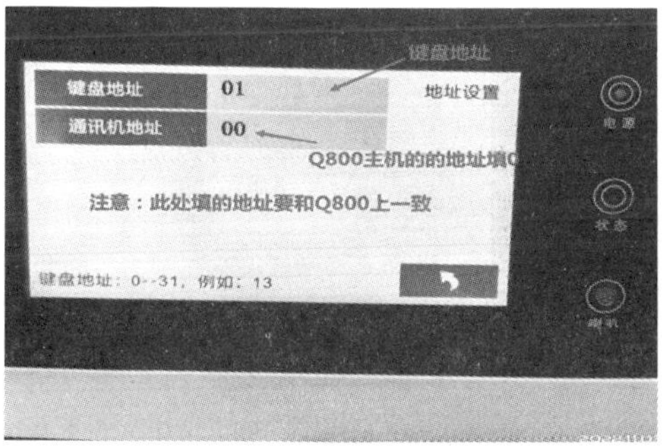

图 6-52　分控键盘通讯机地址设置

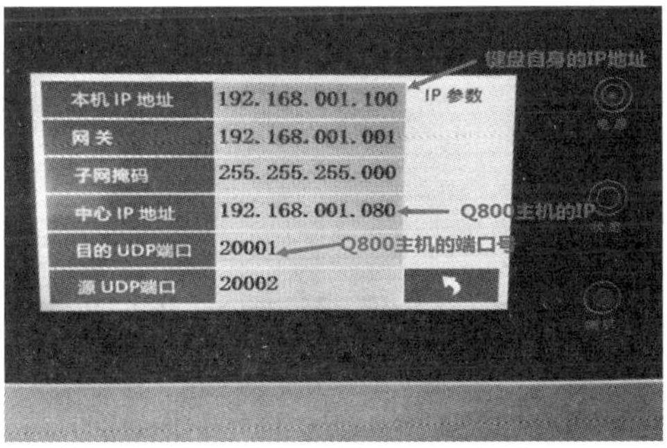

图 6-53　分控键盘网络配置

（三）Q800 报警主机网络参数的修改步骤

步骤 1：点击系统管理（见图 6-54），默认账户和密码均为 admin。

步骤 2：点击系统配置（见图 6-55）。

图 6-54　Q800 报警主机系统管理界面

图 6-55　Q800 报警主机系统管理主界面

步骤 3：修改 Q800 报警主机网络参数（见图 6-56），修改完成后点击保存。

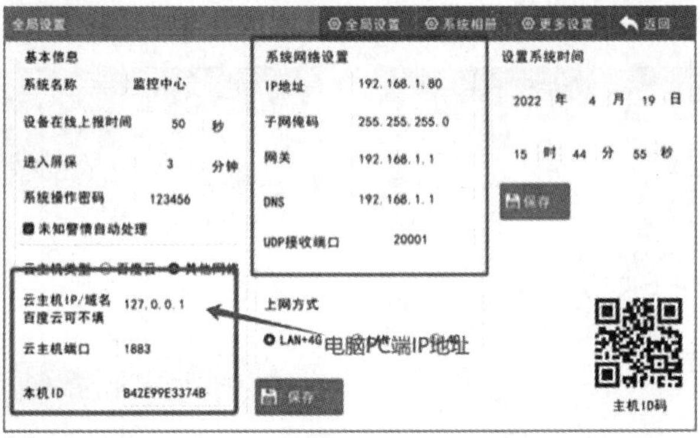

图 6-56　Q800 报警主机网络参数修改界面

（四）一键 IP 报警设备网络参数的修改步骤

步骤 1：打开 AL-2008S 报警管理软件，并登录（见图 6-57），用户名为 admin，密码为 admin。

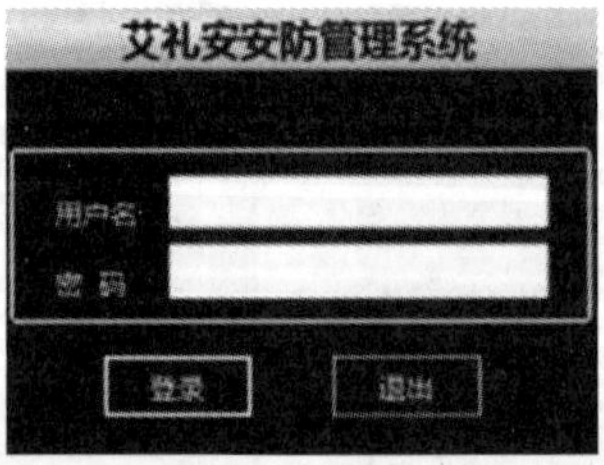

图 6-57　AL-2008S 报警管理软件登录界面

步骤 2：点击“系统配置”（见图 6-58），进入系统配置界面（见图 6-59）。

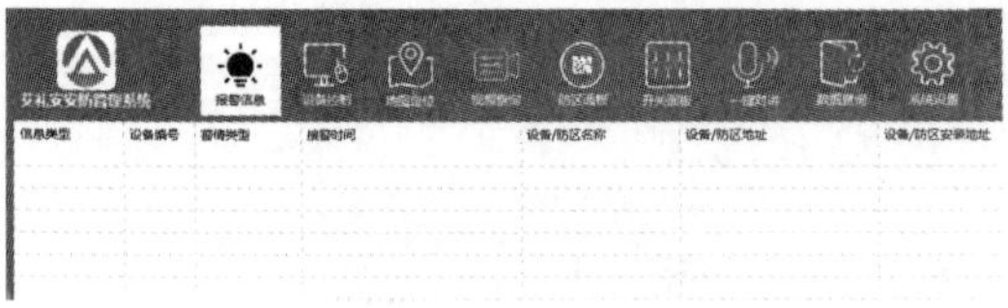

图 6-58　系统配置界面

图 6-59　调试软件系统配置界面

步骤 3：点击“对讲工具”，进入一键视频对讲主机的配置界面（见图 6-60）。

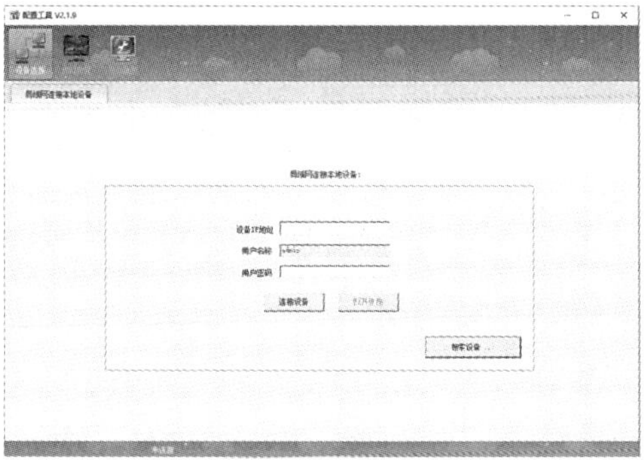

图 6-60　对讲工具配置界面

步骤 4：点击“搜索设备”功能按钮（见图 6-61），打开搜索设备功能界面（见图 6-62），点击“搜索设备”。

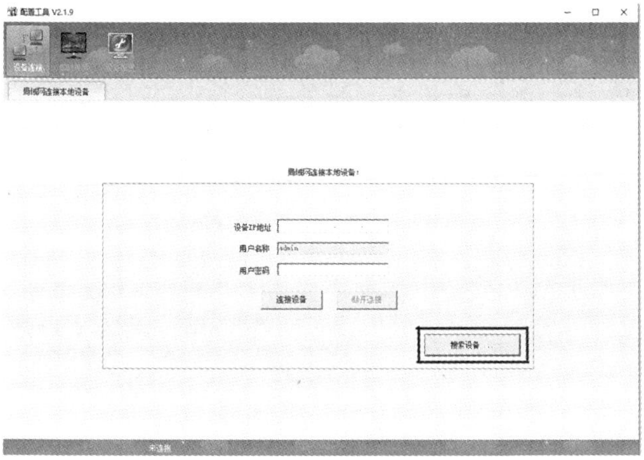

图 6-61　搜索设备按钮

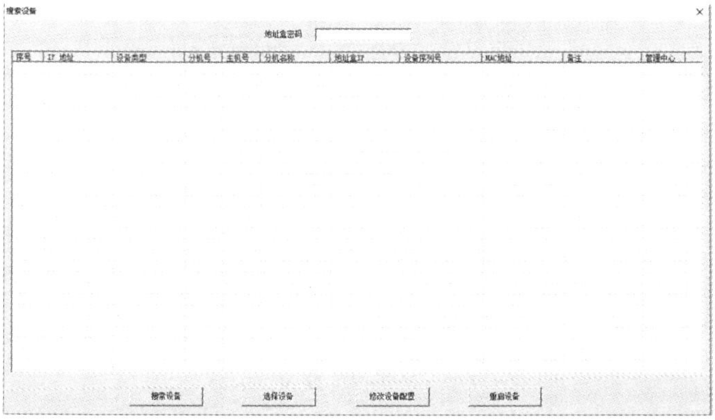

图 6-62　搜索设备功能界面

步骤 5：软件会自动搜索局域网内所有的一键报警终端设备，并会列出各个设备的详细信息（见图 6-63）。

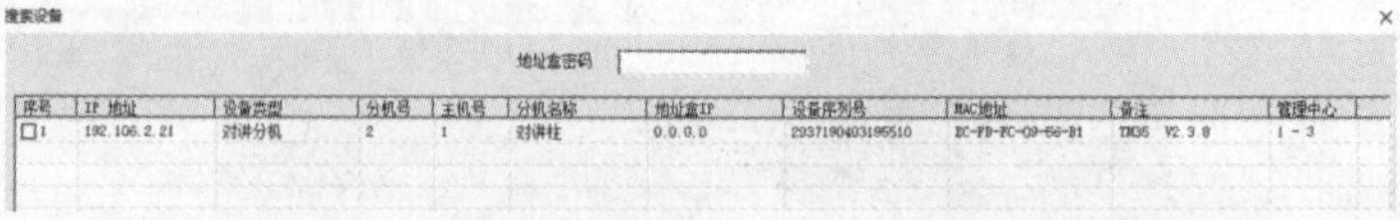

图 6-63　搜索设备完成界面

步骤 6：选择搜索到的设备，选中后点击“修改设备配置”（见图 6-64），会弹出编辑界面（见图 6-65），根据现场实际网络情况修改成所需要的地址（注意 IP 冲突），点击“保存”。至此，设备的 IP 配置完成。

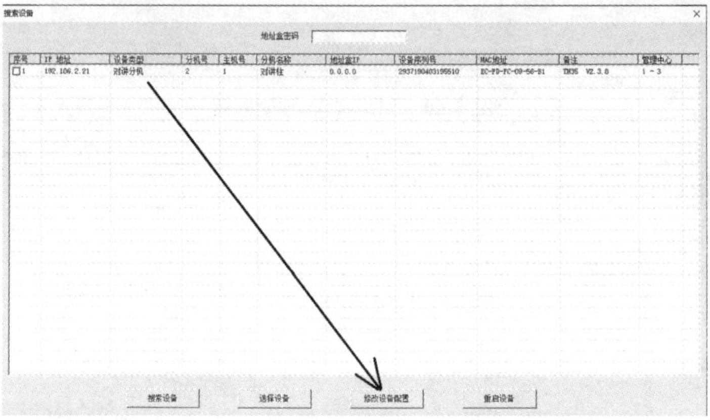

图 6-64　修改设备配置界面

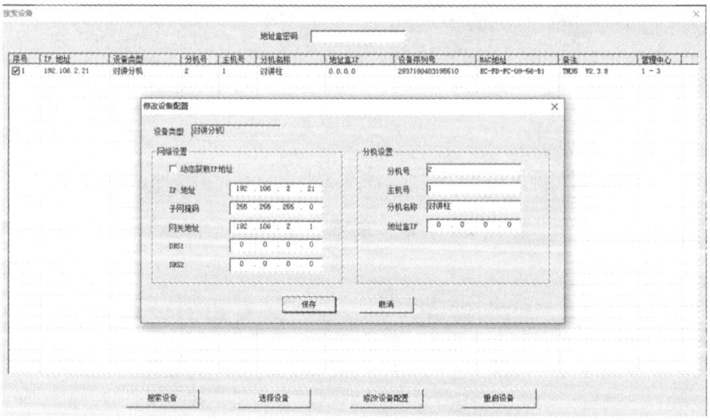

图 6-65　修改搜索设备配置网络

步骤 7：再次点击“搜索设备”，选择搜索到的设备，选中后点击“选择设备”，再点击“连接设备”（见图 6-66）。

步骤 8：选择“设备配置”菜单下的“管理中心”，在方框上打钩，连接管理中心启用。管理中心 IP 域名为安装了软件的电脑使用的 IP。区域号和设备号分别对应之后管理软件“设备配置”中的区域号和设备号（见图 6-67）。

步骤 9：进入其他设置，点击“重启设备”，重新启动设备（见图 6-68）。至此，设备配置完成。

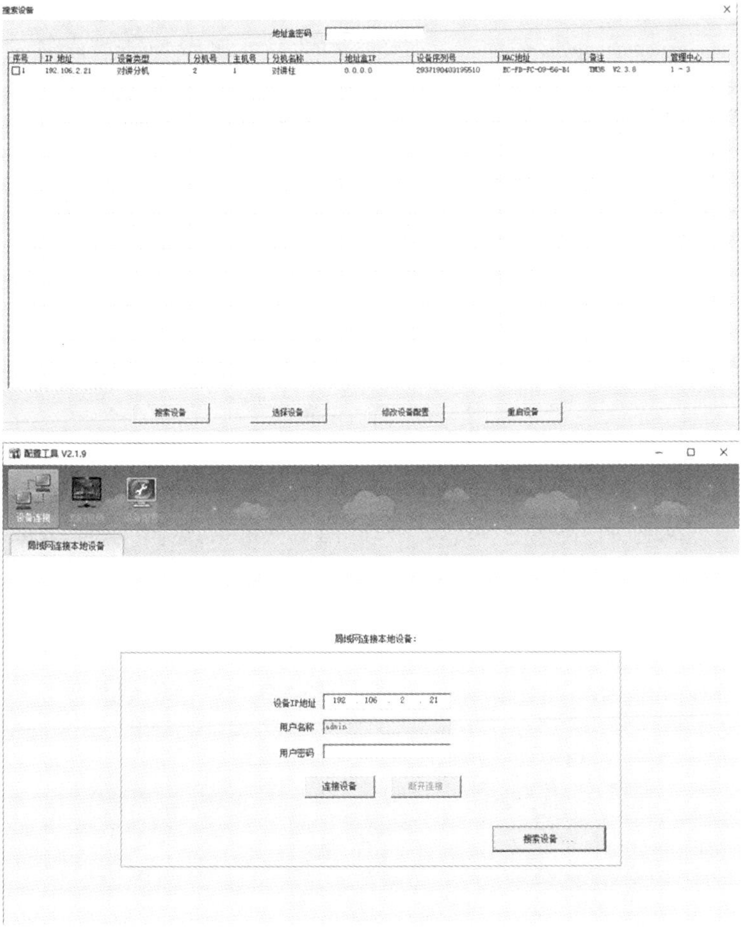

图 6-66 连接设备界面

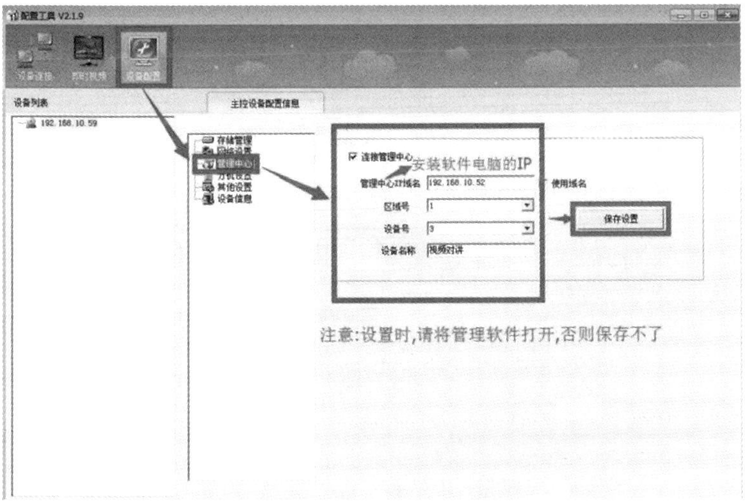

图 6-67 区域号和设备号保存界面

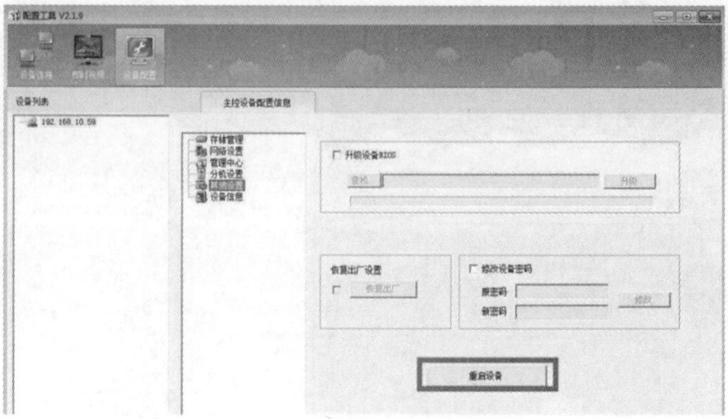

图 6-68　重启设备界面

二、全网络报警主机设备配置、联动设置

（一）搜索设备

步骤如图 6-69 和图 6-70 所示。搜索到设备，确认好修改的数据，最后发送配置并导入主机设备库。

图 6-69　报警主机主界面

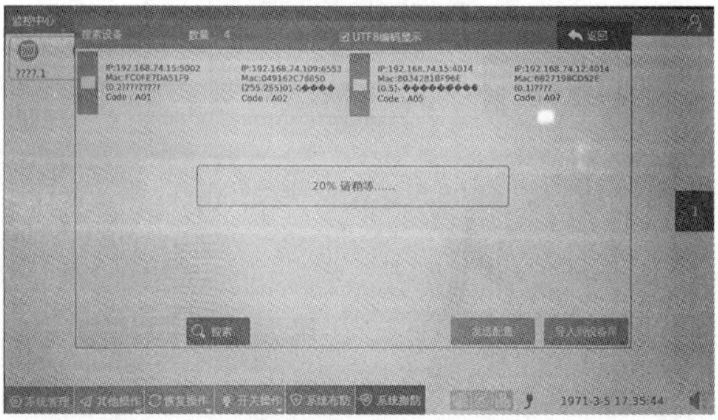

图 6-70　报警主机设备搜索界面

（二）添加设备

点开“设备管理”界面，如图 6-71 所示。

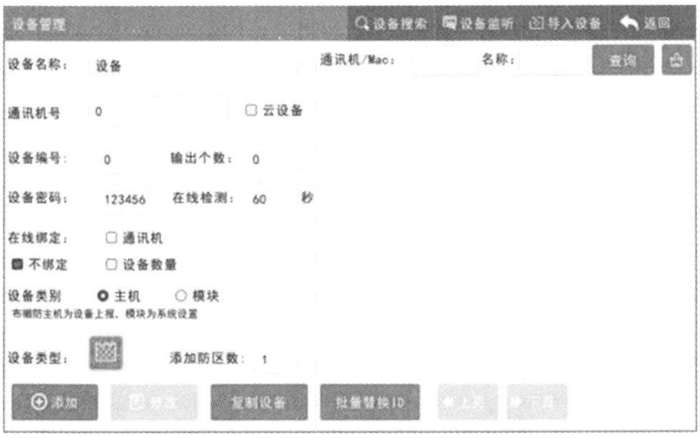

图 6-71　报警主机设备管理界面

步骤 1：点击右上角“查询”，找到主机设备库中的设备（见图 6-72），逐一修改设备名称，其他参数不变。

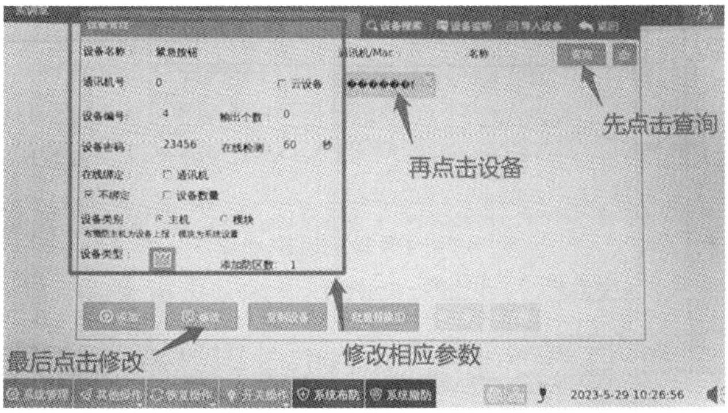

图 6-72　报警主机查找设备界面

步骤 2：声光警号的参数修改如图 6-73 所示，其他设置不变。

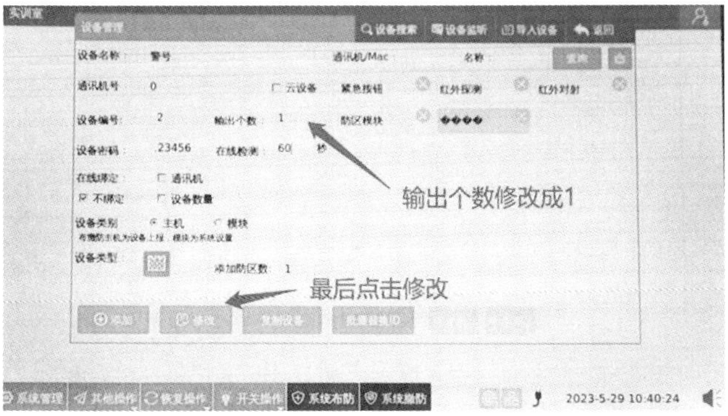

图 6-73　设备参数调整界面

参数设置说明：

【设备名称】自定义。

【通讯机号】对应前端网络模块的通讯机地址。

【设备编号】对应前端网络模块的设备地址。

【设备密码】填写 123456。

【在线时间】【在线绑定】【设备类别】【设备类型】默认不需更改。

【添加防区数】填写 1，最后点击添加即可。

（三）分控键盘的添加

步骤 1：从 Q800 报警主机主界面左下方的按钮进入系统管理界面（见图 6-74）。

图 6-74　报警主机主界面

步骤 2：找到“设备管理”，点击进入图 6-75 所示界面。

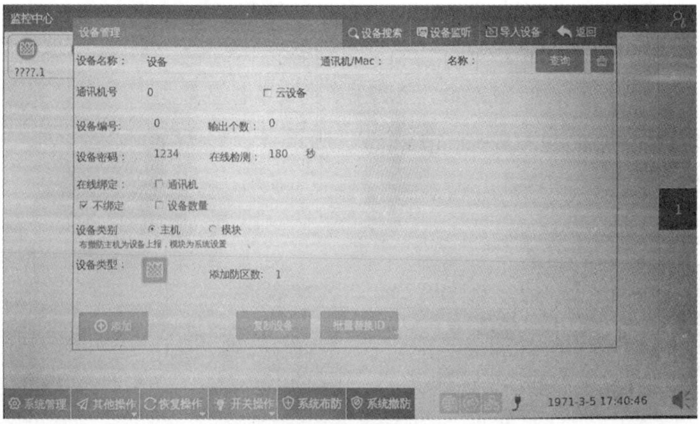

图 6-75　报警主机设备管理界面

步骤 3：依次编辑好设备名称“键盘”，通讯机号“0”，设备编号“129”，然后点击添加并返回至主界面。

步骤 4：在主界面中点击“分区设置”，进入分区管理界面（见图 6-76）。

图 6-76　分区管理界面

步骤 5：选择左侧的 1 分区，点击下方的添加设备，进入添加设备的设置界面，添加需要键盘控制的所有设备，包括键盘本身。例如图 6-77 中，选择 POE 探测器和键盘两个设备，点击“选择确认”。返回到分区设置界面（见图 6-78），编辑对话框中的分区名称为“一区”，勾选“启用分区”，点击“保存”，最后点击“返回”，回到主界面。

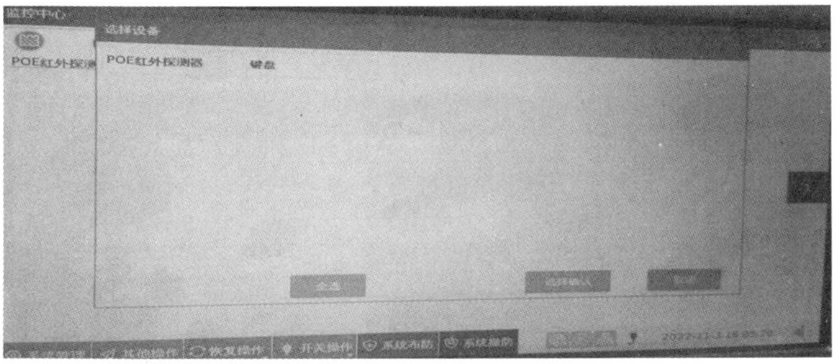

图 6-77　选择设备界面

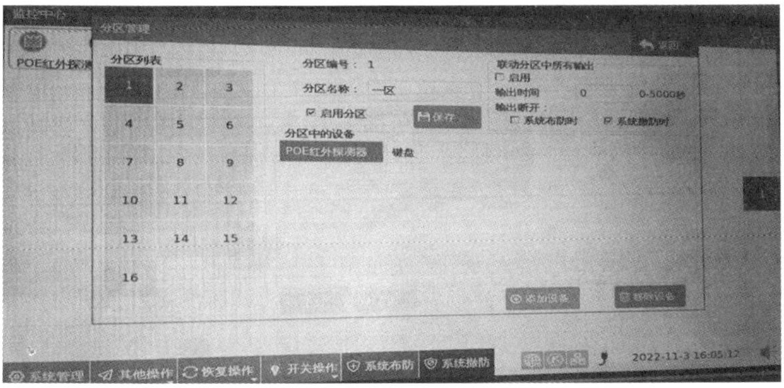

图 6-78　分区设置界面

步骤 6：在主界面中找到“键盘设置”，点击“添加”按钮，从设备列表中选择命名为“键盘”设备，最多可以添加 15 个键盘。设置好布防密码和撤防密码（建议非特殊情况布撤防密码设置成一样的），布防延迟时间设置成 0 秒，报警输出时间设置为 10 秒（根据实际需求更改）。在键盘管理分区中点击“添加”按钮，添加步骤 5 分区设置中添加的“一区”。勾选“启用键盘”，并点击“保存”（见图 6-79），返回主界面点击“发布重启”即可。

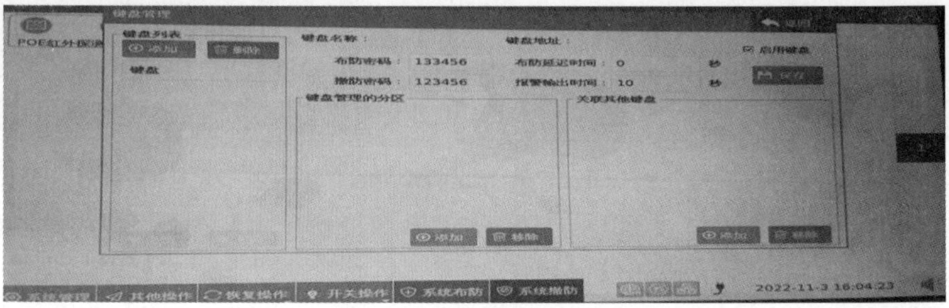

图 6-79　分区设置完成界面

注意：分控键盘设置完成以后，需要重新启动。

（四）修改防区名称并设置联动

步骤 1：在报警主机界面选择“防区管理”（见图 6-80）。

图 6-80　报警主机界面

步骤 2：点击“选择设备”（见图 6-81），进行名称修改和联动设置。防区编号 1（见图 6-82）为网络模块的第一防区，防区名称自定义。防区类型为普通防区。防区属性选禁止，即这个防区不使用。普通防区需要主机下发布撤防命令才会有报警信息上报。防区 24 小时处于布防状态，不能撤防。防区属性勾选普通，联动输出勾选报警联动，点击“设置联动”（见图 6-83）。

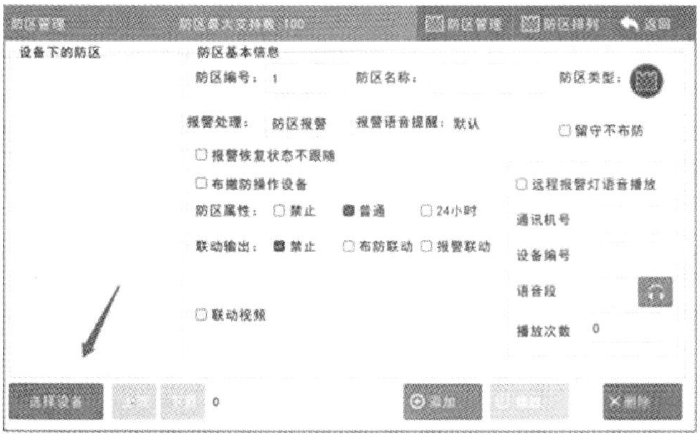

图 6-81　防区管理界面

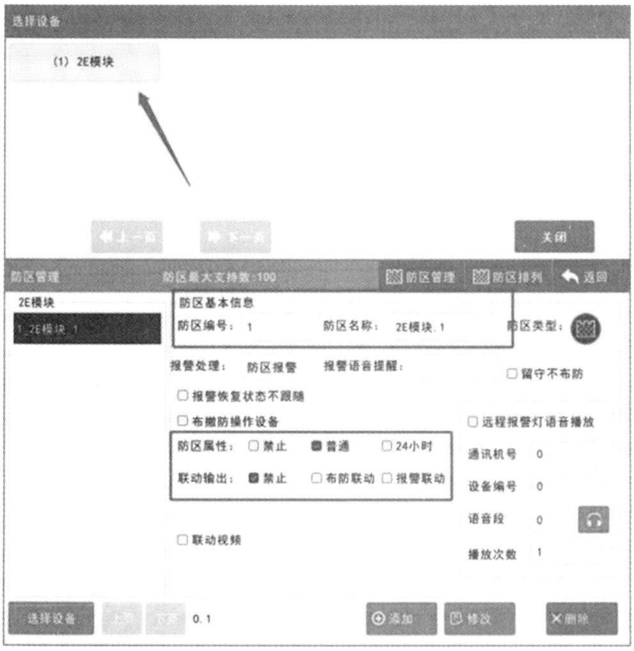

图 6-82　防区管理设置界面

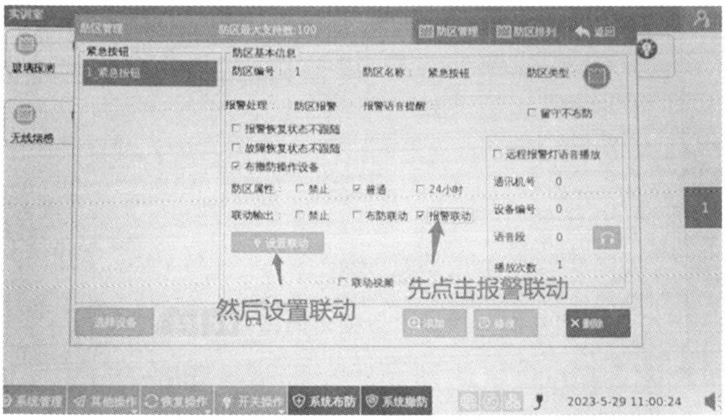

图 6-83　联动设置界面

点击“通讯机/云设备 ID 编号”（见图 6-84），进入选择菜单，点击警号（见图 6-85）。

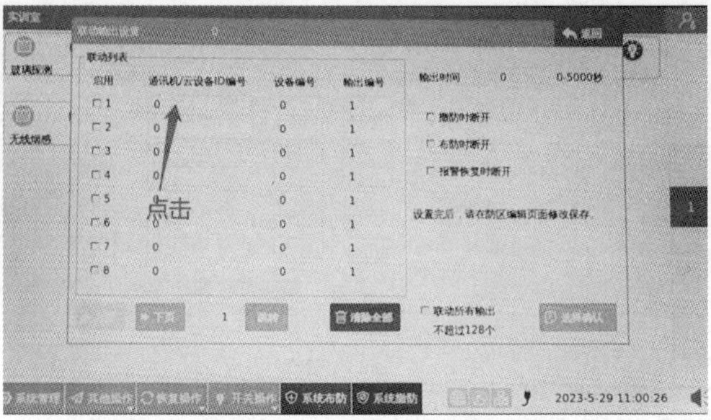

图 6-84　联动设置配置界面

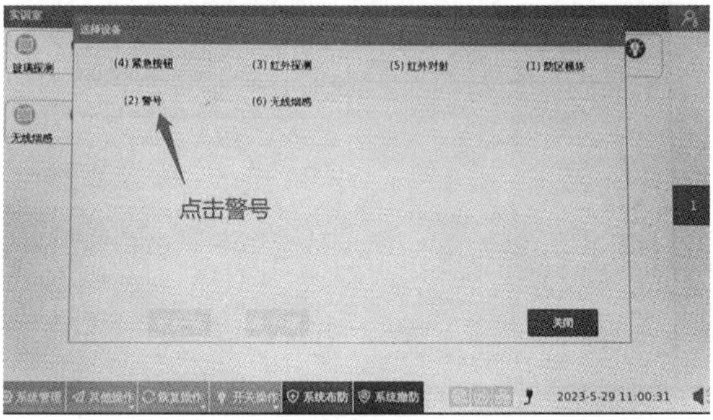

图 6-85　联动设置配置警号界面

最后修改输出时间（见图 6-86），改成 60 秒，勾选撤防时断开。确认以后返回到上一级菜单，点击“修改”（见图 6-87），即可保存。

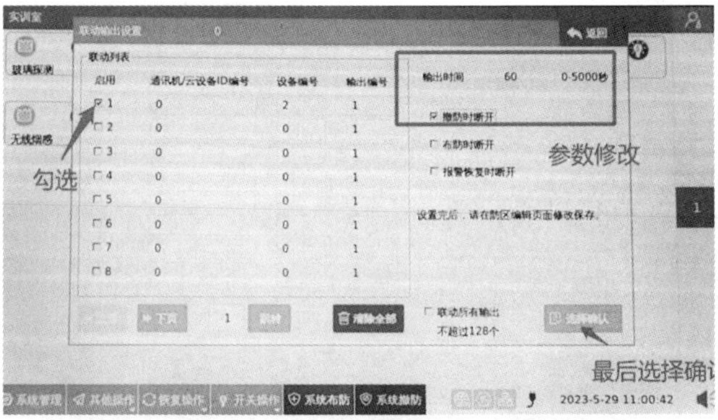

图 6-86　联动设置输出时间修改界面

注意：所有报警设备都可以依此设置报警联动，最后点击“发布重启”，就可以测试联动。

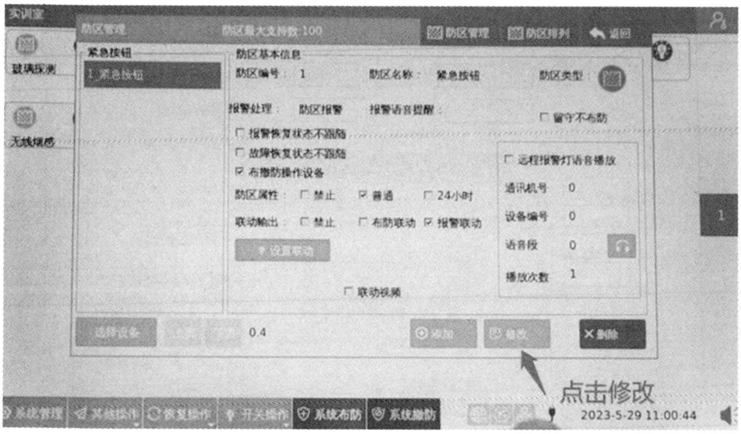

图 6-87　联动设置完成保存界面

三、全网络主机 Q800 将报警信息上传至 AL-2008S 操作说明

步骤 1：首先将网络设备添加进全网络主机 Q800。添加完成后，进行全网络主机将报警信息上传至 AL-2008S 的操作。点击全网络主机的“系统管理”，进行配置修改。

点击“系统网络设置”（见图 6-88），设置全网络主机 Q800 的 IP 地址、子网掩码、网关、DNS 及 UDP 接收端口。云主机类型选择其他网络。云主机 IP 为 AL-2008S 所在电脑的 IP，修改完成后，点击“保存设置”，提示保存成功（见图 6-89）。

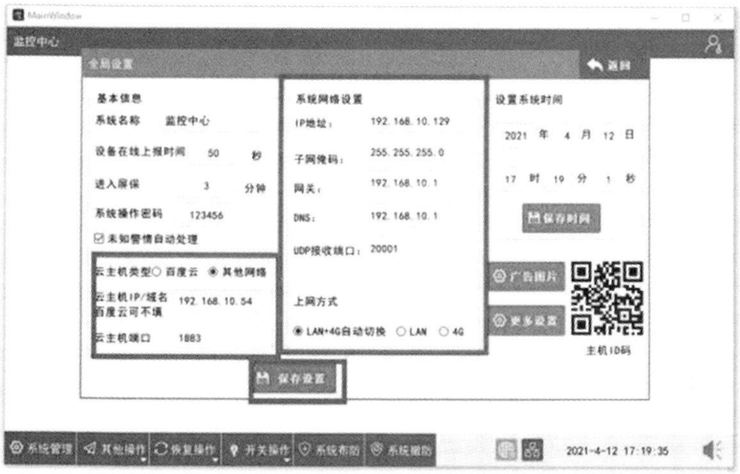

图 6-88　全网络主机系统管理界面

步骤 2：打开 AL-2008S 报警管理软件并登录（见图 6-90），用户名和密码均为 admin。

步骤 3：MQTT 服务器设置如图 6-91 所示，将 AL-2008S 本地服务器启用，端口固定为 1883。

图 6-89　保存成功提示

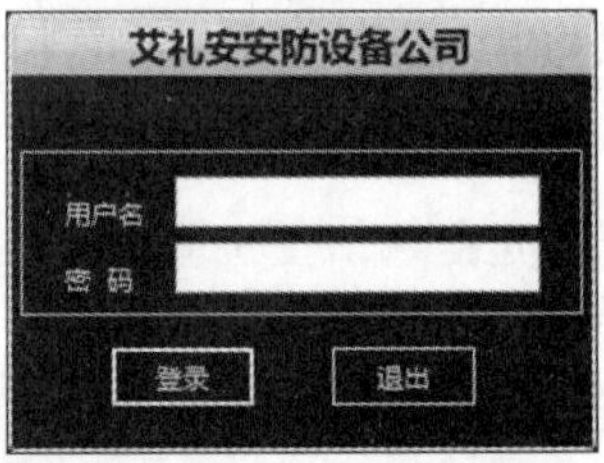

图 6-90　报警软件登录界面

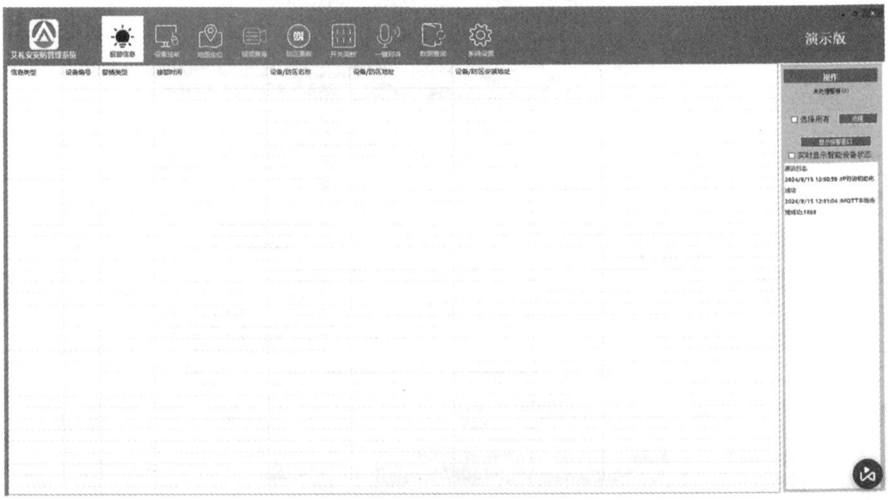

图 6-91　服务器端口设置界面

步骤 4：点击设备配置（见图 6-92），进行设备添加，主机地址为全网络主机的 MAC 地址，共 17 位，如果不够，后面补 0 即可。设置完成（见图 6-93）以后点击添加，即可进行设备添加。所有设备添加完毕（见图 6-94 至图 6-97）以后，点击“发布数据”（见图 6-98），等待软件重启。

图 6-92　服务器端口设置界面

图 6-93　服务器端口设置完成界面

图 6-94

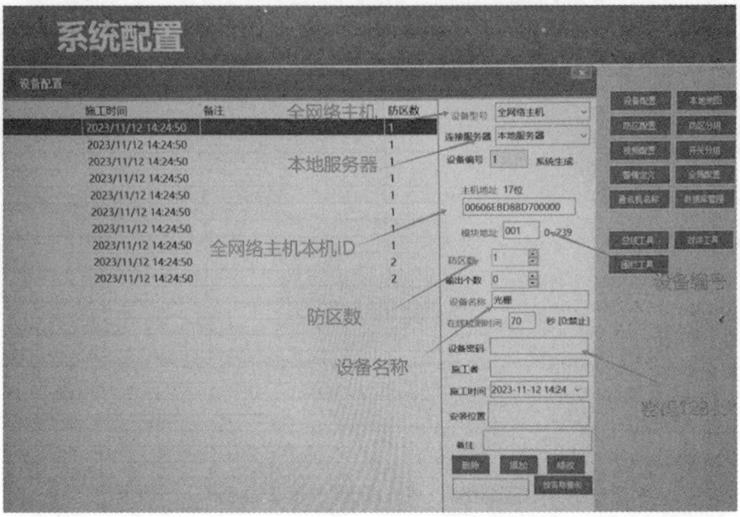

图 6-95　报警软件添加设备界面

图 6-96　主机 ID 查看

图 6-97　设备添加界面

使用全网络主机 Q800 对设备进行布撤防（见图 6-99），看软件是否有信息上传。

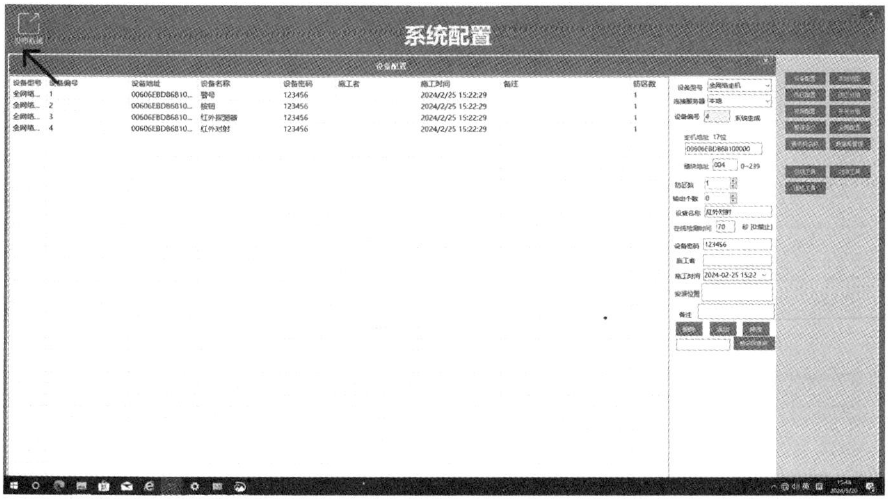

图 6-98 发布数据界面

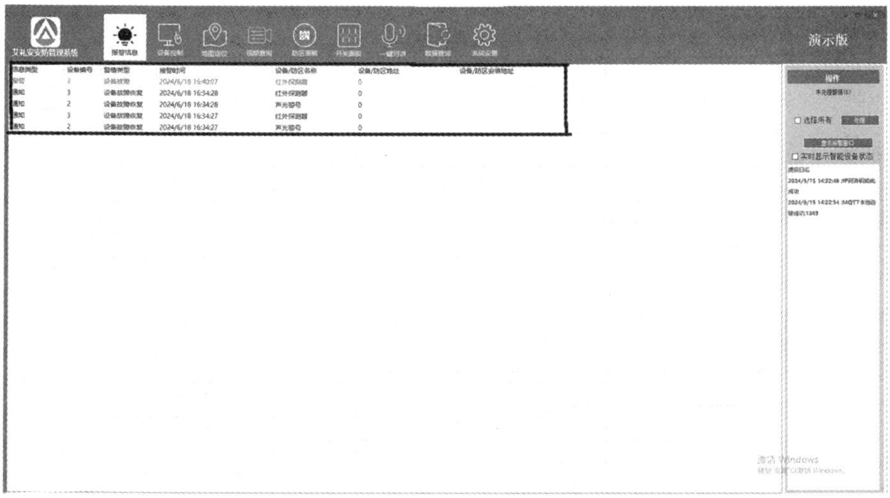

图 6-99 设备布撤防界面

四、添加一键视频对讲主机

步骤 1：点击“设备配置”，进入添加设备界面（见图 6-100）。设备型号：IP 对讲。连接服务器：无。防区数：1。区域号和设备号：对应 IP 对讲地址配置中配置工具设置的区域号和设备号。

步骤 2：点击“发布数据”（见图 6-101），重启软件。

图 6-100　报警软件添加设备界面

图 6-101　添加完成发布数据界面

五、入侵报警系统与视频监控联动设置

（一）添加需要联动的摄像机

步骤 1：在系统配置中，选择视频配置（见图 6-102）。

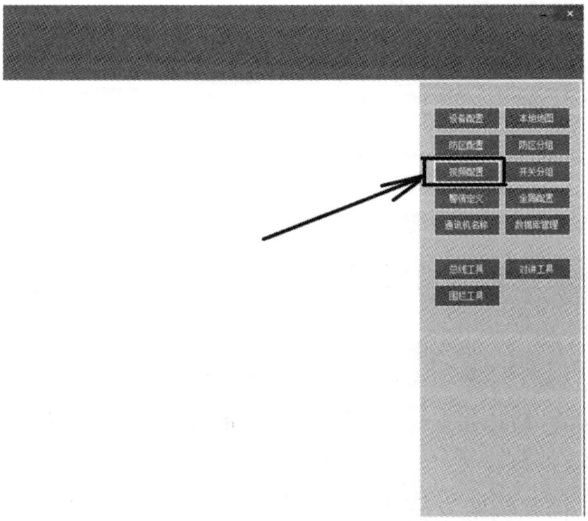

图 6-102　视频配置界面

步骤 2：确定摄像头与系统在同一个网段，然后编辑相关参数设置，最后点击添加（见图 6-103）。

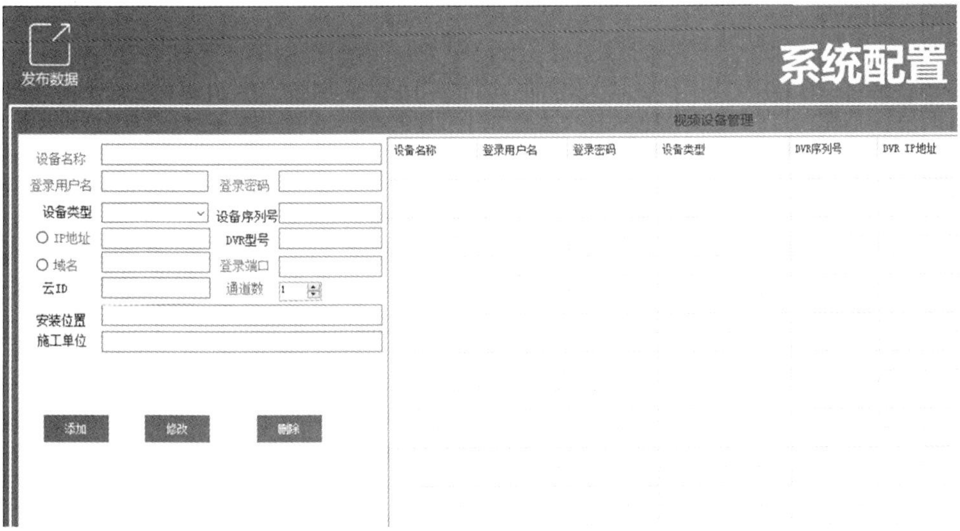

图 6-103 视频配置设置界面

（二）设置联动关系

步骤 1：在系统配置中，点击防区配置（见图 6-104）。

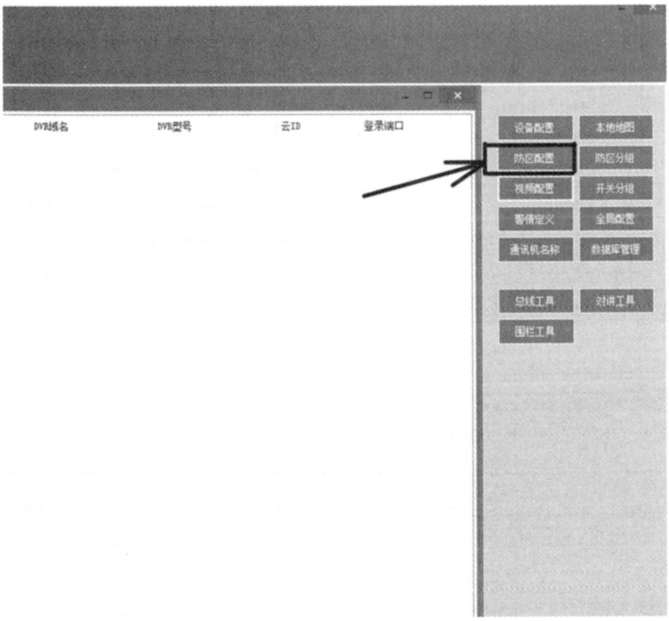

图 6-104 联动设备选择

步骤 2：如图 6-105 和图 6-106 所示。

步骤 3：发布数据，等待软件重启。

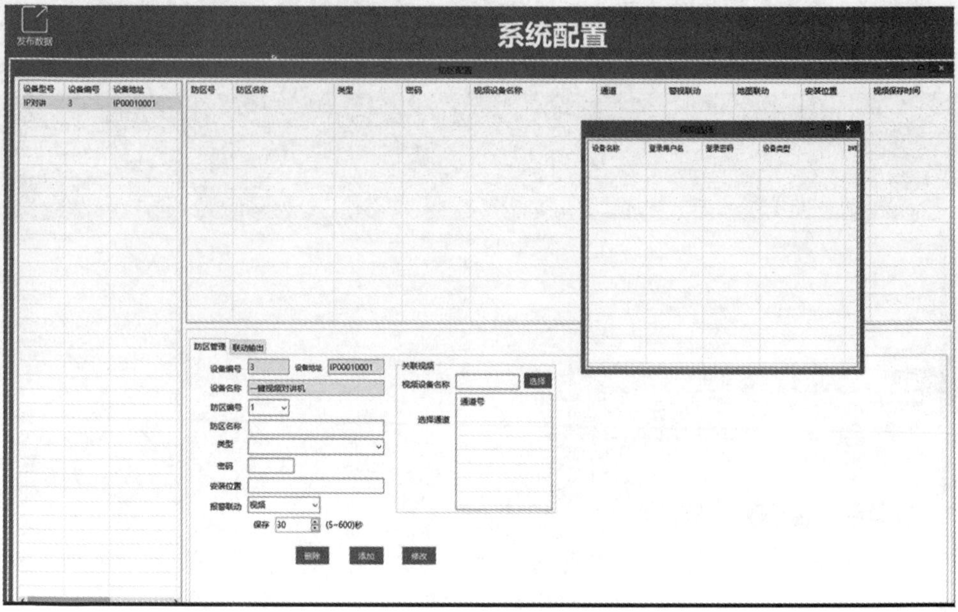

图 6-105　防区配置界面

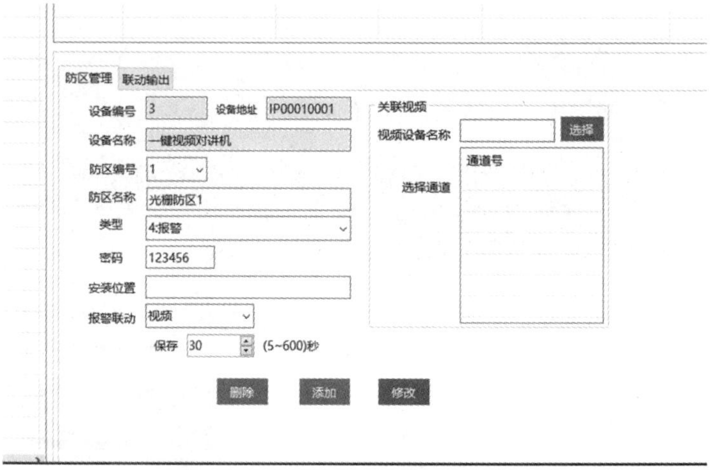

图 6-106　防区配置通道选择界面

实训八 入侵报警系统与视频监控系统联动调试

一、实训目标

通过该任务内容的学习，使学生掌握入侵报警系统与视频监控系统联动的硬件接线、参数设置、调试方法。

二、实训设备、材料和工具内容

在门禁控制室内完成对入侵报警系统与视频监控系统的硬件接线，实现入侵报警系统与视频监控系统联动调试

三、实训材料、工具

被动红外探测器	1 对
紧急报警按钮	1 个
硬盘录像机	1 台
摄像机	1 台
线材	若干
电源	1 个
工具包	1 套

四、实训步骤

(1) 完成入侵报警系统与视频监控系统的安装及硬件接线，将被动红外探测器与紧急报警按钮接入系统，将警灯接入硬盘录像机的报警输出端。

(2) 分组，以组为单位进行课程练习。

(3) 对硬盘录像机进行参数设置。

打开硬盘录像机的“菜单—系统设置—报警设置”。

各类参数如下。

【事件类型】选择本机输入或网络输入方式，本机输入指本机发生的警报输入，网络输入指通过网络输入报警信号。

【报警输入】选择相应的报警通道号。

【使能开关】反显表示选中。

【设备类型】选择常开/常闭型。

【时间段】设置报警的时间段，在设置的时间范围内启动报警。

【报警输出】报警联动输出端口（可复选），发生报警时联动相应报警输出设备。

【延时】表示报警结束时，报警延长一段时间后停止，时间以秒为单位，范围在10～300s间。

【屏幕提示】在本地主机屏幕上提示报警信息。

【报警上传】报警发生时将报警信号上传到网络（包含报警中心）。

【发送EMAIL】反显选中，表示报警发生时同时发送邮件通知用户。

【录像通道】选择所需的录像通道（可复选），发生报警时系统自动启动该通道进行录像。

【云台联动】报警发生时，联动云台动作。

【录像延时】表示当动态结束时，录像延长一段时间后停止，时间以秒为单位，范围在10～300s间。

【轮巡】报警信号发生时，对选择进行录像的通道予以单画面或多画面轮巡显示，轮巡画面类型及时间在菜单输出模式中设置。

【抓图】若有相应的报警触发，就进行相应的抓图。

(4) 触发联动报警功能，看系统是否正常联动。

(5) 调出联动录像，看是否正常。

(6) 撰写设备安装报告书。

课后练习：入侵报警联动设置表

根据实训八填写表 6-1 中的空白处。

表 6-1 联动设置

序号	完成的联动设置要求	步骤	备注
1	事件类型设置为本机输入		
2	报警输入选择 1 与 2 报警通道		
3	将使能开关选中		
4	设备类型选择常闭		
5	时间段请选择每周的周一至周三的 8：00—10：00		
6	报警输出选择端口 1		
7	报警延时 30 秒		
8	录像通道选择 1 与 2		
9	对通道 1 的云台进行联动，按预制点联动		
10	录像延时 10 秒		
11	打开轮巡功能		

学习单元七

智慧安防系统故障处理及维护

学习目标

◆ **认知目标**

掌握智慧安防系统故障处理及维护方法。

◆ **技能目标**

能够独立完成智慧安防设备故障排查。

◆ **素质目标**

进一步培养精益求精的工匠精神。

重点内容

掌握智慧安防系统故障处理及维护方法，能够独立完成智慧安防系统故障排查。

案例导入

近年来，智慧安防管理平台成为银行安防建设的关注点，随着科学技术和数字经济的发展，银行安防设备已由原来的模拟、单机化管理，逐渐向联网、数字和智能化方向发展。万物互联的物联网时代打破了以往设备“孤岛”的现象，各终端和子系统不再是单一功能的个体，这就需要构建一种智能化系统平台，对各设施进行高效联通和有效管理。平台可协同控制、有机联动各子系统，实现对数据信息进行共享应用与集中处理，完成对风险事件的综合研判、应急处置和事后分析。平台的强扩展性方便其他安防设施的接入，可最终实现整个安防系统的物联化和智能化。

智慧安防管理平台涉及银行安防管理的系统主要包括视频监控、入侵报警、紧急呼叫、出入控制、环境监测、消防管理、智慧用电、移动安防、安保信息管理、安保特色业务等系统。平台控制和联动各系统，定期对各子系统进行配置更新、固件升级、错误报告等操作。同时，实时对海量安防数据信息进行采集、统计和分析，形成评估报告，提供研判依据，从而提升安全防范能力和事件处置效率，为银行的业务运营发展提供保障、助力赋能。

学习任务一 入侵报警系统故障处理及注意事项

学习目的

掌握入侵报警系统故障处理及注意事项。

知识要点

入侵报警系统故障处理。

任务考核

◆ 问题

（1）入侵报警系统常见问题有哪些？

（2）如何处理入侵报警系统常见问题？

一、入侵报警系统图

入侵报警系统图如图 7-1 所示。

二、整体架构工作原理

前端网络设备、全网络主机以及后端软件通过交换机组成一个局域网，当前端任意一个网络设备触发，则后端全网络主机或软件能接收到报警。

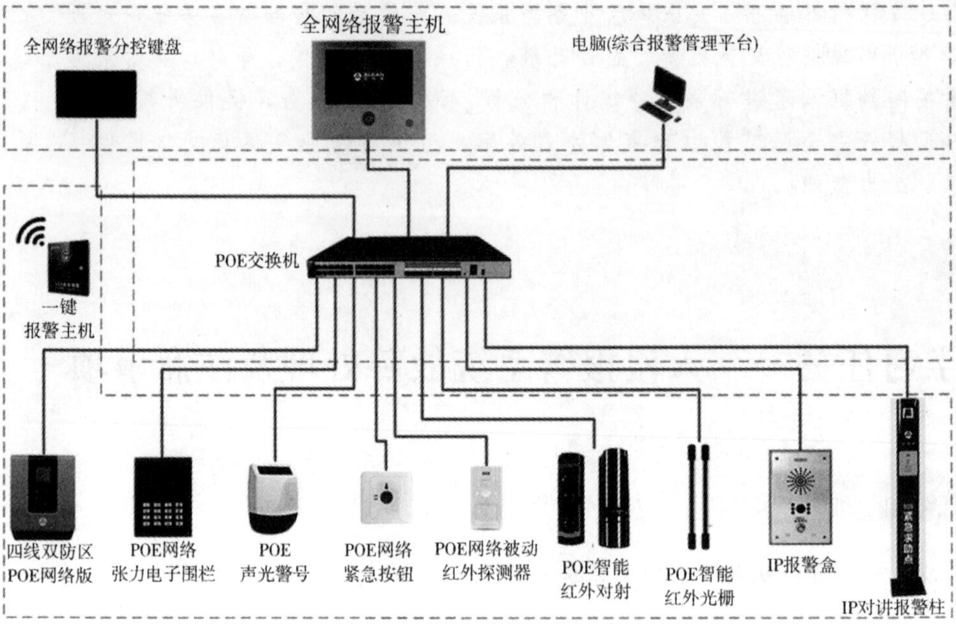

图 7-1　入侵报警系统图

三、故障处理

（1）主机上上报某个设备故障如何处理？

答：设备故障表示前端网络设备与主机通信故障，查看设备是否通电正常，是否有电源指示灯或显示；排查设备是否有 IP 冲突；排查网线是否有故障；将主机和网络设备放置于同一个交换机，查看是否有网络问题；检查设备 IP 地址、主机 IP 地址是否在同一网段。

（2）软件显示设备离线如何处理？

答：单个设备离线说明主机上设备也是有故障的，按第一个故障点排查。

（3）主机上显示所有设备故障如何处理？

答：该故障说明主机和所有设备的通信有问题，需排查该故障，查看主机网络是否正常，可通过 ping IP 确认；查看网线是否正常，如有老化生锈，则需要更换网线及水晶头；查看主机供电电压是否正常，如不正常，则更换电源；保存数据，重启主机。

（4）软件上显示所有设备故障如何处理？

答：查看主机是否和设备通信正常，如主机显示设备故障，则按第三个故障点排查；如主机显示正常，则看安装软件的电脑是否修改过 IP、网卡是否正常；如主机显示正常，则查看主机网络连接是否正常，检查供电和网线。

（5）通信正常，但是触发后不报警如何处理？

答：这种情况应当检查前端设备是否报警，各个报警设备报警条件不同，可以检测紧急按钮是否按到位、光栅对射是否遮挡到位等。

（6）系统调试完毕后关机再开机时，报警主机已添加设备显示掉线，一直无法连接上，如何处理？

答：检查设备网络连接是否正常；在全网络报警主机中，重新搜索局域网内的所有设备，检查 IP 是否被修改过。

四、注意事项

（1）报警设备为保障应急设备，应定期巡检，建议每隔一个季度左右检查设备是否报警正常。

（2）在使用电脑软件时，不要随意更改已经设置好的配置；如需动手操作，则必须熟练掌握相关配置说明，或在专业人士指导下才能进行相关配置更改。

（3）非专业人士或无专业人士在场时不要随便拆卸设备、调换接线等。

（4）对射光栅的原理为遮挡报警，应定期排除遮挡物。

（5）如需拆机，请先与厂家联系，避免损坏。

学习任务二　视频监控系统维护及注意事项

学习目的

掌握视频监控系统维护及注意事项。

知识要点

视频监控设备维护。

任务考核

◆ **问题**

视频监控系统维护问题有哪些？如何处理？

一、监控摄像机的维护及密码找回

监控摄像机（以下简称“摄像机”）是否长时间保持良好的工作状态，取决于使用者是否对其进行维护和保养。摄像机在长时间工作状态下，液晶屏、镜头甚至机器内部的元件就会落灰，若不及时清洁保养、定期维护，则十分容易出问题。因此，只有对摄像机进行定期保养，使用过程中注意爱护，定期进行检修，才能保证摄像机长时间正常运行。

（一）监控摄像机外壳的养护和清洁

在使用摄像机时要尽量避免机器的外壳碰到坚硬物。无论是塑料外壳还是金属外壳，在放置或者使用过程中都要远离坚硬物体或者棱角分明的物体，防止在外壳上留下伤痕，影响美观。外壳对摄像机起到一定保护作用，外壳损坏将对摄像机的保护产生影响。

无论是塑料外壳还是金属外壳，都要尽量避免与强酸性或强碱性的腐蚀性物质放置在一起，防止腐蚀性物质损伤机壳。

清洁外壳时可先用吹风机吹去外壳表面的灰尘，然后使用专业的软布擦拭。在擦拭过程中不能使用酒精或者其他洗涤剂。对于油污等，首先用湿布擦拭干净，再用干布擦。这样有利于保持外壳的色彩不受影响。

（二）监控摄像机镜头的养护及清洁

镜头是摄像机的重要组成部分，然而由于需要，镜头长期暴露在外面，因此很容易落上灰尘，甚至划伤镜头。若不注意镜头的养护，会降低摄像机的工作性能，如摄像效果变差、图像对比度减弱等，因此，镜头的养护显得尤为重要。

要保护镜头，先要给它配备一个 UV 紫外线滤镜，该滤镜能够保护镜头，防止落灰和硬物划伤。

长期使用的摄像机，镜头的污损不可避免。特别是现在的摄像机镜头多采用镀膜技术制造，容易擦伤。在清洁镜头时，一般情况下要坚持一个原则——能吹不擦，只有在非常必要时才对镜头进行擦洗。

对一般灰尘，采用吹气球进行清洁。如果镜头上有指纹或者油污，则需要采用其他方法清洁。首先还是用吹气球吹去灰尘，然后用镜头纸轻轻擦去灰尘，再用脱脂棉蘸镜头水进行清洁。在清洁镜头时不能使用粗糙的物体来擦拭，也不能用强酸性或强碱性等带腐蚀性的洗涤剂来擦拭。

（三）监控摄像机密码找回

1. 方法一

设备若是与云账号绑定，则可以在 EZCloud 和 EZView 上找回密码

利用手机 App EZView 找回密码的方法如下。

在 EZView 软件中登录之后，点击左上方菜单栏，进入“配置—找回设备密码”（见图 7-2），然后用手机去扫描设备上的二维码就可以找回密码。

注：找回密码功能仅支持已添加到 EZView 上的设备。

图 7-2　配置界面

2. 方法二

已绑定手机号，可以扫描二维码获取安全码（见图 7-3）。如果预留的手机号暂时接收不到安全码，可以选择发送至其他手机号，但需要上传身份证带有照片的那一面，后台审核后手机会接收到安全码。

图 7-3　找回密码界面

二、服务器的维护

（一）外壳的清洁

清洁外壳时可首先用吹风机吹去外壳表面的灰尘，然后使用专业的软布擦拭。在擦拭过程中不能使用酒精或者其他洗涤剂。对于油污等，首先用湿布擦拭干净，再使用干布擦，这样有利于保持外壳的色彩不受影响。

（二）显示屏的维护

显示屏属于高科技电子产品，生产成本也是相当昂贵的。显示屏在使用过程中会由于污染、松动、振动、发热以及环境温度变化等因素造成各种故障，从而影响正常使用，甚至会造成严重故障。因此，显示屏的维护就成了一项重要的工作内容。

(1) 定期进行安检。

对一般显示屏的安检多采用“月检查制”，对大型显示屏的安检则采用“周检查制”。由技术人员每月进行一次现场检查，对系统进行检查和保养。

(2) 定期对显示屏进行清理。

(3) 定期进行显示屏连接件的紧固工作。显示屏属于高耗电设备，当运行一段时间后，因多次启停和运行，其中供电部分的接线端子会因冷热变化而松动，接触不良，形成虚接，严重时会发热，甚至引燃旁边的塑料元件。信号接线端子也会由于冷热变化而松动或湿气侵蚀导致接触不良，随之导致设备故障。因此，必须对显示屏的连接件进行定期紧固。在进行紧固件调节时，应该用力均匀恰当，确保坚固有效。

(4) 定期对显示屏表面进行清洗维护。

具体的清洗维护分为以下三个步骤。

第一步：吸尘。先吸除显示屏面罩上的污垢和灰尘。

第二步：湿洗。注意不能把洗液直接喷在屏幕上，而是要将少许的清洁液喷在清洁布上，再轻轻顺着同一个方向擦拭。也可以用吸尘器上的软毛刷对灯管面罩进行刷洗，将污垢清洗干净。

第三步：烘干。利用吸尘器吸干湿洗后留下的水痕，确保显示屏面罩整洁无灰尘。

学习任务三 出入口控制系统维护原则及密码找回流程

学习目的

掌握出入口控制系统维护原则及注意事项。

知识要点

出入口控制系统维护原则。

任务考核

◆ **问题**

出入口控制系统常见问题有哪些？如何处理？

随着社会的不断发展和进步，出入口控制系统在各个场所的应用越来越广泛，如企事业单位、公共场所、小区等。出入口控制系统维护是确保系统正常运行和安全可靠的关键环节。下面将探讨出入口控制系统维护原则。

一、技术维护原则

（一）定期更新系统软件和固件

随着技术的不断进步，系统软件和固件的更新是确保系统正常运行和安全性的重要保障。维护人员应定期关注厂商的公告，及时进行系统软件和固件的升级，以修复已知漏洞和提升系统性能。

（二）及时处理故障和报警

出入口控制系统在运行过程中可能会出现各种故障和报警，维护人员应及时响应并排查故障原因，进行修复。同时，应建立完善的故障和报警记录，以便后续分析和改进。

（三）定期备份数据

出入口控制系统中包含大量重要数据，如人员信息、门禁记录等，维护人员应定期备份这些数据，以防止数据丢失或损坏。备份数据应存储在安全可靠的地方，并定期进行数据恢复测试，以确保备份数据的完整性和可用性。

（四）定期检测设备状态

出入口控制系统涉及多个设备的运行，如门禁读卡器、门禁控制器、摄像头等。维护人员应定期检测设备的工作状态，包括设备的供电情况、通信状态等。同时，应注意设备的磨损情况，及时更换老化或有故障的设备，以保证系统的稳定运行。

二、设备维护原则

（一）定期清洁设备

出入口控制系统中的设备容易受到灰尘、污渍等的影响，维护人员应定期清洁设备，保持设备表面的干净和整洁。清洁设备时应注意使用专用的清洁剂和工具，避免使用有腐蚀性的化学品。

（二）合理规划设备的布线和安装位置

出入口控制系统的设备布线和安装位置对系统的正常运行和安全性有重要影响。维护人员应根据实际情况，合理规划设备的布线和安装位置，避免设备之间的干扰和损坏。

（三）定期校准设备

出入口控制系统中的设备，如读卡器、摄像头等，需要定期进行校准，以确保设备的准确性和可靠性。维护人员应按照厂商的要求，定期对设备进行校准，以提升系统的识别准确率和稳定性。

三、安全维护原则

（一）保护系统安全

出入口控制系统作为一种安全设备，本身也需要得到有效的保护。维护人员应加强系统的安全防护，包括设置合理的管理权限、加密数据传输、防止非法入侵等措施，以保障系统的安全性。

（二）加强数据保护

出入口控制系统中存储着大量的敏感数据，如人员信息、出入记录等，维护人员应加强对这些数据的保护。采取数据加密、定期备份、权限管理等措施，确保数据不被非法获取和篡改。

（三）定期进行安全评估

出入口控制系统的安全性需要经常进行评估和测试，以发现潜在的安全漏洞和问题。维护人员应定期进行安全评估，包括对系统的渗透测试、漏洞扫描等，及时修复发现的安全问题。

出入口控制系统维护的原则涉及技术维护、设备维护和安全维护三个方面。维护人员应遵循这些原则，做好系统的日常维护工作，以确保出入口控制系统的正常运行和安全可靠。同时，维护人员还应不断学习和更新相关知识，提升自身的技术水平，以适应系统的发展和变化。

四、密码找回流程

（一）智能门禁终端/人脸识别

用密码登录网页界面，选择“配置—系统—维护”（见图 7-4），可以将设备恢复至出厂设置。默认密码为 123456。

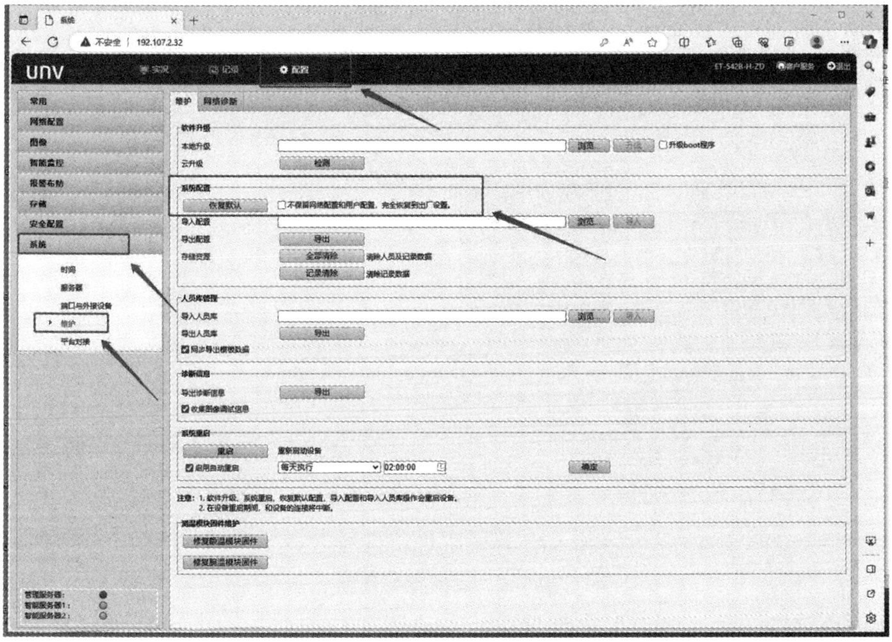

图 7-4 配置界面

如遗失登录密码，则进入设备网页界面，选择忘记密码（见图 7-5）。

进入找回密码界面（见图 7-6），按提示用微信扫码。

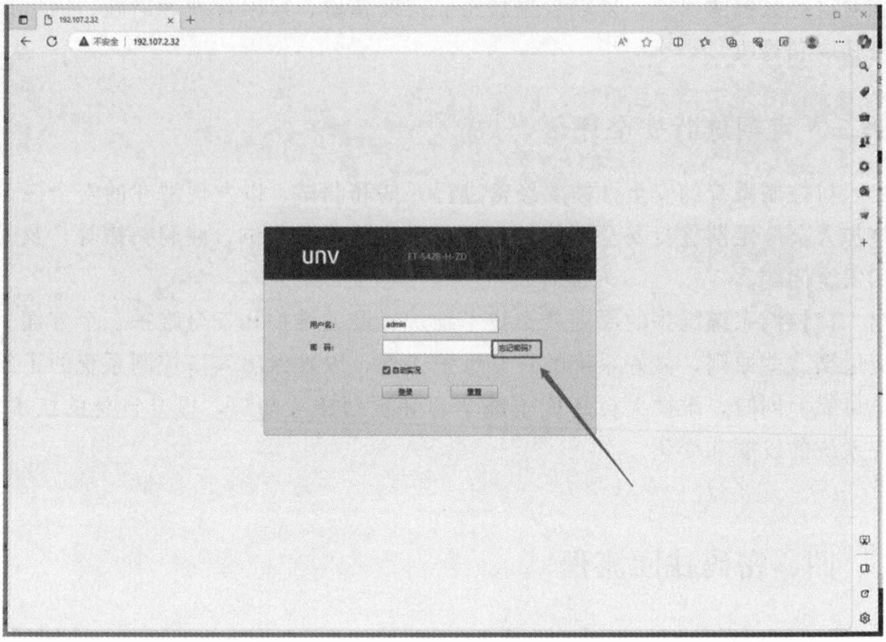

图 7-5　设备网页界面登录框

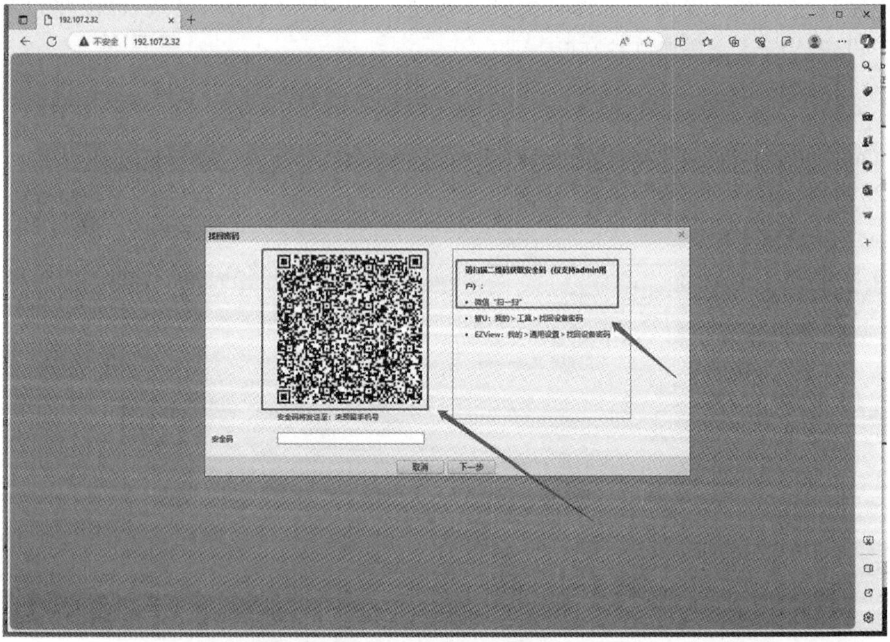

图 7-6　找回密码界面

微信扫码后，按要求提供手机号码、身份证正反面照片、手持身份证半身照、免责申明（见图 7-7）。

资料提交后，可通过短信查收安全码。在密码找回界面输入安全码，登录设备网页界面，登录成功后会提示修改密码。

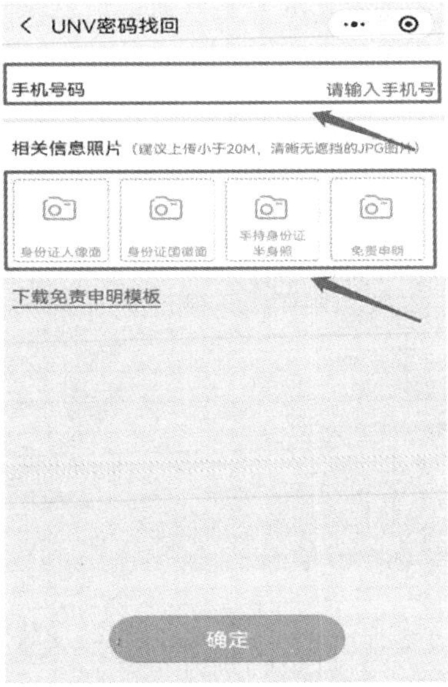

图 7-7 密码找回要求

（二）双门门禁控制器

使用智能门禁控制器调试程序。

点击自动搜索设备（见图 7-8）。

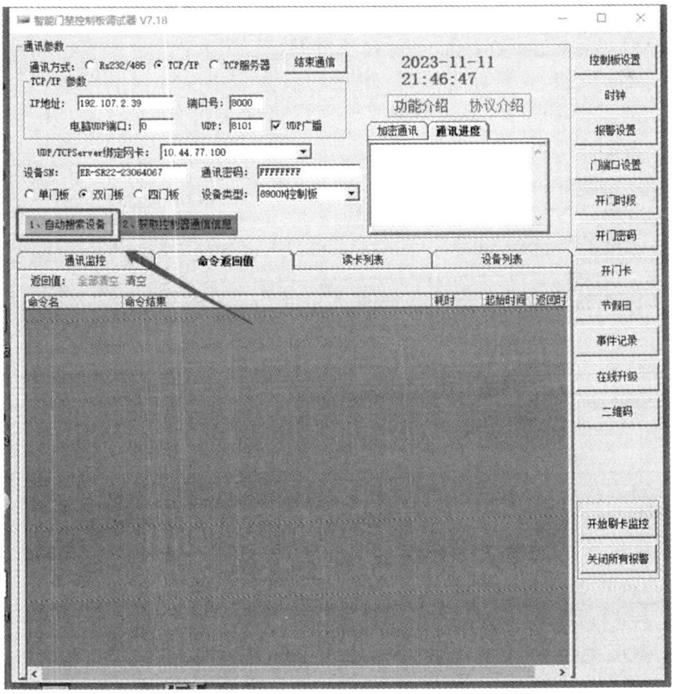

图 7-8 点击自动搜索设备

提示搜索到设备信息后，点击获取控制器通信信息（见图 7-9）。

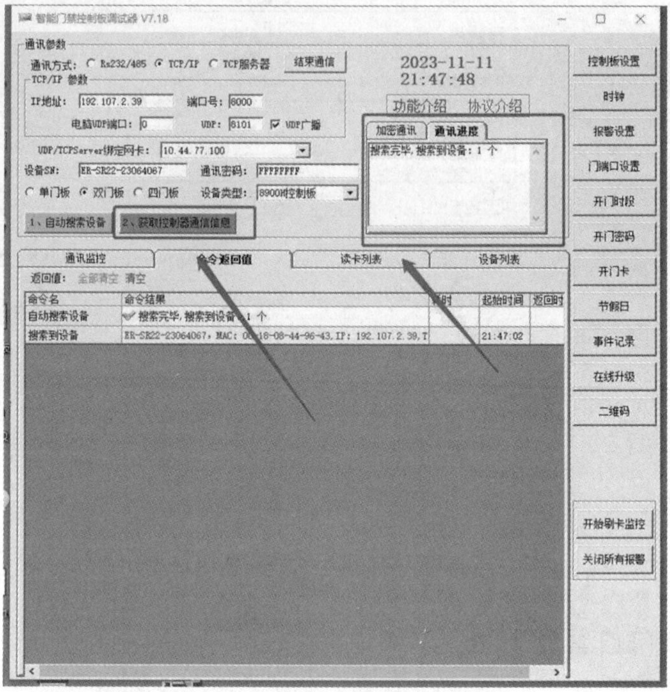

图 7-9　点击获取控制器通信信息

查看设备密码（见图 7-10）。

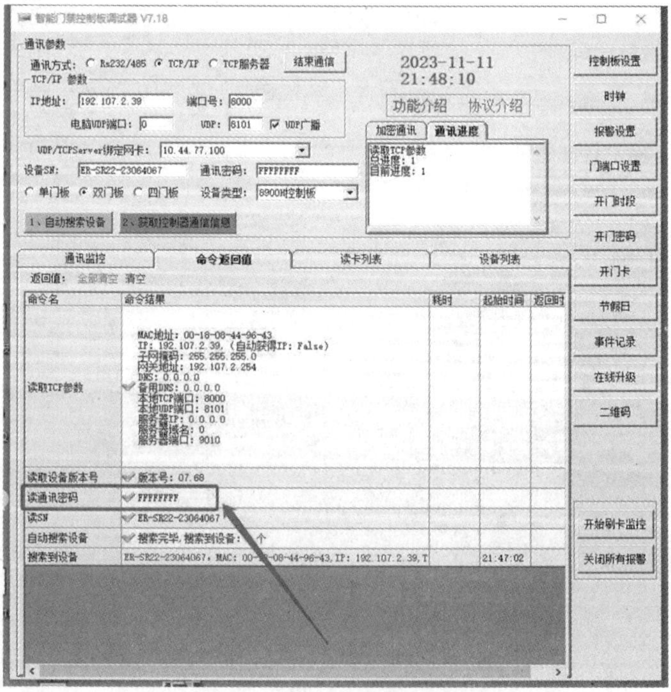

图 7-10　查看设备密码

实训九　视频监控软件的设置与调试

视频监控软件是视频监控系统的核心，只有对视频监控软件进行正确的设置与调试，才能使视频监控系统正常、高效运行。

一、实训任务

熟悉电脑视频监控软件的设置与调试技术，独立完成各项功能的操作控制。

二、实训知识点

（1）摄像机的激活、参数修改操作方法。

（2）摄像机的添加、信息设置操作方法。

三、实训技能

（1）合理地修改摄像机的相关参数。

（2）正确、合理地给摄像机命名。

四、实训设备

视频监控系统维护员实训装置。

五、实训内容及步骤

1. 软件安装

安装摄像机监控相关软件。其中，设备网络搜索软件用于摄像机的激活及相关参数的修改，iVMS-4200 客户端是摄像机的监控软件。

2. 摄像机激活，参数修改

第一步：运行设备网络搜索软件。软件会自动搜索局域网内的所有在线设备，列表中会显示设备类型、IP 地址、安全状态等信息，如图 7-11 所示。

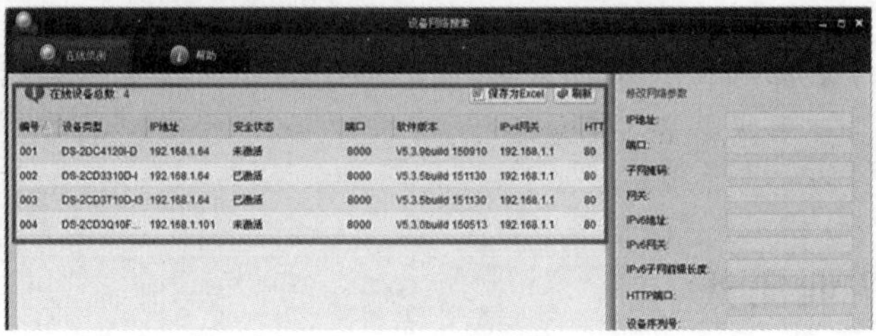

图 7-11　在线设备及信息

第二步：激活摄像机。选中需要激活的摄像机，将在列表右侧显示 IP 地址、设备序列号等信息。在“激活设备”栏处设置摄像机密码，单击“确定”完成激活，如图 7-12 所示。建议统一设置摄像机密码，参考密码为“whpa123456789”。

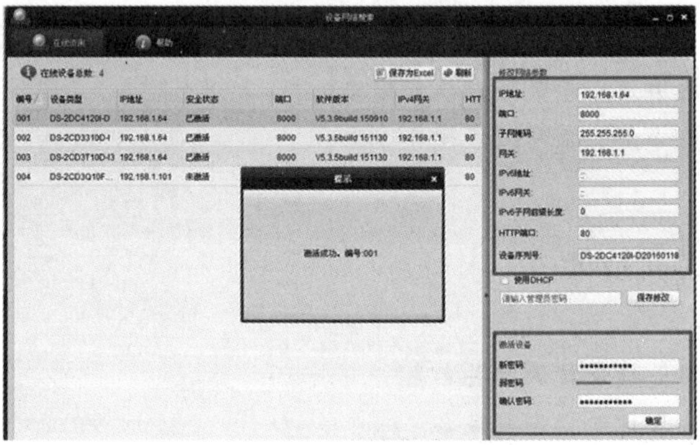

图 7-12　激活摄像机

第三步：修改摄像机参数。可在“修改网络参数”栏处修改设备 IP 地址并输入管理员密码，点击“保存修改”即可，便于设备的区别和管理，如图 7-13 所示。建议统一设置管理员密码，参考密码为“whpa123456789”。

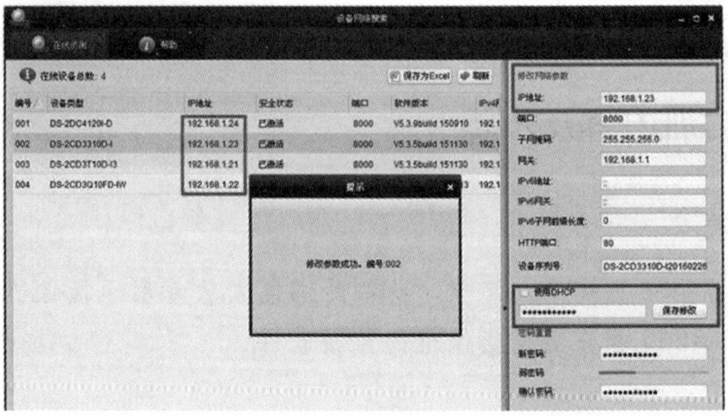

图 7-13　修改摄像机参数

3. 摄像机添加、摄像机命名、防区监控点编号

第一步：打开iVMS-4200客户端，设置用户名和密码，进入监控软件界面。建议统一设置用户名和密码，参考密码为“whpa123456789”。

第二步：添加摄像机。点击“设备管理”，软件会自动检测出所有在线设备。点击“添加所有设备”，摄像机便会添加到“管理的设备”栏中，如图7-14所示。

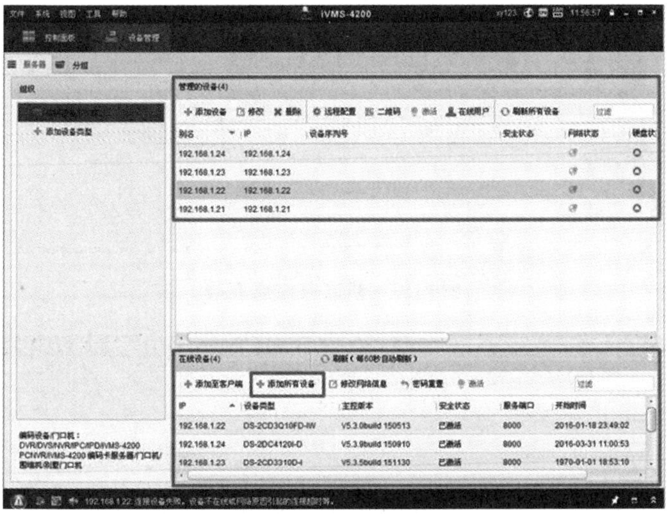

图7-14　添加摄像机

第三步：摄像机命名。双击要命名的摄像机，弹出命名框，根据摄像机所在的防区，对其进行命名，便于区别管理，如图7-15、图7-16所示。

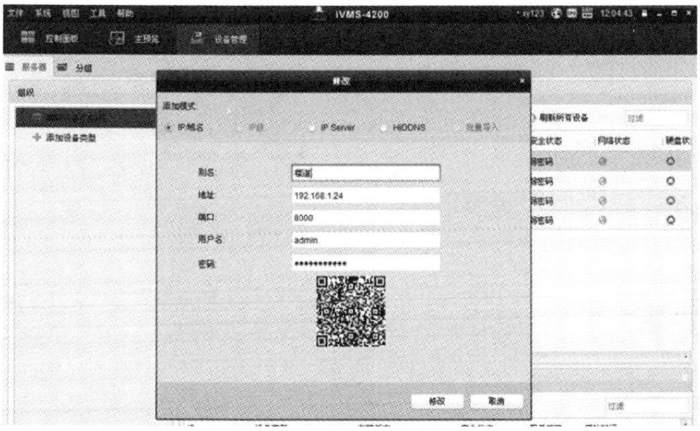

图7-15　摄像机命名框

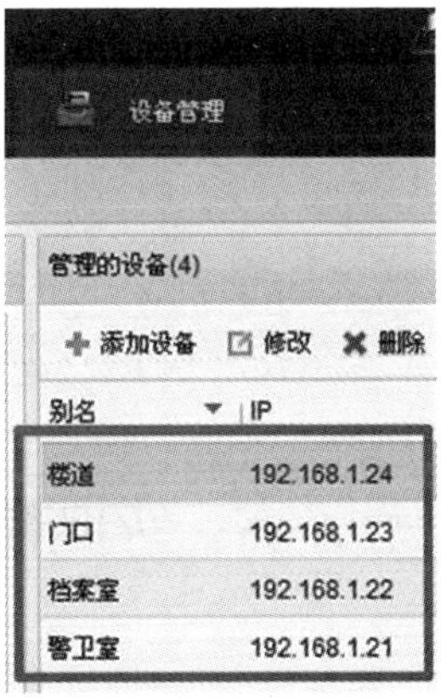

图7-16　摄像机命名

第四步：防区监控点编号。点击“分组”—“导入”—“导入全部”，将所有摄像机导入分组中。双击“监控点”，修改监控点编号，双击“分组”，修改组名，如图7-17、图7-18所示。

第五步：点击“主预览”，即可看到摄像机的实时画面。

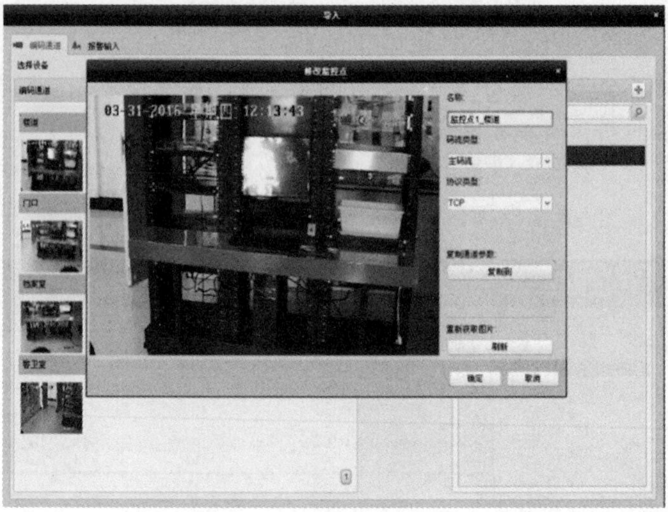

图 7-17　修改监控点编号

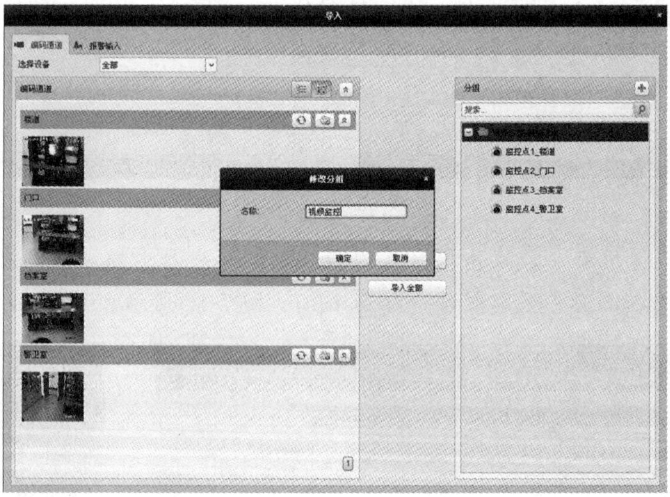

图 7-18　修改组名

六、实训报告要求

按照实训流程要求，完成实训报告。

学习单元八

安防系统实施流程管理

学习目标

◆ **认知目标**

了解安防系统实施流程管理方法。

◆ **技能目标**

能够独立完成安防系统实施流程管理。

◆ **素质目标**

培养对基础理论知识和专业知识的综合运用能力。

重点内容

掌握安防系统实施流程管理方法，能够独立完成安防系统实施流程管理的各阶段。

案例导入

某学校新校区建设项目是一项大型建设项目。该项目中包含多个安防子系统项目，如视频监控系统、出入口控制系统、会议广播系统、智慧教室系统等。项目规模庞大，涉及多个施工单位和多个专业系统领域，因此安防系统实施流程管理显得尤为重要。

学习任务一　项目启动阶段

学习目的

掌握安防系统实施流程管理方法。

知识要点

（1）项目启动阶段。
（2）项目实施阶段。
（3）项目验收阶段。
（4）项目其他事项。

任务考核

◆ **问题**
简述项目启动、实施、验收阶段的工作内容及相关要求。

一、项目启动阶段

（一）项目启动会

项目合同签订之后五个工作日内，建设单位组织施工单位、监理单位、设计单位、造价单位、等保测评单位和第三方验收测评单位召开项目启动会。召开项目启动会的首要目的是与施工单位项目经理及项目全体人员见面，确认项目人员身份；其次在于使项目的参建各方明确项目的目标、范围、需求、背景及各自的职责与权限。

项目启动会包括以下五个方面的内容。

1. 确定会议目标

项目启动会的具体目标包括建立初始沟通、相互了解、获得支持、对项目方案达成共识等。

2. 做好会前准备工作

主要包括审阅项目背景文件、召开预备会议、明确关键问题、准备会议材料等。

3. 明确参会人员

会议一般由监理单位主持，参会人员包括建设单位项目负责人及相关人员、施工单位项目经理及项目全体人员、监理单位项目负责人、设计单位项目负责人、造价单位项目负责人、等保测评单位项目负责人和第三方验收测评单位项目负责人等。

4. 明确会议议题

主要包括讨论工程项目建设的目标与内容、项目建设实施过程中的重难点问题及下一步的工作安排等。

5. 做好会议记录

监理务必做好会议记录，记录参会人员情况，记录会议内容，形成有效签章的会议纪要并存档。

（二）施工单位及其人员资格资质审查

建设单位对施工单位及其人员进行资格资质审查，主要目的是保证施工单位及人员与投标文件一致，具备按时并保质保量完成工程建设的能力。具体内容及相关要求如下。

1. 工作内容

（1）企业审查内容包括企业营业执照、财务、税务、经营范围、保密资质、安全生产许可证等，即审查企业资质等级证书、许可证及有效期限等相关信息，审查企业安全资质证书，对以往有无重大安全事故做出问询。

（2）人员审查内容包括项目组成员劳务合同、社保证明、项目经理、技术负责人及五大员（预算员、施工员、质检员、安全员、材料员）的资质资格证书等，即审查项目组人员劳务合同是否处于有效期内、身份证件是否真实有效、是否有近半年社保情况证明、有无健康防疫证明及相关资格证书等，同时审查证件的有效性，是否符合当地政府行业主管部门对作业人员的持证要求等。

2. 工作流程

施工单位在合同签订后一周以内（项目开工前），应向建设单位或监理单位领取《施工单位资质和人员资格审查表》，按审查表上的内容和相关要求准备资料，将相关表格填写、签字盖章后，和相关附件材料一并提交审查。建设单位会同监理单位在五个工作日内，对施工单位施工资质进行审查、复查和确认后，在《施工单位资质和人员资格审查表》上签字盖章。

3. 相关要求

（1）施工单位通过资质资格审查后，以《施工单位资质和人员资格审查表》签署日期为准，到建设单位进行备案。

(2) 施工单位资质和人员资格必须经过报审程序审查，合格后方可办理进场手续和开工手续。

(3) 施工单位必须建立健全资质自检自查管理制度。

(4) 对施工过程进行相关资质自检管理，做好日常管理考核资料的归档，完善相关资质材料内容并及时报送。

(5) 企业名称、注册资本、法定代表人、注册地址等发生变化的，企业应向资质许可机关提出变更申请，经批准后，报送建设单位、监理单位备案。

(6) 资质证书必须在有效期内，对将要过期的资质证书，施工单位应及时更新。

(7) 资质证书有效期届满，施工单位仍未提出延续申请的，其资质证书自动失效，可要求施工单位停工整改。

（三）项目需求调研

需求调研是信息化项目系统开发的基础，需求调研的质量一定程度上决定了项目的交付效果。具体内容及相关要求如下。

1. 工作内容

施工单位应在完成资质资格审查并通过后，于三个工作日内开始编制需求调研方案，并据此开展需求调研工作。目的在于了解建设单位实际建设需求及实际部署、实施环境，更多地获取项目整体和细节信息，为后续工程实施方案的确定提供可靠依据。调研方案至少应包含调研准备、调研背景、调研目标成果、调研范围、调研形式、调研内容、工期进度计划和调研准备等内容。

2. 工作流程

(1) 在合同正式签订后一周内，施工单位完成《项目需求调研方案》编制工作。

(2) 施工单位填写《项目需求调研方案报审表》并签章后，连同《项目需求调研方案》纸质和电子版资料及《项目需求调研方案》中规定的相关电子文档提交监理单位、建设单位审核。

(3) 调研方案通过审批后，建设单位、监理单位应在《项目需求调研方案报审表》上填写意见并完成签章。

(4) 施工单位依据通过的需求调研方案开展需求调研工作，按项目节点提交项目需求调研记录，建设单位、监理单位审查记录的真实性。

(5) 施工单位根据调研情况编制《项目需求调研报告》，提交建设单位、监理单位审查。

(6)《项目需求调研报告》经建设单位、监理单位审批通过后，施工单位才可以开始编制施工组织设计方案。

3. 相关要求

（1）《项目需求调研方案》的内容必须真实反映并明确用户实际的需求目标。

（2）《项目需求调研方案》必须满足国家相关行业规定和标准，同时满足招标文件中对相应系统的功能、部署、指标等要求。

（3）对于重要的需求调研部分，施工单位应在建设单位、监理单位同时在场的情况下进行。

（4）形成各单位有效签章的会议纪要、《项目需求调研方案报审表》和《项目需求调研方案》等文档并存档。

（四）技术交底

技术交底在实际施工中起主导作用，如果没有技术交底，则难以保证工程建设质量。技术交底对材料准备、主要机具、作业条件、施工工艺步骤、质量要求、安全注意事项等做出了要求。建设单位应在施工单位提交《项目需求调研报告》审批通过后三个工作日内，组织施工单位、监理单位及设计单位召开技术交底会。具体内容及相关要求如下。

1. 工作内容

技术交底主要包括图纸设计交底和施工设计交底两部分内容，具体包括工程概况、施工范围、工作量、工程量、设计主导思想、施工图纸解说、基础设计、主体结构设计、设备选型、工艺流程、操作工艺要求、操作技术要求、质量要求、施工安全及环境要求、其他注意事项等。

2. 工作流程

（1）施工单位进场后，在工程施工前，由监理单位协助建设单位组织项目建设单位、设计单位召开施工组织设计交底会。

（2）设计单位向施工单位、监理单位进行图纸设计交底及施工设计交底。

（3）设计单位对监理单位和施工单位提出的施工图纸中的问题进行答复。

（4）监理单位编制会议纪要，参会各方完成签章，形成交底资料并存档。

3. 相关要求

（1）交底工作必须在项目开工前进行，任何项目在没有交底前不允许开始施工作业。

（2）交底会议一般在建设单位指定地点召开，监理单位应提前两个工作日将会议信息准确通知参会各方。

（3）会议一般由监理单位主持，参会人员包括建设单位代表、施工单位项目经理及相关人员、监理单位项目负责人、设计单位项目负责人等。

（4）交底必须履行各方共同签字的手续，交底资料原件一式四份，由建设单位、设计单位、监理单位及施工单位各持一份。

（5）施工单位在后续工程施工过程中，必须接受建设单位的管理、检查、监督、指导，必要时设计单位也应到施工现场，检查确认交底后施工单位的执行落实情况。

（6）施工人员必须按交底要求施工，不得擅自变更施工方法和质量标准。监理单位发现工程实施人员不按交底要求施工时应立即劝止，劝止无效则有权停止其施工。

（7）施工中发生质量、设备或人身安全事故时，事故原因如属于技术交底错误则由设计单位负责。

（五）施工组织设计方案编审

施工组织设计方案是用于组织工程施工的指导性文件。它体现了实现基本建设计划和设计的要求，提供了各个阶段的施工准备工作内容，协调施工过程中各单位、各工种、各资源之间的相互关系。具体内容及相关要求如下。

1. 工作内容

（1）施工单位进场后两周内提交施工组织设计方案。

（2）评审施工组织设计方案，方案内容必须包括工程概况、施工依据、施工标准、主要资源配置计划、施工方案、施工工期进度计划、施工管理、人员方案、工期进度管理、质量管理、安全管理、保密管理、环境管理、成本管理、施工图纸、设备清单、主要技术经济指标等。

2. 工作流程

工作流程依次为施工单位编制方案、监理审核把关、组织专家评审、项目建设单位信息办会议研究和印发执行。

3. 相关要求

（1）施工组织设计方案必须经过报审程序审查，合格后方可办理开工手续。

（2）会议一般由监理单位主持，参会人员包括建设单位项目负责人、施工单位项目经理及相关人员、监理单位项目负责人、设计单位项目负责人、造价单位项目负责人等。

（3）施工组织设计方案至少一式六份，建设单位、使用部门、监理单位、施工单位、造价单位和设计单位各执一份。

（六）施工安全交底

施工安全交底是为了保证施工安全，让一线作业人员了解和掌握该作业项目的安全技术操作规程和注意事项，减少因违规操作而导致事故的可能，施工安全交底是施工中的重要环节，不做交底则不能开工。具体内容及相关要求如下。

1. 工作内容

交底内容至少应包括工程项目和分项工程的危险部位、针对危险部位采取的具体预防措施、施工中应注意的安全事项、现场施工人员应遵守的安全操作规范、现场施工人员发现事故隐患应采取的措施、发生事故后应及时采取的躲避和急救措施等。

2. 工作流程

施工单位在施工组织设计方案评审通过后三个工作日内组织建设单位、监理单位、施工单位全体人员参加，由项目经理进行安全交底；施工单位在进行安全交底前应先通知相关部门及单位，告知交底时间、地址、议程等，在交底完成后将交底资料存档。

3. 相关要求

（1）施工安全交底应以书面形式进行，并辅以口头讲解，交底人和被交底人应及时履行交接签字手续并及时交资料员进行归档、妥善保存。

（2）会议一般由监理单位主持，参会人员包括建设单位代表、施工单位项目经理及相关人员、监理单位项目负责人。

（3）安全交底要一式四份，施工单位、被交底人员、监理单位及建设单位各存一份。

（4）对施工工艺复杂、技术难度大、作业条件危险的项目，可单独进行交底。

（七）开工/复工手续办理

开工令的办理是项目建设过程中的重要里程碑，标志着项目正式开始进入实施阶段。具体内容及相关要求如下。

1. 工作内容

项目进入实质性实施或复工前，必须执行项目开工/复工手续。施工单位自检合格后，向监理单位提交开工/复工申请及相关附件文档，办理开工/复工申请手续。建设单位及监理单位全过程监督、管理、协调，检查施工单位提交资料的完整性及开工/复工准备情况，同时审批相关文档，完成项目开工/复工流程。

2. 工作流程

在完成项目施工安全交底工作后或项目正式复工前，施工单位在两个工作日内将有效签章的《开工/复工申请表》连同实施方案/需求规格说明书、施工单位资质及项目组人员报审材料等纸质和电子版资料提交建设单位、监理单位；建设单位会同监理单位组织相关审批流程工作；通过审批后，有关单位在《开工/复工申请表》上填写意见并完成签章。

3. 相关要求

(1) 项目实施方案/需求规格说明书已经报审通过，施工单位项目组人员报审通过，项目具备开工条件。

(2) 开工令须由监理单位总监理工程师进行签发。

(3) 最终形成有效签章的《工程开工/复工报审表》《开工/复工令》等文档并存档。

二、项目实施阶段

项目实施阶段的主要工作包括质量监督与管理、设备安装调试、项目例会/专题会议、变更和工期进度控制等。

（一）设备/材料到货

建设单位会同监理单位对即将进场安装部署的工程设备、材料或配件等进行到货验收，是工程质量监督与管理必不可少的一项工作，其目的在于加强对设备材料的管理，做好到货验收工作。设备材料采购到场后，由监理单位组织建设单位、施工单位共同到现场（特殊情况可远程视频报验）进行设备开箱检查验收。具体内容及相关要求如下。

1. 工作内容

(1) 核查设备/材料实际到货、到货清单及合同清单上的设备名称、品牌型号、参数、数量等信息是否一致。

(2) 检查包装箱上是否有与清单一致的产品名称、牌号/型号及生产企业等标记、包装是否完好，包装箱内有无异物等。

(3) 查看装箱单并核对附件、合格证、说明书是否完整，箱内产品数量是否符合，说明书规定的备件是否完整等。

(4) 查看设备/材料外观是否良好（无划伤、开裂、变形、损伤、脱漆或锈蚀）。

(5) 按照合同及招投标文件对设备/材料技术参数的一致性进行查验。

2. 设备/材料到货验收流程

(1) 施工单位提前三个工作日通知建设单位及监理单位设备/材料到货时间，取得认可后将工程设备/材料送抵建设单位指定地点（或合同约定地点）。

(2) 施工单位自检合格后向建设单位及监理单位提交《工程材料/配件/设备报审表》及附表。

(3) 建设单位与监理单位依据合同及技术规范要求等进行现场检验。

（4）设备/材料技术资料交接，即施工单位将设备技术资料（设备使用说明书和备件目录等）、产品合格证、随机配件等原件移交至建设单位。

（5）检验合格后，施工单位项目经理、监理单位项目负责人、建设单位代表签署《工程材料/配件/设备报审表》《设备开箱检验报告》。

3. 相关要求

（1）到货验收过程中，施工单位项目经理、监理单位项目负责人、建设单位代表三方应同时在场，建设单位与监理单位应全程查验、管理和协调，施工单位应全程配合。

（2）对于招标文件内规定了为核心产品或有特殊材质要求的设备/材料，施工单位应按要求提供相应的厂家或第三方检测报告，否则不予验收。

（3）特殊情况需要厂验的，由施工单位准备好封箱条，并组织建设单位、监理单位共同前往进行厂验。所有厂验设备/材料均需贴封箱条。

（4）出现大批量同一品牌型号的产品时，可根据实际情况采取抽验的方式，抽验比例不得低于20%。

（5）施工单位在报验完成后，仍须采取切实有效的措施，确保设备/材料的完整无损和正常使用。

（二）设备安装与调试

新设备经到货验收合格后，经建设单位允许，在建设单位及监理单位的旁站、监督下，施工单位可将该批次设备安装上架并进行调试工作，确保设备能够正常投入使用。具体内容及相关要求如下。

1. 工作内容

（1）设备安装。施工单位在合同约定或建设单位要求期限内将到货验收合格的设备运送至建设单位，并按照实施方案和施工图纸等要求组织施工。

（2）设备调试。施工单位根据安装部署环境及建设单位的其他要求对设备做出调试，试验设备的稳固性、安全性等，直至设备达到最佳状态；建设单位监督监理单位对调试工作内容和结果进行查验，查验所安装的设备是否达到技术规范要求、质量安全是否符合标准及调试内容是否满足项目合同、实施方案等有关要求等。

2. 工作流程

（1）施工单位将到货验收合格的设备运送至建设单位并进行系统安装、配置、调试。

（2）施工单位自检合格后向建设单位及监理单位提交《设备调试报验申请表》及相关附件。

（3）建设单位及监理单位认可后由监理单位组织，依据合同及技术规范要求等进行现场检验。

（4）检验合格后，施工单位代表、监理单位项目负责人、建设单位代表签署《设备调试报验申请表》。

3. 相关要求

（1）设备安装调试过程中，施工单位项目经理、监理单位项目负责人、建设单位代表三方应同时在场。

（2）设备安装严格按照施工规范执行，安装工序中如果有恒温、防震、防尘、防潮、防火等特殊要求时，应采取措施，条件具备后方能进行施工。

（3）如在设备安装调试中发现任何问题，由施工单位安排技术工程师迅速解决，无法解决的，应立即联系厂商，安排更换设备。

（4）如遇上述情况更换设备的，由监理单位进行新设备的查验工作，并做好相关记录工作。

（5）报验资料等原件由建设单位、监理单位及施工单位各持一份。

（三）隐蔽工程

在机房、装修和综合布线工程实施过程中，对隐蔽工程的监管是非常重要的。隐蔽工程一旦完成，以后如果出现问题将耗费大量工作量，同时对已完成的工程造成不良影响。

建设单位、监理单位应在隐蔽工程被遮蔽或覆盖前，对其进行检查，并在隐蔽工程完工后，对其进行验收工作。对隐蔽工程中的地基、墙体、桥架、线槽、支架、吊架、线槽内配线、管道安装、管内穿线等进行全方位监管，以确保工程质量、安全、技术等符合标准规范。具体内容及相关要求如下。

1. 查验工作内容

检查材料的品牌、型号、规格、位置、标高、弯度、连接方式、防腐、需焊接部位的焊接质量、管槽固定方式、管口处理方式、敷设情况、保护层和管线的位置关系是否符合设计图纸要求、是否符合技术质量标准要求、是否符合施工验收规范要求等。

2. 查验工作流程

（1）施工单位应在隐蔽工程施工前一个工作日内通知建设单位及监理单位，并填写《隐蔽工程施工申请》及其附件。

（2）建设单位现场监督监理单位项目负责人、施工单位项目经理及相关人员对隐蔽工程材料和位置等重要信息进行现场查验，查验合格后方可施工。

(3) 施工单位应对重要部位隐蔽的情况进行拍照、测量、记录等工作，监理单位应做相应拍照、记录与复核，建设单位进行确认。

(4) 经建设单位现场监督监理单位项目负责人现场查验合格后，隐蔽工程才允许遮蔽或覆盖。

(5) 隐蔽工程实施完毕，经现场查验合格后，建设单位现场监督监理单位项目负责人签署隐蔽工程报验申请表及隐蔽工程验收记录。

3. 相关要求

(1) 隐蔽工程施工监理单位应全程现场监督，并作相关记录。

(2) 建设单位应参与隐蔽工程的检查与验收，并抽检是否合格。

(3) 对未经申请、验收或验收不合格的隐蔽工程，建设单位、监理单位不得进行确认，施工单位不得进行下一道工序的实施。

（四）项目例会、专题会议

项目会议一般分为项目例会和专题会议。一般情况下会议由监理单位组织召开，项目例会应每周召开一次，凡遇紧急事件或需多方协商讨论解决的情况，应及时组织召开专题会议，具体内容及相关要求如下。

1. 项目例会

1) 工作内容

监理单位项目负责人每周组织施工单位项目经理及相关人员、建设单位代表召开项目例会，检查上周项目例会提出的问题是否解决、上周工程计划完成情况、现阶段存在的问题和下周工作安排。

2) 工作流程

(1) 监理单位组织建设单位、施工单位，召开项目例会。

(2) 施工单位项目经理介绍上周工程完成情况、本周安排及下周计划和现阶段存在的问题。

(3) 监理汇报上周施工过程中产生的质量、安全、文明施工、工期进度等各种问题，并介绍在下周施工中可能会出现的问题及针对性措施等。

(4) 建设单位补充上周施工过程中存在的问题，提出具体整改要求及下周的工作安排。

3) 相关要求

(1) 例会一般安排在每周固定时间召开。

(2) 例会一般由监理主持，参会人员包括建设单位代表、施工单位项目经理及相关人员、监理单位项目负责人。

(3) 监理务必做好会议记录，记录参会人员情况及会议内容，形成有效签章的会议纪要并存档。

2. 专题会议

如在项目建设过程中遇到需要多方协商讨论解决的情况及重大事项如建设方案调整、工程变更等，应组织召开专题会议。专题会议相关要求如下。

(1) 施工单位需提前准备好会议需要讨论的内容、当前实施中遇到的问题、需要协调解决的问题、相关材料等。

(2) 会议一般由监理单位主持，参会人员包括建设单位项目负责人及相关人员、施工单位项目经理及相关成员、监理单位项目负责人、设计单位项目负责人及造价单位项目负责人及其他人员（如设备厂商、供货商）等。

（五）项目变更

项目变更工作应由项目建设、施工、监理、设计、造价单位按照规定组织实施。项目变更通常分为一般变更（项目人员变更和项目建设变更）和重大变更。因不可抗力或相关原因，导致施工单位不能按设计方案、招投标文件、合同或实施方案已经确定的内容实施，致使项目实施人员、实施内容和合同金额可能发生变化的，可申请变更。具体内容及相关要求如下。

1. 工作内容

(1) 了解变更内容。建设单位、监理单位应对变更内容进行审核，评估变更的相应风险、变更是否合理。

(2) 变更申请。变更申请单位应向建设单位和监理单位提出变更申请，同时提交书面工程变更方案。工程变更方案应包括以下内容：变更的原因及依据；变更的内容及范围；变更引起的合同总价增加或减少；变更引起的合同工期提前或缩短及相关资料等。工程变更方案应在预计可能变更的时间之前 14 天提出。在特殊情况下，可不受时间的限制。

(3) 初审与分析。各参建单位应及时了解实际情况和收集与项目变更有关的资料，明确界定项目变更的目标、范围，再根据收集的变更信息判断变更的合理性和必要性。对于无必要的变更，各参建单位可予以驳回，并给出意见；对于有必要的变更，各参建单位做进一步的变更分析。

(4) 变更实施。变更后的内容，应当作为建设单位和监理的工作依据，同时施工单位要记录这一变化过程，充分掌握信息，及时发现变更引出的超出估计的后果，以便及时控制和处理。

(5) 效果评估。在变更实施结束后，建设单位、监理单位要对变更效果进行分析和评估。

2. 相关要求

(1) 项目变更应当遵循科学、合理、经济，先审批、后变更、先设计、后施工的原则。

（2）建设单位应严格控制工程变更，在招标前认真做好工程施工图纸的会审，提供全面准确的工程量清单。

（3）施工单位因擅自变更发生的费用和因此导致的其他损失由其自行承担，对延误的工期不予顺延。

（4）监理、设计、造价咨询等单位，应当依照有关法律法规和技术标准，认真履职，切实把握好项目质量、工期进度和资金安全。

（5）变更资料应由建设单位项目负责人、施工单位项目经理、监理单位项目负责人、设计单位项目负责人及造价单位项目负责人或更高级别的人员签署审核意见。

（六）工期进度控制

在项目工期进度计划实施过程中，由于各种内外部条件的不断变化，建设单位及监理单位需要对工期进度计划进行不断的监督和管理，以确保最终实现工期目标。具体内容及相关要求如下。

1. 工作内容

（1）建设单位、监理单位应督促施工单位对工程项目建设各阶段的工作内容、工作程序、持续时间和衔接关系，根据工期进度总目标及资源优化配置的原则编制工期计划并控制其执行。

（2）建设单位、监理单位应根据编排的工期进度计划，定期按周、月、季、年检查实际工期进度是否按计划要求进行，对出现的偏差情况，应及时分析与商讨，采取补救措施或调整原计划后再控制其执行，如此循环，直到建设工程竣工验收并交付使用。

2. 工作流程

（1）施工单位依据审核通过的工期进度计划（施工组织设计方案中已明确）开展工作。

（2）监理单位应协助建设单位采用各种进度控制手段，以保证项目能按期完成，在工程过程中记录各工程活动的开始和结束时间及完成程度。

（3）监理单位应在各控制节点（如周末、月末、季末，一个工程阶段结束）将各项目的完成程度与计划进行对比，确定整个项目的完成程度，并评价项目工期进度状况，分析存在的问题，提出整改意见和建议，供建设单位参考。

（4）建设单位、监理单位应督促施工单位在出现工期进度偏差后及时进行工期进度计划调整，根据已完成状况和实际情况重新安排工作，再监督其执行。

（5）施工单位应协助监理、建设单位对后期工作做出安排，对实施过程中的项目工程量剩余时间做出估算，提出调整工期进度的措施，根据已完成状况做出新的安排和计划，并调整方案（如变更逻辑关系，延长/缩短持续时间，增加新的活动等），重新进行方案评估，预测新的工期状况。

（6）建设单位、监理单位应对调整措施和新的工期计划做出审核，分析调整措施的效果，分析新的工期是否符合目标要求。

（7）上述工作持续循环进行直至项目建设完成。

3. 相关要求

（1）原则上项目总工期须严格按照合同约定执行，施工单位应严格按照合同工期为目标，施工前做好充分的准备，施工组织过程中必须周密计划，统筹考虑资金、人员、材料、工具的合理化安排，施工过程中，每阶段实际工期进度要与计划工期基本吻合。

（2）在施工过程中，各单位必须依据审核通过的工期进度计划编制单体、区段的阶段工期进度计划。施工单位必须按照要求编制周、月、季度工期进度计划，并报监理、建设单位审批备案。

（3）对未按计划完成的节点工程，施工单位应查明原因，并及时采取补救措施以减少损失，同时在征得监理、建设单位同意的情况下调整工期进度计划，但原则上不得影响最终的竣工时间。

（4）施工单位提交的设备材料、产品软件等产品到货计划，也应满足施工要求，保证项目总工期。

（5）对于已经具备施工条件的工作，施工单位不得无理闲置工作面，要合理地安排好工作面，以保障有足够的工期。

三、项目验收阶段

项目验收工作由建设、施工、监理单位按照规定组织实施，验收程序一般按照初步验收、试运行及培训、竣工验收进行组织和管理。

（一）初步验收

1. 工作内容

主要包括建设、监理、设计、造价单位检查项目建设情况、检查项目施工情况、检查执行法律法规和标准情况、检查文档资料情况，对项目建设工作进行初步评价。

2. 相关要求

（1）初步验收一般由监理单位组织，验收组成员原则上包括建设单位代表、施工单位项目经理及相关人员、监理单位项目负责人等，可根据需求增加参与验收人员。

（2）档案资料，包括有关会议纪要、经有效签章的《项目验收证明书》等。

（二）试运行及培训

1. 试运行工作内容

项目初验结束后，监理单位应组织施工单位开展试运行工作，并监督施工单位在试运行期间做好试运行方案、试运行记录和试运行报告，试运行期为自项目初验通过之日起三个月。

2. 试运行工作流程

（1）施工单位在试运行开始后进行试运行记录，其内容包括试运行期间设备的修改和软件变化情况。

（2）施工单位对建设单位进行培训，使建设单位用户掌握该软件的操作和维护方法，移交管理权限，定制完善售后服务方案。

（3）试运行期结束后，施工单位须提供试运行报告，并经监理单位审核、建设单位确认，由建设单位使用部门出具用户使用报告。

3. 培训工作内容

在工程建设完成后，施工单位应根据合同要求制订培训计划，提交培训申请。施工单位向建设单位开展培训工作，讲解工程实施概况及相关设备或软件的使用、管理、维护方法。

4. 培训工作流程

（1）施工单位向监理单位、建设单位确定培训时间、地点、参训人员等。

（2）施工单位编制培训计划、培训方案，填写《培训方案报审表》并签章后，连同《培训方案》纸质和电子版资料提交建设单位及监理单位审核。

（3）审核通过后，各单位对《培训方案报审表》进行签章确认。

（4）施工单位依据通过的《培训方案》开展培训，形成《培训记录》《培训报告》并提交至建设单位、监理单位核查，监理单位组织各单位进行签章确认。

（5）参训单位及人员填写培训调查问卷或出具有效的《培训评价》。

（6）施工单位向建设单位移交培训资料。

5. 培训要求

（1）完成培训且培训效果良好。

（2）形成经有效签章的《培训方案报审表》《培训方案》《培训记录》《培训报告》《培训评价》等文档资料。

（3）培训由施工单位组织进行，须向建设单位及监理单位确认培训对象、时间、地点等信息，并提前两个工作日将相关培训计划告知相关人员，并做好培训组织工作。

(4) 建设单位及监理单位须根据施工单位的培训组织情况及培训效果合理评审，并在相关文件上签章确认。

（三）竣工验收

竣工验收主要是对工程质量、参建单位和建设项目进行综合评价，并对工程建设项目做出整体性综合评价。

竣工验收主要包括以下内容。

(1) 建设单位、监理单位检查文档，主要包括以下内容。① 项目基础资料、项目立项文件及合同：项目立项申报及批复文件、项目可行性研究报告及批复文件、项目初步设计文件及批复文件、项目招投标文件及评标过程文件、中标通知书、项目合同。② 项目初验资料：项目开工报告、项目初验报告、项目竣工报告、技术文件和其他文件。③ 项目管理文档：施工组织设计方案、安全和技术交底记录、会议纪要、变更文件、工作联系函等，包括但不限于竣工验收申请书、工程总结报告、测试报告、试运行报告，以及要求的验收评审资料。

(2) 建设单位、监督监理单位应检查项目建设完成情况。主要是检查建设内容、建设规模是否按照批准的初步设计批复、深化设计（施工图设计）、合同书等有关文件约定全部建成。

(3) 建设单位监督监理单位应检查项目实施过程情况。主要是检查施工组织设计（项目实施方案）建设施工执行情况、各系统建设施工质量情况、执行法律法规和标准情况、项目建设中发生的重大变更是否获得项目批复机构批准以及项目建设和管理是否符合有关法律法规和信息化建设相关标准。

(4) 建设单位监督监理单位对软硬件系统的功能完整性、正确性进行审查和评价。

(5) 建设单位监督监理单位对项目合同及设计要求及其执行情况进行审查和评价。

(6) 建设单位监督监理单位对合同货物及实施工程量进行核对、检查、盘点。

（四）工程款资金支付

项目实施工期进度和质量标准达到合同约定的支付条件时，启动项目工程款资金支付流程。

（五）项目移交

项目通过竣工验收后，进入项目移交阶段，施工单位应全力配合建设单位，按照建设单位财务部门及服务中心相关管理规定，做好项目移交工作。

四、其他

（一）违规、违约的管理

建设单位在项目实施过程中，应将招投标文件和合同等作为相关依据，对施工单位出现的违规、违约行为，按照合同约定及国家相关法律法规进行处罚。

（二）安全文明施工

施工单位为安全文明施工的主体责任单位，相关方案应在施工组织设计中明确，同时应签署安全文明施工承诺书交建设单位备案。具体内容及相关要求如下。

1. 建立安全管理规定

(1) 应本着“预防为主、自救为辅、统一指挥、分工负责”的原则，切实履行好各自的安全职责。

(2) 安全施工管理活动应符合国家现行有关法律法规、标准规范的规定。

(3) 施工单位项目经理依法对本项目的安全工作全面负责，企业法定代表人为企业安全施工第一责任人。

(4) 施工单位应按照有关规定设立独立的安全施工管理机构，足额配备专职安全施工管理人员。

(5) 施工单位应依法确保安全施工条件所需资金的投入并有效使用。

(6) 施工单位各管理层应适时开展针对性的安全施工教育培训，对从业人员进行安全培训和安全交底。

(7) 施工单位应依法为从业人员提供合格的劳动保护用品，并办理相关保险。

(8) 施工单位应对安全施工管理状况组织分析评估，实施改进活动。

(9) 施工单位应建立安全施工教育培训、安全施工资金保障、安全施工技术管理、施工设施、设备及临时建（构）筑物的安全管理、分包（供）安全施工管理、施工现场安全管理、事故应急救援、施工安全事故管理、安全检查和改进、安全考核和奖惩等制度。

(10) 监理单位负责对施工单位的安全施工管理状况进行监督检查，并督促其整改或改进。

2. 安全事故报告和处理

(1) 施工单位施工安全事故管理应包括记录、统计、报告、调查、处理、分析、改进等工作内容。

(2) 施工单位发生安全事故后，应及时、如实上报情况。

(3) 施工安全事故报告的内容应包括：事故的时间、地点和工程项目有关单位名称；事故的简要经过；事故已经造成或者可能造成的伤亡人数（包括下落不明的人数）和初步估计的直接经济损失；事故发生的初步原因分析；事故发生后采取的措施及事故控制情况；事故报告单位及报告人员。

（4）施工安全事故报告后出现新情况的，应及时补报。

（5）施工单位应建立施工安全事故档案，事故档案应包括：企业职工伤亡事故月报表；企业职工伤亡事故年统计表；施工安全事故快报表；事故调查情况报告、对事故责任者的处理决定、伤残鉴定、政府的事故处理批复资料及相关影像资料；其他有关资料。

（6）施工安全事故调查和处理，应做到事故原因不查清楚不放过、事故责任者和从业人员未受到教育不放过、事故责任者未受到处理不放过，没有采取防范事故再发生的措施不放过。

3. 具体工作要求

1）总体要求

（1）参加施工的人员，必须熟悉并严格遵守现场施工安全规范，不得违章作业、冒险作业。

（2）项目人员必须遵守相关工作纪律，不得带无关人员进入施工区域，严禁打闹及酒后操作等。

（3）进出作业场所必须走安全通道，上下交叉作业及其出入口要有防护棚或其他隔离措施，不得随意穿行、攀爬、跨越各种设施或机械设备。

（4）严禁在施工现场吸烟，严禁乱拉乱接电源电器，严防火灾发生。

（5）特殊工种作业人员必须持证上岗，杜绝无证上岗。

（6）施工人员必须严格按照产品安装规范中有关安全要求进行安装。

（7）工地发生伤亡事故时，应立即有组织地抢救伤员并立即向项目责任部门报告，项目责任部门要立即组织力量处理事故问题，并向建设单位汇报。

2）高空作业安全

（1）进入高空作业现场，必须佩戴安全帽、安全带等防护用品。

（2）没有脚手架攀登、高空作业经验的人，不得攀登脚手架。

（3）在进行高空作业时，所用材料必须放置稳妥；所用工具必须随手装入工具袋，以防坠落伤人。

（4）搭设固定脚手架、梯子时必须保证其牢固、可靠，在施工过程中一定要将安全带有效固定，下面要有人保障移动脚手架的安全。

（5）5 米以上道路高空作业必须使用高车，严禁使用脚手架；5 米以下高空作业可使用固定脚手架，严禁使用移动脚手架（包括轮式脚手架）。

（6）大风、雷雨等恶劣天气禁止高空作业。

（7）施工人员在高空施工时，必须悬挂警示标志，必须戴好安全帽、系好安全带。

（8）必须高空作业时，施工人员要在高空作业四周布置隔离区，并在人员进入时告知安全注意事项。

3）交通安全

（1）道路施工时刻注意交通安全，施工人员在路面、岛面施工时必须穿反光背心。

（2）道路路面施工必须办理施工许可证，并按照要求摆放相关标识。夜间施工必须放置闪烁警示灯，白天施工需放置锥形防护帽和警示牌。

（3）项目现场驾驶机动车辆必须严格遵照道路交通法规，严禁酒后驾驶、无证驾驶、疲劳驾驶和超速行车。

（4）恶劣天气情况下，严禁道路施工。对于季节性施工，夏季需防止中暑，包括降温、防热辐射、调整作息时间、疏导风源等措施；雨季施工要制定防雷、防电和防坍塌措施；冬季施工需防火、防大风等。

4）强电安全

（1）工程开工前，施工单位负责人应向电工进行全面的安全用电技术交底。

（2）线路、设备安装后，建设单位应对其进行验收，验收合格后方可送电。安装、维护电气设备，必须严格执行《施工现场临时用电安全技术规范》（JGJ 46—2005），对施工用电设备必须定期检查，各种检查记录应齐全。

（3）现场使用手持电动工具及移动设备，必须安装漏电保护装置。施工现场配电箱要有门、有锁、有漏电开关。

（4）电工必须经过培训、考核，经有关部门发给的合格证才能上岗作业，非电工严禁拆改电气设备。任何人不得强行指令电工违章作业。

（5）施工用电实行三相五线制，保证首尾端有漏电保护器。

5）雷电安全

（1）严禁接触天线、水管、铁丝网、金属门窗、建筑物外墙，远离电线等带电设备或其他类似金属装置。

（2）减少使用电话和手提电话。

（3）严禁站立于楼顶或接近导电性高的物体。

课后练习：智慧安防系统摄像机点位数量统计

编制智慧安防系统摄像机点位数量统计表（以下简称点数表），目的是快速准确地统计建筑物所需安装视频监控摄像机的位置与数量。请结合所学知识和相关规定，完成下列任务。

1. 简要描述智慧安防系统摄像机点位数量统计表的编制要点

2. 简要描述智慧安防系统摄像机点位数量统计表的编制步骤

3. 编制智慧安防系统摄像机点位数量统计表

请结合所学知识和相关规定，参考所在学校的餐厅、超市、宿舍楼、教学楼、科技楼、办公楼等建筑设施的智慧安防系统，严格按照编制要点和编制步骤，制作一份完整的智慧安防系统摄像机点位数量统计表。

学习单元九

智慧安防运维平台使用场景

学习目标

◆ **认知目标**

熟悉智慧安防运维平台校园场景下不同系统的应用，掌握不同场景的系统需求。

◆ **技能目标**

能够以智慧安防运维平台校园场景推导至其他使用场景。

◆ **素质目标**

增强发现、分析和解决实际工程存在问题的能力。

重点内容

掌握智慧安防运维平台校园场景下不同场景系统使用需求。

案例导入

平安校园解决方案将整体设计逻辑框架分为接入层、管理层、应用层三层结构。接入层负责视频、巡更、报警等系统接入，实现各系统的整合。中间的管理层，通过底层信息整合和服务整合，并通过运维系统，实现对接入层的统一管理，并对上层应用提供统一的接口支持。在应用层，以业务流程为核心，以业务应用为切入点，从事先的重大活动及校园巡逻，到事中的报警联动与应急指挥，再到事后的时空分析与辅助决策，真正实现从使用者角度出发的设计，彻底打破底层原有系统的限制。

通过系统集成，将现有的视频监控、巡更系统、GIS、报警系统、门禁系统等多个系统进行融合，使资源达到充分共享，实现集中、高效、便利的管理。本系统融合了视频监控、GIS、门禁系统、报警系统、智能交通系统，巡更系统、校园 120 系统等，来实现对事件的快速处理。

学习任务一 智慧校园综合安防解决方案

学习目的

了解智慧校园综合安防解决方案各系统使用场景及功能。

知识要点

智慧校园不同场景下各系统的应用。

任务考核

◆ **问题**

简述智慧校园建设过程中需注意的问题。

一、方案背景

随着教育信息化工作的深入和安防技术的不断发展，校园安防保卫工作日益受到各级教育主管机构的重视，从以保护师生安全为目的的平安校园视频监控系统，延伸到综合安全防范、车辆管理、人员管理、物资管理、智能应用、报警、消防等各个层面。校园综合安防应用虽与其他行业存在众多通性，但也有一些自身的特点。我国高等教育不断深化与发展，高校教育规模在扩大，因占地广、校区分散、人员密集等诸多因素的限制，高校校园安防与其他领域相比更具有特殊性，同时校园开放、包容的人文环境使高校结构日渐社会化，校园治安问题日益突出。据调查，目前学校存在的主要安全问题有交通安全事故、火灾事故、盗窃案件、诈骗案件，溺水、体育活动意外伤害事故，以及食物中毒、自杀等。如何减少和预防校园各种事故的发生，成为学校和社会需要积极应对的问题。

2018 年 4 月，教育部印发的《教育信息化 2.0 行动计划》中明确指出，以人工智能、大数据、物联网等新兴技术为基础，依托各类智能设备及网络，积极开展智慧教育创新研究和示范，推动新技术支持下教育的模式变革和生态重构。构建智慧学习支持环境。加强智慧学习的理论研究与顶层设计，推进技术开发与实践应用，提高人才培养质量。大力推进智能教育，开展以学习者为中心的智能化教学支持环境建设，推动人工智能在教学、管理等方面的全流程应用，利用智能技术加快推动人才培养模式、教学方法改革，探索泛在、灵活、智能的教育教学新环境建设与应用模式。建设具备环境全面感知、网络无缝互通、海量数据支撑、开放学习环境等特征的智能化课堂的需求也逐渐提上日程。

二、方案概述

××大学是国家“211 工程”重点建设高校，学校现有教职工 2500 余人，全日制在校生规模 28000 余人，学校学生的安全保障是一项十分重要、不容忽视的工作。高校作为开放场所，不仅仅有学生，还会有各种社会人员出入，非法入侵、财物偷盗等安全事件时有发生，威胁到学校师生人身财产安全，而单纯通过保安对出入口进行管理会存在人员疏忽等问题。因此，如何更加有效地保障学生的安全是必须要考虑的问题。虽然学校已经建设有视频监控系统，但是原有视频监控系统有很多不足，事前阶段安保人员必须通过紧盯屏幕的方式对监控画面进行人工监视，否则只能出了事故后再去查询监控录像，找寻线索，而希望通过图像输出自动得到有价值的信息是很困难的。

随着××大学办学规模的不断扩大以及高等教育院校“智慧校园”建设步伐的不断加快，××大学原有校园安全防范管理系统已经无法满足现有的需要。根据××大学校园安全防范管理体系建设的现状和实际要求，依据“平安校园”建设的相关标准，为预防、震慑犯罪，减少财产损失，保障学校师生人身安全，完善校园安全防范体系，提高整体防控能力，需要建设集校园视频监控、消防报警、车辆管理、人员管理、物资管理、宿舍管理等安全防范综合业务管理于一体的平安校园智慧安防管理系统。校园智慧安防管理系统将以打击、预防违法犯罪为目的，在学校室外的主要校园大门、主干道、周界、学生活动场所、停车场等区域，以及学校室内的出入口和电梯间、主要走廊、楼梯转角等处设立视频监控点（包含车辆识别、人脸识别、行为分析、人脸门禁等），将监控图像、过人记录、过车记录、告警信息等实时传输到监控中心和其他相关部门，并对相关信息进行实时存储，使相关职能部门直观地了解和掌握监控区域的治安动态，有效提高校园治安综合管理水平，同时实现与消防、报警、用电安全及车辆管理联动，为××大学搭建一套以建立独立校园安全网络为基础，通过平安校园管理平台统一指挥、统一联动各安防子系统的校园安全防范管理体系。

三、难点分析

（一）安全因素变化

近年来，为了满足高等教育不断发展的需要，高校校园的各种构成要素也较以往发生了很大变化。这些变化主要表现在校园的建筑组成、人员构成、校园环境等方面。

1. 建筑组成多样化

高校校园的建筑必须满足大学教学所承担的各项功能，其组成除了必要的教学设施，如教室、实验室、图书馆和学生宿舍之外，还包括食堂、体育场和其他各类具有特定服务功能的建筑物，使得校园视频监控区域覆盖面日趋增大。

2. 人员构成复杂化

高校校园人员构成以学生和教师为主，但是为了完善校园的各种功能，其他人员也渐渐成为学校人员构成的一部分，使得校园人员构成日趋复杂。

3. 校园环境社会化

为了满足师生的各种需求，方便他们的生活，社会上各种服务业逐渐渗透到校园之中，例如饮食业、商品零售业、电信服务业等，使得校园环境日趋社会化。

建筑组成多样化、人员构成复杂化和校园环境社会化，给高校校园的安防管理带来许多新问题。

（二）传统安防的不足与挑战

目前，各地大部分高校掀起了校园安防的建设热潮，校园安防管理也不断发展，经过多年来的努力，校园综合安防建设取得了显著成绩，如基本的视频、录像、报警等，满足了校园安防的基本需求。同时也面临着一些不足和挑战，如信息孤岛、智能化不够、设备多样化、大数据检索困难、设备维护难、系统稳定性低等，制约了系统扩建、视频资源共享和应用业务整合，从而限制了校园防控体系技术水平的提高。主要表现在以下几个方面：

（1）视频监控图像看不清、看不全，品牌混乱，联网麻烦，实际视频资源利用率较低；

（2）存储设备稳定性不足，导致录像丢失、检索困难；

（3）校园车辆出入口主要采用刷卡放行的形式，上下课、放假期间，车辆进出缓慢，且校内车辆乱停乱开、超速等屡禁不止；

（4）门禁主要采用独立刷卡开门，无法保证人卡一致及与安防系统联动；

（5）报警系统误报率高，且系统独立，不能与其他系统产生联动；

（6）海量数据存储，检索缓慢，查询效率低下；

（7）系统平台主要针对视频监控，缺乏对各子系统的统一整合管理，使用效率较低。

四、需求分析

本方案根据××大学用户的实际管理需求，采用现代化的技术手段，建设一套数字化、网络化、高清化、智能化、集成化的平安校园管理系统。具体需求如下。

（一）“一个中心”平台需求

建设“一个中心”平安校园智慧安防综合管控平台，通过管控平台可以对前端所有的监控点位进行实时监视、录像回放、云台控制等操作，集成消防与报警系统，实现与视频监控系统的联动，同时包括车辆管理系统、人员管理系统、智能运维管理系统等。此外，随着技术的发展，通过智能分析技术手段提升校园安保工作效率的需求也越来越迫切。通过智能分析系统自动对视频源进行分析提取，安保人员只需关注结构化语义信息及相关报警信息即可，例如重点场所入侵报警、人员聚集报警、高危区域徘徊报警、视频录像资源诊断异常报警、宿舍用电异常报警等。

（二）高清视频监控需求

由于学校开放度比较高，人员构成复杂，人员流动性也很大，所以必须有针对性地合理规划安防系统，对校园内部重要场所做到高清覆盖。例如：学校的打架斗殴等情况通常发生在食堂、商业街、运动场等区域，因此这些区域需要设置视频监控系统；在公共区域内，如体育场、食堂、教室、宿舍等区域容易发生偷盗摩托车、自行车、钱包等事件，因而也应该在这些地方设置视频监控系统。

（三）校园车辆管理需求

校园内社会车辆进出通行，给在校师生人身安全带来威胁，需要对车辆从进入、经过、停放到离开整个过程进行实时监管，集合车牌识别智能算法，完善校园车辆管理流程和机制。建设一套完整的校园车辆管理系统，涉及校园车辆出入控制、道路测速及违章停车、停车场管理等系统，同时需要将其整合到平安校园管理平台中，统一界面呈现，最大限度加强校园工作人员对车辆的管控力度。

（四）校园人员管理需求

在校门口和主干道，部署人脸抓拍比对设备进行人员管控，设置黑名单库可有效阻止重点防范人员将不安全因素带入校园；在学校的宿舍、实验楼、图书馆，则通过设置人员通道来有效地对进出人员进行控制，仅允许白名单人员通过。一旦发生案件时，可以通过对出入口控制系统记录的人员进出信息和视频录像进行排查，从而为破案提供依据。对于实验室、机房、财务室、档案室、办公楼、考场、食堂后厨等场所，可部署人脸识别系统，包括人脸门禁、人证一致核验、人卡一致核验分析，对于人员检索、惯犯稽查、人脸点名、防替考检测等具有广泛、深入应用。

（五）报警管理需求

针对入侵报警、一键报警、智能分析报警、消防报警等报警系统，可进行统一管理、统一界面呈现，同时支持针对不同报警灵活制定预案，具备完善的管理机制。

（六）可视化指挥调度需求

结合 AR 以及 3D 实景，针对运动会、校庆等校园重大活动保障，提供高效的可视化指挥调度手段。

五、建设思路

（一）一套平台

本次系统平台建设，以可视化报警平台为基础，建设一套安消一体化综合集成平台，横向集成原本独立运行、信息屏蔽的报警、门禁、消防等诸多系统。解决各系统相互孤立、业务无法联动、功能无法集成等问题，从而为应急处置提供较为直观的视频信息，并根据应急预案对突发事件进行最佳处置，构建智慧校园综合安防体系。

（二）两个中心

建设以事件为核心的应急作战指挥中心以及以数据管理为核心的数据呈现中心，实现事件管理与数据管理的双中心可视化运行。

（三）三类管控

针对人员、车辆、事件三类管控对象，依托 AI、物联网、云计算等新技术，实现对人员的智能管理、车辆的智慧管控、事件的有效处置。

（四）四道防线

整个智慧安防系统建设可以分为四道防线。

第一道防线：周界、主要出入口。在周界主要采用视频监控、入侵报警以及智能行为分析的方式，实现当检测到非法进入时，摄像机联动录像，指挥中心报警预案处置。在主要出入口采用高清智能枪球联动摄像机、人脸识别摄像机、车辆识别摄像机以及人脸识别通道等设备，实现对该区域的监控及对进出车辆的车牌识别存档、进出人员的黑名单布控告警、校内人员的白名单放行等。

第二道防线：园区道路、主要路口、广场、体育场等公共区域。在该部分区域主要采用全景摄像机、高速球型摄像机、人脸抓拍识别系统、车辆违停抓拍及测速抓拍系统，实现对区域内人员车辆的管理。

第三道防线：教学楼、宿舍、图书馆、科研楼等建筑物出入口。在建筑物出入口安装宽动态摄像机、人脸识别抓拍摄像机、人脸识别速通门以及人脸门禁等设备，实现对进出人员管理、过人记录留存。

第四道防线：建筑物内部。在电梯厅等位置安装低照度枪式摄像机，在电梯轿厢安装电梯专用摄像机，在地下室安装红外枪式摄像机、室内半球摄像机等不同类型的摄像机，来实现相应区域内的监控。在财务室、档案室、女生宿舍走廊等敏感部位安装轻加密摄像机，在办公室、教研室等门口安装人脸门禁、指纹锁等设备，实现对建筑物内部的智慧管控。

六、建设原则

（一）合理性原则

为保证整个系统从设备配置到系统构成的合理性，系统设计应根据实际状况和建设治安防控系统的具体要求，充分满足用户在使用中的各项功能要求。为了保证系统的顺利使用以及与已建成系统的顺利集成，本系统的建设需要提供开放的软件接口，提供底层 API，从而为将来开发出实用而简易的集成软件、完成系统集成打好基础。

（二）先进性原则

当前计算机及通信技术高速发展，使得系统的设计不但要考虑充分利用当前的最新技术，而且要考虑随着技术的进一步发展，能在系统中不断融入新技术，使系统始终充满活力，始终保持一定的先进性。在视频监控系统的设计中，应选用国际先进的视频监控设备，从而既保持传统视频监控系统图像质量高的特点，同时能够彻底解决监控系统数字化、网络化过程中的瓶颈问题。

（三）实用性原则

系统的建设应以实用性为基本原则。系统功能必须满足看、控、存、管、用的基本要求，硬件和软件平台界面友好、易学易用、使用方便、图像清晰；采用统一的系统标准和通信协议，使整个系统中各个子系统间能互联互控，充分发挥整个系统的功能。

（四）可靠性原则

保证安防监控系统安全、正确地完成相应功能，保证系统的完整性、正确性和可恢复性，在硬件、软件系统协同运行中预防系统的不稳定性。如有故障发生，应做到可即时恢复，所有产品均具有正式的出厂合格证明和权威机构的质量认证。

本系统无论在网络、系统平台，还是在系统应用方面都具有相当的规模，系统的运行可靠性是主要性能之一。保证对系统提供 24 小时不间断服务。

系统的可靠性主要表现在以下几个方面：

（1）前端系统的可靠性；

（2）信号传输系统的可靠性；

（3）数字编解码系统的可靠性；

（4）视频存储系统的可靠性；

（5）管理服务器的可靠性；

（6）网络系统的可靠性；

（7）软件系统的可靠性。

系统在设计上主要采用以下容错设备与技术：

（1）后备电源系统；

（2）主要设备的备品、备件；

（3）RAID 5 容错机制；

（4）硬盘 MTBF≥10 万小时；

（5）图像数据远程复制技术。

（五）可扩展性原则

可扩展性原则主要体现在系统横向和纵向的扩展能力上。在系统横向扩展方面，智能视频监控系统在满足当前视频监控需求的基础上，应能非常方便地扩展容量。在系统纵向扩展方面，视频监控系统具有良好的兼容性和通用的软硬件接口，用户可在其基础上进行二次功能开发（如图像智能分析等）。

随着系统以后的扩展，用户容量将会不断扩大，新的业务功能的要求将会层出不穷。这要求系统具备良好的可扩展性，所以在系统建设的初期，应首先立足于近期的应用需求进行系统配置，而以系统的可扩展性来保证今后 5～10 年内的发展需求。

系统的各个组成部件选用标准的硬件和软件，各个子系统的设计模块化，使系统可以通过模块堆叠的方式进行扩展；各部分、各子系统的接口规范化，从而使软硬件能够平滑升级或更新，网络节点的增减对网络性能的影响不大。系统的可扩展性主要表现在以下几个方面：

（1）管理系统的可扩展性；

（2）存储系统的可扩展性；

（3）网络系统的可扩展性；

（4）数据库系统的可扩展性；

（5）智能分析系统的可扩展性；

（6）外围设备的可扩展性；

（7）应用软件系统的可扩展性。

（六）安全保密性原则

整个信息系统的安全问题，是系统建设中优先考虑的关键问题，所以整个信息系统数据要充分安全，要严格实行操作按级管理，对关键数据实施特殊保护，对各种操作要做好记录，便于查找。图像传输网络的建设需符合公安部门的有关规定，充分考虑网络的安全性和保密性。

由于本系统涉及对楼宇内的实时监控，数据传输量大及使用人员多，故安全性和保密性就显得十分突出和重要。在考虑系统的安全性和保密性时，除应考虑各种外界干扰外，还需在各个环节提供安全、保密措施。系统的安全性和保密性可从以下方面加以保证。

(1) 网络的安全性。数字图像网络借助单位数据专网，因此不允许与其他非内部专网进行物理连接，同时设置安全管理设备对内部数据进行保护。

(2) 软件系统的安全性。操作系统级的安全规范必须满足国际C2级标准，可以保证系统不被身份不明的黑客攻击。数据库的超级用户账号及密码由服务器的系统管理员设定，数据库的一般用户账号和权限由数据库超级用户（数据库管理员）设定。系统维护人员可随时方便地对数据进行备份和恢复。

(3) 应用程序的安全性。所有操作人员进入系统前均应登录自己的账号和密码，并通过权限管理服务器认证，核对准确后方可进入系统。对所有操作人员均应规定相应的级别及权限，任何越权的操作必须被拒绝。所有操作、错误均应有日志记录，并可以根据工号或操作查询。除了用户管理的基本资料外，工作人员不得对用户的其他资料和数据进行更改和操作，除非有用户指定授权人的授权。

学习任务二　智慧校园综合安防方案设计

学习目的

掌握智慧校园综合安防方案中的系统设计要求。

知识要点

智慧校园各子系统的设计思路。

任务考核

◆ **问题**

简述智慧校园建设系统及各系统在智慧校园中的应用。

一、系统总体设计

目前，整个安防监控行业已经进入了网络监控时代，各行业联网监控需求的快速增长，对监控系统建设提出了新的要求。普通监控厂商由于能力限制，很难涉足开发校园监控系统的各个方面，在实现网络监控需求时，其重点还是在各个子系统之上去考虑上层软件的设计。当校园监控范围不断扩大、海量视频存储需求不断增加、业务需求越来越复杂时，由于普通监控厂商无法从网络监控的整体架构角度对所有网络监控的组件进行优化，只能依靠上层软件被动地去整合异构非标的硬件、不同厂商存储设备及网络等，系统设计已经存在一些不可逾越的瓶颈。因此，才会出现依靠流媒体服务器、网络转存服务器、设备代理服务器等组件来实现不同异构设备之间的媒体处理和信令处理。当面对海量多媒体信息管理存储的需求时，这些设备的集群、负载均衡、故障倒换等可靠性设计及其整体架构的性能瓶颈，已经成为阻碍校园安防监控系统发展的重要因素。

本次校园安防监控系统设计采用宇视科技 IMOS 解决方案。IMOS 本质上是一个通用的支撑多媒体综合监控、会议通信、语音通信、信息发布应用的中间件平台，既可以支撑宇视科技管理平台组件，也可以支撑宇视科技多媒体编解码终端设备和多媒体应用存储设备。IMOS 基于联网监控需求，对整个校园安防监控系统的所有组件进行融合优化，满足校园安防监控系统的全局看、控、存、管、用业务需求。它的出现能够解决当前校园安防监控系统不可逾越的瓶颈，满足多媒体融合应用的需求，同时更好地支持合作伙伴面对客户提供个性化增值应用解决方案。

（一）系统架构设计

系统采用模块化设计思路，分为前端业务系统、后端指挥中心系统以及网络传输系统三大模块。其中，前端业务系统包括高清视频监控、车辆管理、人员管理、报警管理等；后端指挥中心系统包括存储、监控中心（解码大屏）、解析中心、应用平台、智能运维、实景地图、安全管控等。

（二）建设内容

结合用户的实际业务需求，本次系统建设内容主要包括以下几个方面。

1. 高清视频监控

本次系统建设计划在校园建筑物室内公共区域、室外公共区域新增或改造高清摄像机，共计新增监控点位多个，部署于校园出入口、校园周界、重要道路、食堂、体育场、教学区、宿舍区等重要场景中。配置网络高清枪机、球机、多目全景监控摄像机等网络设备，通过音视频编码技术，进行音视频数据的传输，实现对校园全方位、全天候的监控。前端采集系统支持 H.264、H.265 等多种标准编码格式，并可提供各种不同分辨率规格及接入能力，可支持实时流和存储流双流设计，码流可以根据用户需求任意调整。前端采集设备应采用电信级制造工艺，可以基于各种网络环境高质量、可靠地满足各类网络监控前端编码、存储和解码的需求。

2. 智慧人员管理

人员管理系统建设主要分为人员管控系统、人脸识别通道系统、人脸门禁系统、人证比对系统、人脸点名系统以及人流统计系统，实现在校师生静态大库建设、重点人员布控管理、来访人员管理、重点区域人员管控、重点场所人流统计。

人员管控系统利用智能前端摄像机和后端分析设备完成人脸识别，对校园出入人员以及在校师生进行统一管理。支持人员以图搜图检索、目标轨迹还原、重点人员布控、人脸抓拍、人脸即搜和黑名单报警。

人脸识别通道系统利用人脸识别速通门，通过人脸白名单、人卡核验、人证核验等多种核验模式实现对出入口进出人员管理，支持师生进出记录统计查询、访客管理、学生寝室行为分析、黑名单布控、频次分析等功能。

人脸门禁系统通过人脸识别终端与门禁系统联动，只有白名单人员及授权人员允许进入指定区域的门禁控制系统。可用于重点实验室、档案室、财务室。

人证比对系统通过对持证人与证件登记照进行比对核验，确保人证一致性，防止冒名顶替他人的情况出现，可用于考场考生核验、新生入学基础信息核验及采集、图书馆学生借书核验等场景。

人脸点名系统，通过前端摄像机无感知自动扫描抓拍、后端识别分析，得出上课学生出勤情况，用于学生课堂点名。

人流统计系统，利用前端智能摄像机和后端分析设备采集通道人员进出流量数据，进行实时预警及事后报表分析。

3. 智能车辆管理

随着学校规模的不断扩大、校内人员的增多、学校对外活动的增加，进入校园的公务车辆、教职工的私家车辆不断增多。各类车辆频繁进出，给校园管理带来了较大压力。为维护校园良好的教学、工作和生活秩序，保障师生员工人身安全和校园财产安全，减少各类事故发生，营建良好的校园环境和停车秩序，建设一套完整的校园车辆管理系统，涉及校园车辆出入控制、道路测速和违章停车、停车场管理等系统，同时将其整合到平安校园管理平台中，统一界面呈现。

4. 综合安防平台

智慧校园综合安防平台主要包括学校常用的功能和业务，集成视频监控系统、人员管理系统、车辆管理系统、消防与报警系统和智能分析系统等，为学校用户提供应急指挥、案卷管理、运维管理、移动监控等服务，满足一线安保人员日常工作要求，提高日常工作效率。

软件架构从根本上决定了平安校园管理平台所能提供的业务服务的规模和水平。本次建设采用较先进的技术架构，支持多种安防子系统的快速接入，提供丰富的客户端呈现方式，支持手机、2D与3D人机交互界面，满足不同用户的实际需求。

5. 存储系统建设

存储系统作为监控系统的记录、回查中心，根据管理需求和安全级别不同，采用不同的存储标准及存储设备。采用200万/400万像素高清摄像机，采用4Mbps码流存储；采用稳定、可靠的网络存储设备，采用企业级高性能存储硬盘。本次系统建设要求录像支持秒级检索、录像一秒不丢，计划采用高可靠的CDS云存储。针对视频监控，视频存储30天，重点部位图像存储90天，图片数据存储180天。

6. 监控中心建设

监控中心主要用于公共区域安全监控管理，设于安保监控中心及设备间。其中包括装修改造、机房整理工程：对现有监控中心及设备机房进行装修改造，对设备机房、监控室更新防静电地板；更新控制室空调；更新新风系统；改造原有配电控制设备并移机至设备间北侧房间，等等。

本次监控中心建设包含两部分内容：指挥调度中心建设和数据呈现中心建设。指挥调度中心建设采用LCD液晶拼接屏，数据呈现中心建设采用LED小间距显示屏。

7. 安全管控系统

基于“全时可用、全程可控”的建设目标，本次系统建设计划建设安全管控系统，包括视频图像加密、安全准入以及终端安全管理。

8. 运维管理系统

为保障整个视频监控系统的资产信息可查、监控图像可检测、维护工作可考察、设备安全可控，监控系统在平台侧需要建设视频监控运维管理系统。视频监控运维管理系统建设后可整合监控系统全网设备资产，进行分类运维统计、流程式维修引导，保障视频监控系统的业务质量，实时监测系统安全性和稳定性，最大限度地提高视频监控系统的运维水平和效率。本次建设的运维管理系统，集设备管理、故障管理、资产管理、网络管理、视频诊断、录像巡检等诸多功能于一身。

9. 高清视频监控系统设计

高清视频监控系统从逻辑上可分为视频前端系统、传输网络、视频存储系统、视频解码拼控、大屏显示、视频信息管理应用平台等。

(1) 视频前端系统：前端支持多种类型的摄像机接入，本方案配置高清网络枪机、枪球联动摄像机、四目全景摄像机等网络设备，按照标准的音视频编码格式及标准的通信协议，可直接接入网络并进行音视频数据的传输。

（2）传输网络：传输网络负责将前端的视频数据传输到后端系统。

（3）视频存储系统：视频存储系统负责对视频数据进行存储，本方案配置专用视频存储设备进行数据存储。

（4）视频解码拼控：完成视频的解码、拼接、上墙控制，本方案配置视频综合平台，实现对前端所有种类视频信号的接入，完成视频信号以多种显示模式输出。

（5）大屏显示：接收视频综合平台输出的视频信号，完成视频信号的完美呈现。

（6）视频信息管理应用平台：负责对视频资源、存储资源、用户等进行统一管理和配置，用户可通过应用平台进行视频预览、回放。

10. 功能说明

（1）全天候监控功能：通过安装的全天候监控设备，全天候 7×24 小时成像，实时监控周界、出入口、主要道路、停车场、办公重要场所、教学楼、科研楼、体育场、食堂等区域安全状况。

（2）昼夜成像功能：本方案中涉及摄像机部分采用红外模式的摄像机，可见光成像系统的彩色模式非常适合在天气晴朗、能见度良好的状况下的观察识别；红外模式则具有优良的夜视性能和较高的视频分辨率，在照度很低的情况下具有良好的成像性能。

（3）高清成像功能：在主要出入口部署高清摄像机，在室外的主要路口、开阔区域部署高清快速球型摄像机，利用高清成像技术对区域内实施监控，有利于记录车辆、人员面部等细部特征。

（4）前端设备控制功能：可手动/自动控制镜头的变倍、聚焦等操作，满足对目标细致观察和抓拍的需要；对于室外前端设备，还可提供照明等辅助功能。

（5）智能视频分析功能：在建筑物的周界、地面及地下停车场等位置采用智能摄像机，具有视频分析识别报警功能，能够对建筑物周界、地面及地下停车场进行警戒线、警戒区域检测，对于满足条件的非法活动目标进行区分并自动报警，为及时处警提供依据。

（6）分级管理功能：记录配置客户端、操作客户端的信息，包括用户名、密码和用户权限，在客户端访问监控系统前执行登录验证功能。在安防控制中心建设以 C/S 为架构的管理平台，对于远程访问和控制人员，可以通过授权登录 Web 客户端，实现对摄像机云台、镜头的控制及预览实时图像、查看录像资料等功能。

（7）联动功能：本系统是以视频监控平台为基础，由视频监控、入侵报警、门禁等构成的，既可独立运行又可统一协调管理的多功能、全方位、立体化安防自动化管理系统。本系统建立起一套功能强大的主动防御体系，满足商超行业安全和管理的需要，配合人员管理，实现人防与安防的统一与协调。

(8) 集中管理指挥功能：在监控中心采用综合管理软件，实现对各监控点进行多画面实时监控、录像、控制、报警处理和权限分配。

(9) 回放查询功能：有突发事件可以及时调看现场画面并进行实时录像，记录事件发生时间、地点，及时报警联动相关部门和人员进行处理，事后可对事件发生视频资料进行查询分析。

(10) 电子地图功能：系统集成多级电子地图，可以就区域的平面电子地图以可视化方式呈现每一个监控点的安装位置、报警点位置、设备状态等，有利于操作员方便快捷地调用视频图像。

(11) 设备状态监测功能：系统前端节点为网络摄像机，其与软件平台之间保持IP通信和心跳保活，软件平台能实时监测其运行状态，对工作异常的设备可发出报警信号。

(12) 远程查看功能：具有特定权限的客户可以通过手机App远程查看监控视频。

（三）智慧人员管理系统设计

为应对高校校园逐渐对外开放、校内社会人员复杂化的趋势，以及解决高校校园人员众多、管理较难的问题，以“高效率、高准确率”为原则，做到人员管理可视化、人员管理高效化和人员管理智能化。

通过人脸识别管控系统、人脸门禁系统、人脸识别通道系统、人脸考勤系统、人证比对系统和人流统计系统，建立起“技术手段先进、人员管理高效、应急处理及时”的集管理、防范、控制于一体的高校校园人员管理系统。对进出校园重点区域的人员严格把控，对学生和教职工考勤严格管理，对指定区域的客流量进行统计，具备高校校园人员管理的各层业务，通过智能手段打造平安智慧校园。

（四）人脸识别管控系统

1. 概述

人脸识别管控系统是一种针对动态运动的人流进行人脸抓拍、识别、黑名单比对报警的监控管理系统。该系统应用视频监控技术、人脸识别技术，能对多路摄像头中的人脸进行实时检测、跟踪、比对，提供人脸抓拍、识别、黑名单报警等功能。

人脸识别管控系统主要用于对一些有潜在危险的人员进行管控。同时对现有安防系统进行升级，通过人脸识别技术进行管控，提供黑名单布控、人脸检索、人员轨迹、人脸即搜、以图搜图等功能。

2. 系统架构

系统架构自下而上由采集层、处理&存储层、应用层（见图9-1）组成。

采集层：根据不同的应用场景采用不同的前端采集设备（如人脸卡口相机、移动核查App等），完成人脸图片的采集和上传。

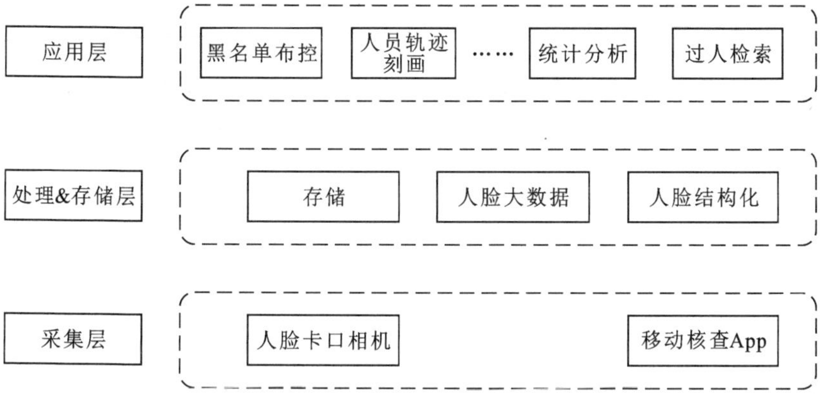

图 9-1　人脸识别管控系统图

处理 & 存储层：由存储、人脸大数据、人脸结构化组成。对采集层上传的数据进行实时结构化分析、比对和存储。

应用层：为系统提供黑名单布控、人员轨迹刻画、设备管理、人像库管理、报警记录、统计分析、过人检索等功能，并通过统一的可视化界面进行呈现

在校门口及校园主要道路上架设人脸卡口，可对经过的人员进行人脸识别抓拍，提供后续的人脸检索应用。例如，学生失联检索，可通过以图搜图的方式，用失联学生的照片检索对应的抓拍图片，形成人脸轨迹，使失联学生的行踪可视化。针对校园失窃等常见问题，在校门口、宿舍楼门口、行政楼门口以及重要的路段使用人脸识别管控系统，可对经过人员进行人脸抓拍并传到后端进行比对，与已经存在的校园惯偷等进行比对。若比对成功，则系统会发出告警，学校安保部门及时行动，控制住相关人员，减少师生的财产损失，维护校园的稳定秩序。

人脸管理方案主要由前端人脸抓拍机及中心智能分析服务器组成。前端人脸抓拍机通过网络就近接入监控专网，对监管区域内所有行进人员进行人脸抓拍。人脸分析服务器通过对人脸的识别、分析、建模，可实现黑名单布控报警、人脸比对、人脸照片查询等功能。

（五）人脸门禁系统

1. 概述

人脸门禁是出入口控制的重要组成部分。传统门禁一般采用刷卡的模式，能够通过门禁卡来进行权限限制，但其采用非生物识别的模式，易出现代刷、盗刷等现象。人脸门禁通过引入可靠的生物识别手段，能够有效防止代刷、盗刷等现象，提高安防系统的可靠性，可应用于学生食堂后厨人员管理、重点实验室人员管理、原有门禁系统改造等场景。

人脸门禁设备是集采集与比对于一体的设备，自带摄像头，支持对人脸进行检测和跟踪。同时前端设备内置高性能 GPU 芯片，可将采集到的图片进行特征分析，提取相应的人脸信息，并与库中存储的人脸信息进行快速比对。

系统采用深度卷积神经网络算法，针对上百万人脸样本数据进行训练，充分保证人脸识别的准确率。同时针对假人的样本数据进行训练，并结合运动时空关系及光流特征，有效区分照片和视频造假的问题，活体检测准确率可达到99.5%以上，有效解决了门禁系统中容易出现的代刷、盗刷等现象。

2. 系统架构

人脸门禁系统主要由以下几部分组成。

1）人脸识别终端

人脸识别终端实现人脸图片的采集和比对，可将当前通过的人员与白名单库中的人员进行对比，比对成功则可输出开关量信号，联动电子锁开门，以此实现刷脸开门效果。

2）人脸管理服务器

人脸管理服务器部署在监控机房，用于人脸识别终端设备管理及人脸数据管理，可快速实现对人员信息的批量录入，并支持对人员通行记录的汇总。

3）人脸识别服务器

人脸识别服务器部署在后端监控中心，用于实现后端管理平台的人脸识别业务，针对大容量的人脸信息的比对以及人脸库的建立，可通过部署人脸识别服务器来进行管理和维护。人脸识别终端抓拍的图片也可上传至人脸识别服务器，进行二次比对。

4）安防业务平台

安防业务平台可以整合管理服务器设备、视频及存储管理设备、系统运维管理设备，提供用户角色、权限管理服务，提供基于历史、实时数据/视频、运维等各种业务的可视化呈现等。

5）门禁卡/身份证读卡器

门禁卡/身份证读卡器用于对过往出入人员的身份证读取操作，与人脸识别终端产品进行对接，通过数据交叉验证，实现对过往人员身份的读取以及验证放行。

6）人脸采集终端

人脸采集终端通过人证核验或人卡核验的方式，可快速实现人员信息采集。

（六）人脸识别通道系统

1. 概述

随着校园逐步对外开放，校园内人员较为混杂，但针对宿舍、图书馆、实验室等重点管控区域，闲杂人等一律不允许进入。在出入口安装人脸识别通道系统（见图9-2），可严格控制进出人员。只有获得授权的人员刷脸才能进入，若识别出黑名单人员，则会触发报警和相应的提醒信息。

2. 系统架构

人脸识别通道系统主要由人脸速通门管理系统和人脸比对应用系统构成。

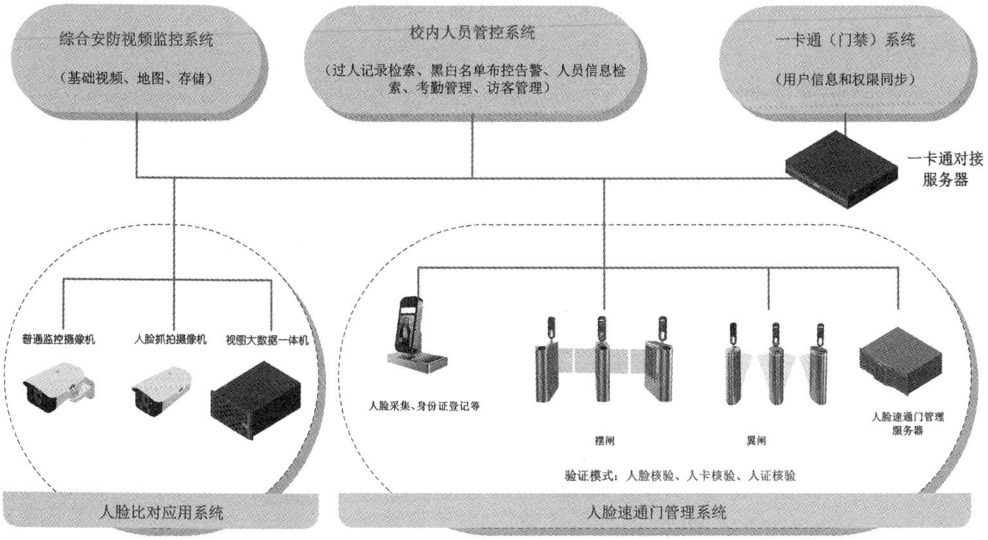

图 9-2　人脸识别通道系统图

人脸速通门管理系统通过客户端实现人脸采集、身份证登记等信息录入，将信息批量化导入系统，系统数据采用分布式存储，所有的数据通过中心下发到人脸速通门单元本地。当有数据变化（如开户、挂失、销户等）时，数据自动通过网络在各个单元同步。当网络或服务器出现故障时，不会影响单个人脸速通门单元的运行。当网络或服务器发生故障时，所有的数据会自动存于人脸速通门单元数据库内，当故障恢复时自动补传。人脸速通门管理系统与一卡通系统对接，可实现用户信息和权限同步，实现人证核验功能；人脸速通门管理系统与综合安防视频监控系统对接，可对通道进行 24 小时全方位监控，监控进出口的实时状态，实现综合安防业务统一呈现。

传统的人员管控手段需要人为判断重点人员信息，然后根据信息线索做出主观判断，会存在一定的偏差，而且无法及时根据重点人员信息发出动态预警，预警的时效性相对较差。人脸比对应用系统可协助校园管理人员快速识别和辨别进入学校的特定人员（危险人员、惯偷等）的真实身份，从而为视频快速检索、校内治安管理等工作提供有效解决方法。

3. 系统组成

人脸速通门管理系统由以下几部分组成。

1）人脸闸机

人脸速通门一般有单机操作和统一操作两种模式。对于单通道的速通门，一般在设备本地进行操作。如果有多个通道，则可以通过配置专门的统一闸机管理服务器进行管理，可以在服务器上进行人脸的导入和下发，不用挨个通道进行管理。

2）人脸管理服务器

人脸管理服务器部署在监控机房，用于针对人脸速通门的设备管理及人脸数据管理，对速通门实施汇聚接入并进行前端采集设备的数据管理，快速实现设备的配置应用和部署操作。

3）门禁卡/身份证读卡器

门禁卡/身份证读卡器用于对过往出入人员的门禁卡读取以及身份证读取操作，与人脸速通门相关设备进行对接，通过数据交叉验证，实现对过往人员身份的读取以及验证放行。

4）人脸采集终端

人脸采集终端支持现场人脸信息采集，可用于访客录入，同时可支持通过 App、微信小程序及 PC 等终端设备对人脸数据进行采集或者批量导入。

二、智能车辆管理系统设计

（一）校园车辆管理系统概述

校园车辆管理包括校园出入口控制收费管理、校园道路卡口测速管理、校园道路违章停车管理和校园停车场管理。

校园车辆管理系统有助于解决校园大量机动车进出带来的管理问题，做到车过留痕，从车辆进入校园园区到驶出校园园区，车辆在校园园区内的所有行车轨迹都在校园车辆管理系统的监控之中。

（二）校园出入口控制收费系统

国内各个大学园区普遍存在多个出入口的情况，而且存在收费管理的需求。从用户的实际调研情况看来，目前大多数用户使用的出入口控制收费系统，主要存在以下几个问题。

（1）IC 卡丢失、被盗现象经常发生，发卡成本较高；

（2）进入园区要先停车、取卡，停车位置也要准确，否则距离太远，还要下车取卡，驶出园区需要停车、缴费、找零等一系列动作，整个过程费时低效；

（3）出入园区的车辆没有留下记录，如果要登记，则更加费时费力；

（4）出入口控制收费系统相对独立，车辆进出数据难以被系统综合应用；

（5）出入口控制收费系统管理成本较高。

针对现有出入口控制收费系统，无卡式出入口控制收费系统针对学校用户的特殊需求，主要有如下优势：

（1）成本低，不需要 IC 卡，只需在系统中添加校内教职工用户车辆信息；

（2）收费方式灵活，支持预付费、包月及人工等收费方式，实现园区车辆的无卡收费；

（3）车辆按照 10km/h 的速度可自由进出，通过卡口对进出车辆进行抓拍，实现车辆无卡快速出入，针对上下学高峰期，效率较高；

(4) 无缝整合到校园车辆管理系统，支持对园区内的车辆进行统计和管理；

(5) 抓拍准确率达 98.6%，通过模糊匹配，能将准确率提升到 99%以上。

(三) 设计思想

出入口控制收费系统（见图 9-3）利用车牌识别技术、自动道闸系统、门岗客户端、LED 屏等设备做联动整合，除可以作为出入口控制系统外，还可以支持灵活的校园停车收费方式。对于有多个大门的校园来说，可以准确统计出校园内停放车辆及停放时间，为校园车辆管理提供有效的车辆相关数据。

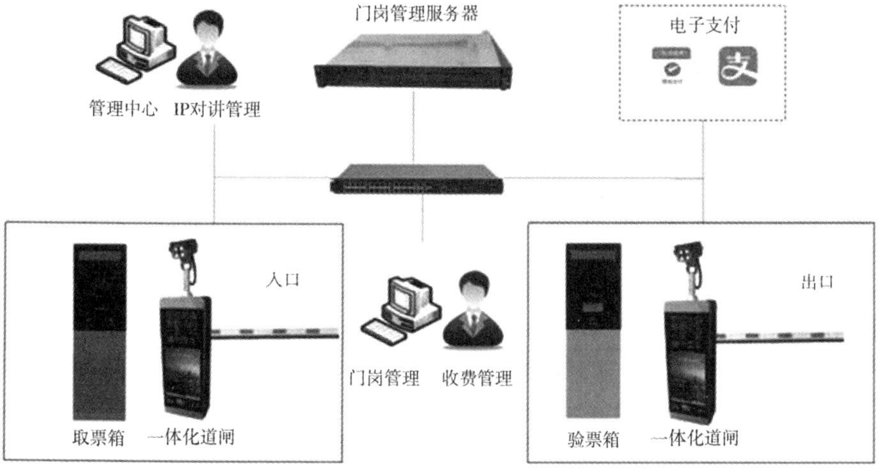

图 9-3 出入口控制收费系统

(四) 系统组成

出入口控制收费系统由前端子系统、传输子系统、中心子系统组成，实现对校园进出车辆的 7×24 小时监控，对所有进出校园的车辆实现自动抓拍、车牌识别、计算收费等操作，对于校内车辆实现无人工干涉自动放行，校外车辆进入园区的时候自动放行、离开的时候收费等功能。

1. 前端子系统

前端子系统包括车牌识别模块和出入口控制模块。车牌识别模块正确识别车牌信息后，传输到中心子系统，中心子系统录入车辆信息，联动出入口控制模块放行。

1) 车牌识别模块

车牌识别模块主要包括出入口视频单元、补光灯、视频触发抓拍等设备。

(1) 出入口视频单元。出入口视频单元作为校园出入口控制收费系统的核心设备，采用日夜型高清低速卡口摄像机，保证白天和夜晚图像效果清晰。主要为低速卡口环境设计，适用于车速较慢、较狭小的场合，非常适合出入口实时高清监控环境。内嵌多种智能识别算法，支持对车辆的实时监控及车牌自动识别。

(2) 补光灯。在夜晚光线不足的情况下，为了保证全天候下系统能够抓拍到含清晰车牌的图像，补光灯需要配合出入口视频单元一起使用。

(3) 视频触发抓拍。考虑到校园每天进出车辆数量较大，采用视频触发抓拍设备，可最大限度地保障车辆抓拍图像的效果。

2) 出入口控制模块

出入口控制模块主要包括门岗客户端、自动道闸系统、防砸线圈、语音控制模块和信息显示模块等。

(1) 门岗客户端。门岗客户端主要负责出入口控制和收费管理，在与中心子系统网络断开的情况下，能够正常工作，保障正常的校园车辆进出和收费工作。在网络恢复正常的情况下，能够及时地把数据上传到中心子系统。

(2) 自动道闸系统。自动道闸系统主要由闸机控制板和自动闸机组成，闸机控制板采用 TCP/IP 协议接口，接收门岗客户端或者手动控制信号，联动闸机开、关、停等动作。

(3) 防砸线圈。防砸线圈主要位于车辆驶离出入口一段距离处，车过自动落闸，防止砸人、砸车等事件的发生。

(4) 语音控制模块。语音控制模块采用 TCP/IP 协议接口，通过门岗客户端联动语音输出。

(5) 信息显示模块。信息显示模块采用 TCP/IP 协议接口，通过门岗客户端联动 LED 屏显示进出车辆、系统时间、收费金额等信息。

2. 传输子系统

采用网络资源对出入口控制收费系统的数据进行接入、汇聚、交换，通过设备自身安全特性和防火墙等实现对边界安全接入的控制，同时可通过网络本身的设备、协议冗余实现整个系统网络的稳定性。

3. 中心子系统

中心子系统主要包括园区图像应用管理平台和图片录像存储磁盘阵列等。

大学校园涉及多个校门出入口，所以出入口收费系统必须是一个整体，需要中心管理平台统一配置、统一管理，将最新配置信息及时下发到各个出入口的门岗客户端。对一个出入口的车辆进出情况，中心管理平台也会第一时间同步到其他出入口的门岗客户端，保证门岗客户端短时间离线情况下能够正常工作。

出入口视频单元的视频和车辆进出图片信息都保存在中心的磁盘阵列上，视频保存 30 天，车辆进出图像信息保存 180 天。保证系统不但能够查询到所有车辆的进出记录，同时能够调阅 1 个月内的车辆进出视频和 180 天内的车辆进出图片信息。在校园内部发生车辆相关事件的情况下，可以第一时间找到相关进出记录、车辆图片和视频信息等资料。

三、传输系统设计

（一）概述

综合安防管理平台包含视频、图片等数据类型，同时支持实时视音频查看/编码/传输、视音频存储、历史视频回放等业务，在为客户提供更直观的体验及监控手段的同时，也给承载网络带来了较大压力。

（二）设计思路

对监控系统建网思路需要做一个整体规划，应考虑以下几个方面。

采用新一代、主流网络技术来设计监控网络。新一代网络技术往往能提供更高的性能，而且有更长的产品生命周期，便于维护。

传统的设计方法是按核心层、汇聚层、接入层分级设计，但是随着网络管理技术的进步和发展，网络设计向扁平化方向发展，采用核心层、接入层设计。

监控网络需要按照模块化、结构化的原则设计，便于今后扩容和升级。

针对网络的安全隐患，系统应通过多种安全措施保障系统的安全。

（三）需求分析

1. 基本要求

1）网络传输协议要求

联网系统网络层应支持 IP 协议，传输层应支持 TCP 和 UDP 协议。

2）媒体传输协议要求

视音频流在基于 IP 的网络上传输时应支持 RTP/RTCP 协议；视音频流的数据封装格式应符合现行国家标准《公共安全视频监控联网系统信息传输、交换控制技术要求》（GB /T 28181—2022）的要求。

3）信息传输延迟时间

当信息（包括视音频信息、控制信息及报警信息等）经由 IP 网络传输时，端到端的信息延迟时间（包括发送端信息采集、编码、网络传输、信息接收端解码、显示等过程所经历的时间）应满足下列要求：

（1）前端设备与信号直接接入的监控中心相应设备间端到端的信息延迟时间应不大于 2s；

（2）前端设备与用户终端设备间端到端的信息延迟时间应不大于 4s。

2. 网络带宽需求

联网系统网络带宽设计应能满足前端设备接入监控中心、监控中心互联、用户终端接入监控中心的带宽要求，并留有余量。

视频监控前端接入线路应满足视频监控前端数据传输需求，建议130万像素高清网络摄像机应提供5Mbps以上的接入带宽，200万像素高清网络摄像机应提供10Mbps以上的接入带宽。

中心网络设备满足服务器、存储设备接入带宽需求，传输带宽应达到千兆以上。

3. 网络质量需求

联网系统IP网络的传输质量（如传输时延、包丢失率、包误差率、虚假包率等）应符合如下要求：

（1）网络时延上限值为400ms；

（2）时延抖动上限值为50ms；

（3）丢包率上限值为1×10^{-3}；

（4）包误差率上限值为1×10^{-4}。

（四）网络系统详细设计

1. VLAN 规划

VLAN即虚拟局域网。随着视频专网中用户和终端设备大规模接入，网络广播的流量快速增加。通过VLAN技术，可把一定规模的用户和终端归入一个广播域当中，从而限制视频专网的广播流量，提高带宽利用率。

每一个VLAN在数据转发时，可以二层和三层方式实现数据转发。二层VLAN技术能将一组用户归入一个广播域当中，从而限制广播流量，提高带宽利用率。三层VLAN技术基于IP协议，将一组用户归入一个网段内，通过网关与别的组进行交换。

在网络用户VLAN规划方面，一般可根据视频用户、前端设备、后台设备等所属的部门，以及具体的网络应用权限来划分。在具体VLAN规划中，应合理规划每一个VLAN中的实际用户数量。

规划VLAN资源一般可参考如下几种做法。

VLAN在所有设备上不启用三层接口地址，不使用VLAN承载实际业务或者作为网管VLAN。

全网每台设备的网管VLAN可以使用同一个，方便设备预配置与日常管理。

一般建议按照每个区域进行VLAN资源的划分，所有IPC使用的VLAN均遵从所在区域的VLAN规划。

尽管在不同的汇聚设备上使用相同的VLAN并不冲突，但是不允许这样的做法，因为会对后期的维护和故障的排除造成很大的困难。

如果网络所使用的设备不能直接在端口上配置互联用的IP地址，需要绑定相应的VLAN的话，还需要单独划分出一大段VLAN资源用于设备互联。建议全网设备互联用VLAN按照链路去划分，每条链路使用一个互联VLAN。

2. 网络传输带宽规划

考虑到网络传输过程及其他应用的开销，链路的可用带宽理论值为链路带宽的80%左右。为保障视频图像的高质量传输，带宽使用时建议采用轻载设计，轻载带宽上限控制在链路带宽的50%以内。

核心层交换机到接入层交换机之间的网络采用光模块来传输，带宽需达到千兆以上，原有带宽未达到要求的，增加带宽。

传输设备如光纤收发器到接入层交换机之间的带宽建议达到百兆以上。

传输设备如光纤收发器之间的传输带宽建议达到百兆以上。

结合项目实际需求，网络带宽规划可做相应调整。

3. 网络可靠性设计

网络可靠性是为了保证视频在传输过程中，重要环节在出现设备损坏时，还能够保证正常传输。网络可靠性主要可从传输链路可靠性、网络设备可靠性、协议可靠性三个方面进行设计。

1）传输链路可靠性设计

传输链路可靠性一般通过链路聚合技术来进行保障。链路聚合技术增加了网络的复杂性，但是提高了网络的可靠性，使关键线路实现了冗余功能。除此之外，链路聚合技术还可以实现负载均衡。

2）网络设备可靠性技术

网络设备可靠性主要通过关键部件冗余备份、设备冗余备份、传输告警抑制和快速链路故障检测来进行保障。

关键部件冗余备份是指网络设备提供主控、电源等关键部件的1+1冗余备份；另外，系统各单板及电源、风扇模块均具有热插拔功能。这些设计使得设备或网络出现严重异常时，系统能够快速恢复和做出反应，从而提高系统的平均无故障运行时间，尽可能降低不可靠因素对正常业务的影响。

设备冗余备份是指通过双机虚拟化或虚拟路由器冗余协议等方式实现网络设备的冗余备份。一旦出现设备不可用的情况，可提供动态的故障转移机制，允许网络系统继续正常工作。

传输告警抑制是指对告警进行过滤和抑制，避免网络频繁振荡，因为当接口启动快速检测功能后，告警信息上报速度加快，会引起接口的物理层状态频繁在Up和Down之间切换。

快速链路故障检测是一套全网统一的检测机制，用于快速检测、监控网络中链路或者IP路由的转发连通状况。

3）协议可靠性设计

网络可靠性不仅包括传输链路可靠性和网络设备可靠性，还包括协议可靠性。对协议可靠性主要可从以下几个方面予以保障。

(1) 生成树协议。

生成树协议（STP）可用于在网络中建立树形拓扑，其基本原理是，通过在交换机之间传递一种特殊的协议报文和网桥协议数据单元，来确定网络的拓扑结构。

生成树协议最主要的应用是为了避免局域网中的单点故障、网络回环及解决以太环网中的“广播风暴”问题。它从某种意义上说是一种网络保护技术，可以消除由于失误或者意外带来的循环连接。STP 也具有为网络提供备份连接的可能，可与 SDH 保护配合构成对以太环网的双重保护。新型以太单板支持符合 IEEE 802.1D 标准的 STP 及符合 IEEE 802.1W 标准的 RSTP，收敛速度可达到 1s。

(2) 环网协议。

环网技术简单来说，就是将一些网络设备以环形连接到一起，实现相互通信的一种技术。常用的环网协议主要有 RRPP 和 RPR 两种。

① RRPP。

RRPP 是一个专门应用于以太环网的链路层协议。它在以太环网完整时能够防止数据环路引起的广播风暴。而当以太环网上一条链路断开时能迅速启用备份链路以保证环网的最大连通性。

RRPP 主要用于由多个节点构成的环网，其中一个为主节点，其他为传输节点。主节点在环网上的两个端口分别为主端口和从端口。主节点通常周期性从主端口发送环网的 HELLO 报文，环网完整的情况下主节点会在从端口上接收到自身发送的 HELLO 报文，这样主节点认为环网处于完整状态，则立刻阻断从端口。若在一定周期内主节点收不到自身发送的 HELLO 报文，则认为环网处于故障状态，主节点会打开从端口使其正常转发。

一旦故障发生时，如链路 Down，故障相邻的节点或端口会通过中断立刻检测到故障，并立刻向主节点发送 Link _ down 报文。主节点接收到该报文则认为环网处于故障状态，立刻打开从端口，同时发送报文通知其他传输节点更新转发表，传输节点更新转发表后数据流切换到正常的链路上。

若故障恢复，故障节点或端口会 Up 起来，这时故障节点会临时阻塞该端口，但该端口还能透传 RRPP 协议报文，主节点发送的 HELLO 报文可以穿透临时阻塞端口。一旦主节点从端口接收到自身发送的 HELLO 报文，则认为环网恢复完整状态，立刻阻断从端口，并发送报文通知其他节点打开临时阻塞端口，同时刷新转发表，业务流量切换到正常链路上。

② RPR。

RPR 简称弹性分组环，它是一种双环结构，每个环上最大带宽 1.25Gbps，双环最大带宽 2.5Gbps。外环携带内环数据包的管理字节，内环携带外环数据包的管理字节。这样，双环互为保护和备份。

RPR 的网络拓扑基于两个反方向传输的环，相邻节点通过一对光纤连接。节点间使用光纤连接并可采用 WDM 进行扩容。节点具有以太网接口，可直接与路由器相连。RPR 的内环和外环都作为工作信道来传送简化的 SDH，或者以太网帧格式和

RPR 协议封装的数据帧和控制帧。从网络结构可以看出，RPR 支持多播传输和点到点的连接，因此更利于数据业务的传送。此外，当发现节点网元或光纤传输失效时，RPR 执行快速自动保护倒换机制，数据会在 50ms 内转换到无故障通路，这样就能提高网络的健壮性。

（3）等价路由。

等价路由（ECMP）即为到达同一个目的 IP 或者目的网段存在多条 Cost 值相等的不同路由路径。当设备支持等价路由时，发往该目的 IP 或者目的网段的三层转发流量就可以通过不同的路径分担，实现网络的负载均衡，并在其中某些路径出现故障时，由其他路径代替完成转发处理，实现路由冗余备份功能。

四、网络管理规划

（一）概述

1. 网络监控管理

网络监控管理主要是通过网管系统统一进行信息采集和事件呈现，配合网络系统来实施。

2. 应急操作管理

应急操作管理主要是通过固定的操作流程，对故障设备进行主备切换、脱网隔离和旁路等方式快速恢复网络系统的连通性。

3. 日常维护管理

日常维护管理主要包括故障诊断、配置和设备操作等内容，指导网络运维人员的日常维护管理工作。

（二）应用系统设计

1. 实时图像点播

根据需要，可将前端的任一路或者任几路图像调用到显示设备进行直观显示，以了解现场实时情况，进行快速的分析处理。

2. 轮切业务

根据定制的任务，进行自动切换显示，以对切换组内的前端区域进行宏观的观察控制。轮切业务支持 DC 和客户端的轮切。

3. 远程控制

根据需要，对前端的一体化摄像机进行旋转、放缩、转速、雨刷、红外、加热、辅助照明等控制，支持监控中心和前端的双向语音和语音广播，通过前端的扬声设备对区域内的有关人员发送语音信息。

4. 历史图像检索和回放

通过设备、通道号和时间段（可选），或通过报警信息，用户可以检索到已经录制的历史图像列表，并根据需要进行回放观看，也可以通过拖拽时间指针对回放进行正常播放、快速播放、慢速播放、逐帧播放、暂停抓拍、录像下载等操作，可以控制图像的分屏显示、全屏显示、多路视频同步回放。

5. 报警管理

系统支持视频报警系统、消防报警系统和车辆管理系统的报警信号接入，当系统布防时，一旦接收到报警信号，系统将按设置的联动关系表启动相应的报警联动项目，及时通知、提醒职守人员，以方便职守人员进行快捷的观察分析和处理。系统支持报警联动存储，在报警联动时将对应图像存储。

6. 用户和权限管理

系统支持多级用户管理、用户组管理、角色管理，每个用户有独立的用户名和密码。通过角色管理实现用户的权限管理。系统有一个或多个系统管理员，对全网的用户有配置权限，可选择用户对设备的操作权限。不同级别的用户和管理员有不同的优先级别。

7. 分控及客户端管理

分控及客户端管理主要包括注册管理、用户权限等级管理、在线监控等。

8. 良好的人机交互界面

系统支持图形化的配置界面，所有的增、删、改、查操作全部可以通过图形化的操作完成，所见即所得。提供日志功能和日志报表功能，整网设备运行情况一目了然。系统支持电子地图功能，支持通过导航地图快速定位关注的区域，在电子地图上可以直观地显示摄像头的分布和各种详细信息。

9. 合法性、一致性控制

接入系统的前端设备（编码器、解码器、客户端等）必须向中心管理服务器申请注册成功后才能联入系统进行工作，在注册过程中利用安全性机制（SIP 协议/

RFC3261）审计终端的合法性。前端设备同数据管理服务器之间有保活机制，以保证终端与视频管理服务器之间的通信正常。管理服务器主动发起配置轮询，以检查各前端设备的配置是否一致并自动按中心设备进行修改。

10. 时间同步

OSD信息、历史图像时间索引、回放检索等都要求系统具有准确一致的时钟信息，监控网络中的大量服务器和终端设备都需要进行时钟同步。系统支持 NTP 客户端，最大可支持 3 个 NTP Server 配置。

11. 设备监控和控制

对联入的设备进行在线监控和在线故障诊断报警，支持断线重建、自动连接等功能。

12. 集中管理和批量配置

管理员在权限范围内，可以对所有终端进行集中配置。同时，系统支持批量配置，支持编解码器的批量增加，支持编解码器设备通道的模板配置。提供了电信级的可维护性，减轻了管理员的工作量。

13. 日志管理

系统运行日志包括设备启动、保活失败、配置不同步、故障和故障恢复等信息。系统操作日志包括某用户的登入与退出、对系统配置的修改与控制等信息。告警日志包括温度过高告警、视频丢失告警、运动检测告警、外部告警、设备离线告警等信息。系统支持针对各个设备的运行状态的报表功能。

14. 存储管理

对系统内的存储设备进行统一管理，包括监控存储设备工作状态、分配存储资源、制订存储计划等。

五、三维实景平台系统设计

（一）概述

三维实景平台（以下简称“平台”）为用户提供一种身临其境的现场信息体验模式。通过实景拍摄制作模型，直观且真实地还原现场风貌；通过模型加载和漫游，使用户沉浸于现场体验；同时，通过开发集成业务数据和流程，可实现在真实场景下的规划、建设及精细化管理。

（二）倾斜摄影技术

倾斜摄影是指由具有一定倾斜角的航空摄像机来获取影像。倾斜摄影技术是国际测绘遥感领域近年发展起来的一项高新技术，通过在同一飞行平台上搭载多台传感器，同时从垂直、倾斜等不同角度采集影像，获取地面物体更为完整准确的信息，并通过倾斜摄影建模技术生成倾斜摄影模型，以此生成基于真实影像纹理的高分辨率实景三维模型。

（三）地理信息系统技术

地理信息系统（GIS）是以采集、储存、管理、显示和分析地球表面与空间、地理分布有关的数据的综合计算机信息系统，是一种分析和处理海量空间数据的技术。地理信息系统与地图学、测绘学、地理学、信息系统、遥感技术以及全球定位系统等相关技术领域结合在一起，形成了现代技术与传统科技相结合的跨学科研究领域。这些学科的发展为GIS产业的进步注入了新的元素，提供了更好的方法和可行技术。

（四） LOD技术

LOD技术在不影响画面视觉效果的条件下，通过逐次简化景物的表面细节来减少场景的几何复杂性，从而提高绘制算法的效率。该技术通常对每一原始多面体模型建立几个不同逼近精度的几何模型。与原模型相比，每个模型均保留了一定层次的细节。在绘制时，根据不同的标准选择适当的层次模型来表示物体。LOD技术具有广泛的应用领域。目前在实时图像通信、交互式可视化、虚拟现实、飞行模拟、碰撞检测、限时图形绘制等领域都得到了应用。很多造型软件和VR开发系统都开始支持LOD模型。

（五）平台架构

平台由数据层、服务层和应用层（见图9-4）构成。

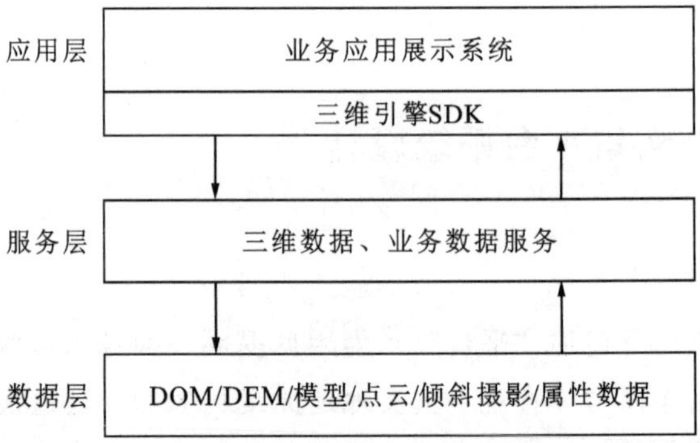

图9-4 三维实景平台架构图

数据层，支持存储和管理三维实景模型数据、基础地理信息数据、专题信息数据，以及多种属性信息、业务信息、管理信息等数据内容。

服务层，提供三维数据交换服务、基于三维的计算分析服务，以及与空间信息相关的业务数据与功能服务等内容。

应用层，通过标准的三维引擎 SDK 开发接口，实现三维场景可视化展示、浏览操作，以及多种业务功能的叠加与集成应用。

（六）平台功能

平台功能主要包括实景功能、分析功能、效果功能和应用功能。

（七）存储需求分析

校园安防监控系统的存储平台具体要求如下。

要求监控平台的数据库在记录图像信息的同时，还应记录与图像信息相关的检索信息，如设备、通道、时间、报警信息等，对于需要长期保存的信息可配置专用存储设备备份。

图像存储设备满足采用 H.264 视频编码格式进行图像存储，需要扩展 G.711 等音频编解码器标准实现音频同步存储。

具有足够的扩展空间，存储的图像数据应保证 720P/1080P 以上的图像分辨率。

应考虑对录像文件采取防篡改或完整性检查措施；支持按图像来源、记录时间、报警事件类别等对存储的图像数据进行检索，支持多用户同时并发访问同一数据源。

支持图像记录、网络回放的双工、双码流模式。

要求平台内的存储系统，在同一管理平台下，实现对所有存储软硬件资源的配置及查询，系统性能的实时监视，系统设备的故障报警监视，故障诊断及定位分析，报警日志的创建与维护等。

验证用户的访问权限和优先级，监测和记录用户进行的访问和操作等；验证接入设备的合法性，并注册合法设备。

（八）存储系统设计

专业的 IP 存储技术和强大的数据管理服务器构成完善的网络存储系统，存储资源可以根据需求进行分布式部署及统一资源管理和调度，支持动态存储资源管理、在线部署，可以基于统一平台满足不同存储质量、容量及服务质量的需求，可以提供完善的备份和存储生命周期管理功能，同时提供视频图像的 NAS 备份功能。

（九）存储模式对比分析

目前主流的监控存储方式一般有 NVR 直接分散存储和集中存储。

采用NVR直接分散存储方式，技术成熟，建设成本低，操作简便。NVR直接存储虽然实现了数字化存储，但是其稳定性和可靠性都不如专业IP SAN存储。

首先NVR一般采用民用IDE硬盘，不提供RAID保护，不支持热插拔；而IP SAN专业存储采用企业级SATA硬盘，MTBF达到120万小时，提供了RAID技术，并且支持热插拔。

NVR采用文件方式写入视频数据，大规模视频监控系统中形成大量文件，文件的检索、查询工作形成极大的瓶颈，按照每5分钟形成一个视频文件，每天形成的文件数量很大，如此多的文件检索速度非常缓慢，一般需要几秒钟甚至更长时间。而IP SAN存储采用编码器端到端直接将视频数据以数据块方式写入存储，由于是裸数据写入，检索极其简单，直接定位到数据块，检索速度大大提高。

NVR中的视频文件分散在单个设备上，相互间没有联系，视频数据的综合利用非常困难，例如人像识别等技术在这样的分散文件系统中实现难度很大。而IP SAN设备通过统一的数据管理系统，利用标准API，极大地方便了数据综合，可以和应急指挥、GPS等专业业务系统融合，融入整体弱电系统。

更重要的是“所见非所得”问题。在矩阵上看到的实时图像很清晰，但是NVR由于本身性能的限制，难以提供高码流、高清晰的图像处理能力，尤其是大量动态图像发生时，存储的图像效果远远不如实时图像。而采用IP监控系统，编码器具有高效处理视频数据的能力，解码器输出到监视器的图像效果等同于存储设备中的存储效果。

因此，对于校园安防监控系统来说，集中存储是必然的选择。

基于流媒体服务器（存储管理服务器）转发的集中存储，是目前较为普遍的集中存储模式。但是该模式有一个根本性的缺陷难以得到彻底解决，即服务器的瓶颈问题。

所有前端存储数据流都要通过一个或一组服务器进行转发，服务器的性能必然成为整个系统存储性能的决定性因素。随着存储量的上升，不仅存储设备需要升级，存储服务器也需要随之升级，极大地增加了扩容成本。同时，所有的存储流均要通过服务器转发，增加了系统故障点。

而前端设备直写存储设备的模式，就有效解决了上述问题。存储管理服务器仅需完成前端设备和存储设备之间的信令管理，无须进行数据转发，极大地减轻了服务器的性能压力，消除了网络瓶颈，降低了扩容成本，提高了存储效率。

（十）运维管理方案设计

系统采用先进的IMOS技术架构，基于海量视频样本，采用基于神经网络自训练库的自主研发视频诊断算法，能够提供高效、准确的视频诊断功能。彻底解决在传统运维活动中遇到的如下问题：

(1) 海量设备人工巡检速度慢、发现故障延迟；

(2) 发现故障随机性大，无法对故障原因进行总体统计和分析总结；

（3）故障处理周期长，监控系统实际利用率下降；

（4）人力成本高、管理不足。

运维管理系统可以将维护人员从低技术含量的重复劳动中解脱出来，更专注于故障的分析和解决。

运维管理系统需要有一个可靠、稳定的系统架构，去支撑视频质量诊断、录像检测和自动网络拓扑等功能的正常运行。

（十一）运维管理功能

1. 摄像机运维

摄像机作为监控系统的前端采集设备，保证其正常运行是对系统进行运维管理的重点。智能运维管理系统支持实时监控摄像机的状态，显示摄像机的告警以及故障信息。告警信息有设备状态监控告警、视频录像业务告警等。针对故障有专门的故障报修单，跟踪故障处理从上报、审核、维修、复核到关闭的闭环过程。

2. 摄像机监控

摄像机支持按“全部”“离线”“告警”进行分类统计，设备列表中主要显示设备的基本信息（见图 9-5），如在线状态、设备名称、IP 地址、MAC 地址、设备类型、设备系列、可达性、告警级别、登录参数校验、SNMP 参数配置结果等，可满足用户不同的使用要求；界面提供了多种条件查询，可快速查询到设备信息。

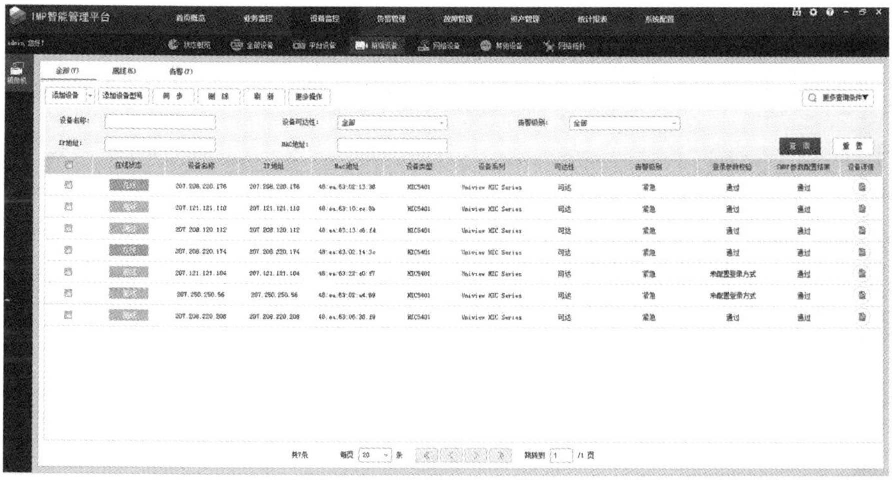

图 9-5　摄像机监控界面

3. 视频诊断

视频诊断业务在符合视频诊断体系的前提下，采用先进的视频诊断算法，支持诊断摄像机的实况画面。诊断项有离线、视频丢失、亮度、颜色、对比度、画面冻结、图像模糊、噪声干扰、强横纹、滚屏、视频遮挡、场景变换、云台控制、实况用时等。根据诊断结果，用户可以及时并有针对性地维修摄像机。

视频诊断状态概览界面（见图 9-6）提供六个方面的监控统计图：摄像机诊断数量统计、摄像机视频诊断结果统计、摄像机最新故障排行 Top5、摄像机视频诊断项故障率统计、摄像机故障率趋势、摄像机在线率趋势。

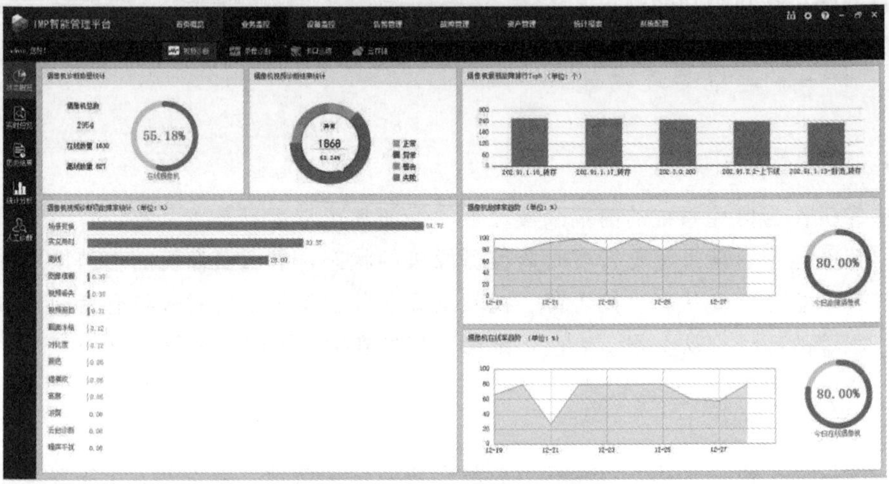

图 9-6　视频诊断状态概览界面

视频诊断实时总览界面（见图 9-7）将摄像机分成“离线”“故障”“正常”“全部”四类，用户可按组织或诊断任务进行查询并对诊断结果进行详情查看、导出等操作。

图 9-7　视频诊断实时总览界面

视频诊断历史结果界面（见图 9-8）通过图表方式展示诊断结果统计和诊断异常项统计，并在诊断结果列表中显示详情。

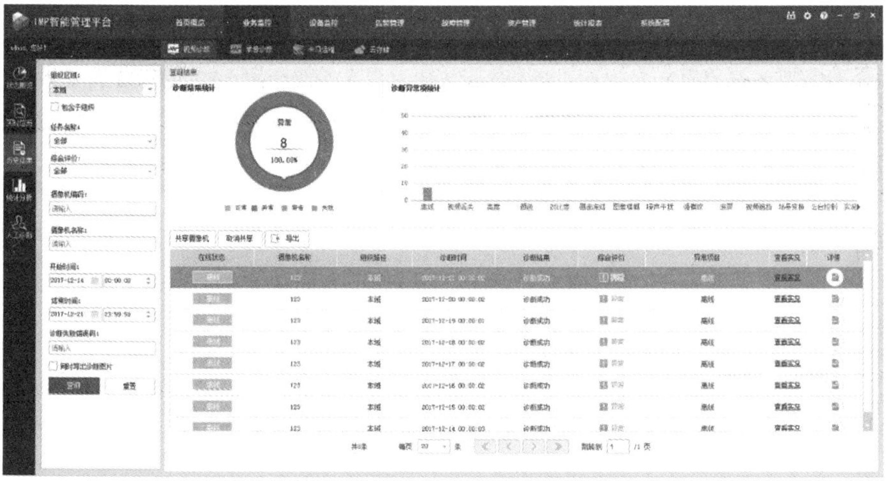

图 9-8　视频诊断历史结果界面

视频诊断统计分析界面（见图 9-9）对视频诊断结果进行统计与分析，以统计图和数据列表的形式展现。按统计类型来分，有两种不同的统计形式：按组织区域统计、按诊断项目统计。

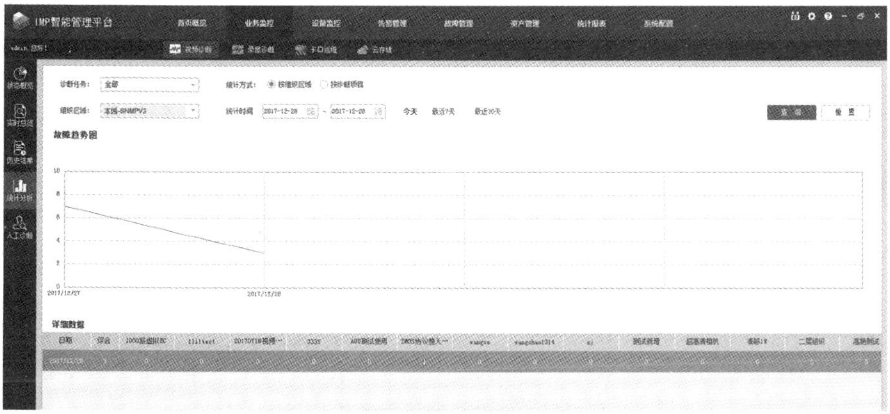

图 9-9　视频诊断统计分析界面

4. 录像诊断

录像诊断是对录像存储状态的检测，以 5 分钟为最小检查颗粒，判断录像是否完整。录像是监控系统的核心，确保录像的完整性是保证系统有效运行的重中之重。

录像诊断状态概览界面（见图 9-10）提供四个方面的信息：摄像机存储状态、录像完整率趋势、按计划存储排名、录像完整率详情（按组织）。

录像诊断实时总览界面（见图 9-11）左侧为查询条件，可按组织和诊断任务进行查询。在界面上方可以根据摄像机名称、摄像机编码、状态、录像存储状态进行查询。界面中间显示当前组织或任务下的录像诊断情况，包括序号、在线状态、摄像机名称、所属组织、录像存储状态等。

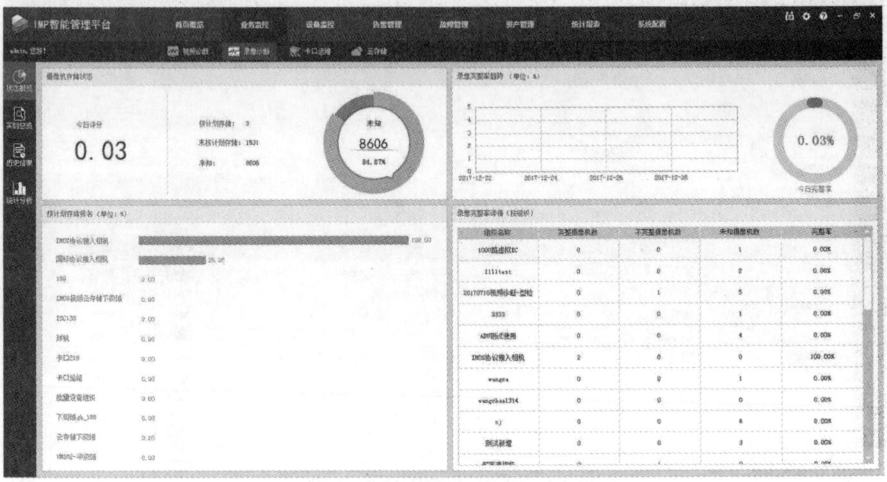

图 9-10　录像诊断状态概览界面

图 9-11　录像诊断实时总览界面

录像诊断历史结果界面（见图 9-12）支持根据组织/设备、摄像机编码、起始时间、结束时间、是否包含子组织等条件对录像诊断结果进行查询。

统计分析可根据组织区域、统计时间段或“今天”“最近 7 天”“最近 30 天”对录像完整率进行查询。统计结果由完整率统计图和详细数据列表两部分组成。完整率统计图展示了录像完整率在时间维度上的发展趋势，详细数据列表记录了组织在各天内的录像完整率情况（完整率＝平均录像完整时间/24h）。

5. 摄像机统计

针对摄像机的在线率、视频质量、录像质量、标记质量进行统计分析。

图 9-12　录像诊断历史结果界面图

1）在线率

系统提供摄像机的在线率统计，包括摄像机平均在线数量、摄像机平均离线数量、区域摄像机平均总数。

可按统计方式（按组织区域、按日、按周、按月、按年）、统计范围和自定义时间段对摄像机的在线率进行统计。

统计结果有在线率统计图（见图 9-13）和在线率统计数据表（见图 9-14）两种展现方式。

单击“导出”按钮，可将查询到的统计数据导出到本地。

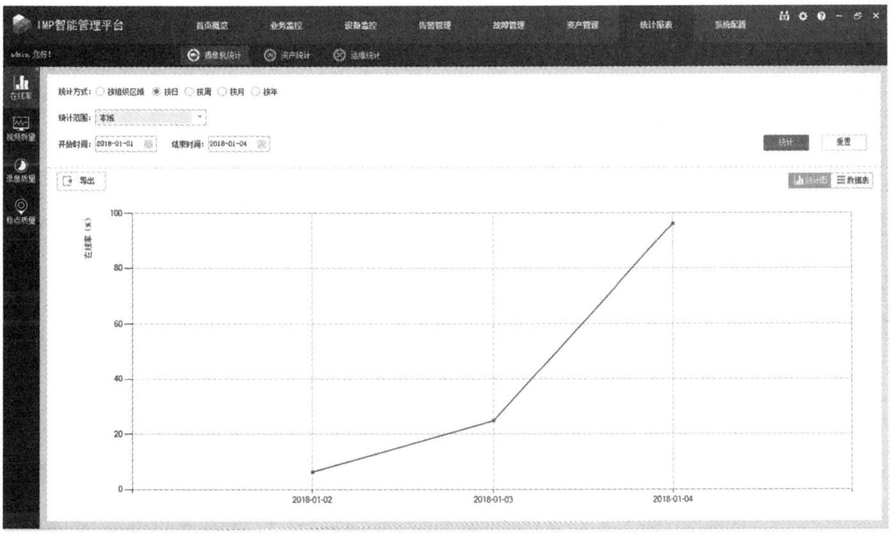

图 9-13　在线率统计图

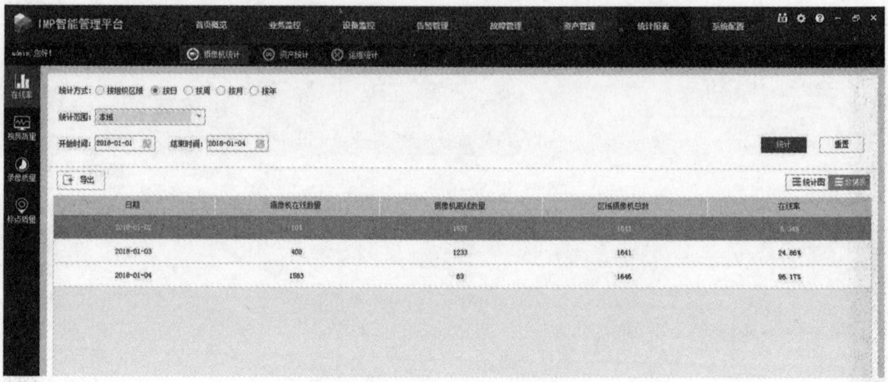

图 9-14　在线率统计数据表

2）视频质量

可按统计任务（统计任务来自用户自行配置的视频诊断任务）、统计方式（按组织区域、按日、按周、按月、按年）、统计范围和自定义时间段对视频质量进行统计。

统计结果有视频质量统计图（见图 9-15）和视频质量统计数据表（见图 9-16）两种展现方式。

单击“导出”按钮，可将查询到的统计数据导出到本地。

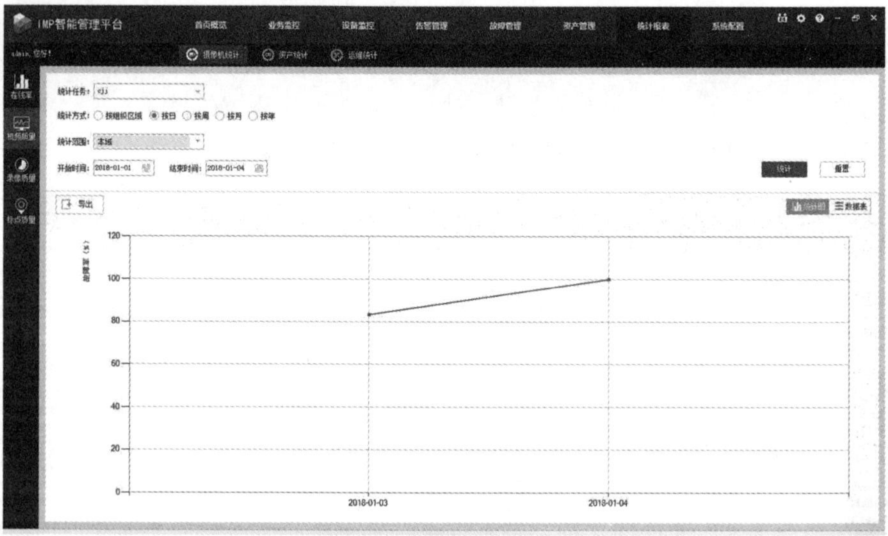

图 9-15　视频质量统计图

3）录像质量

系统提供摄像机的完整率统计，包括录像完整小时数、录像不完整小时数、区域录像总小时。

可按统计方式（按组织区域、按日、按周、按月、按年）、统计范围和自定义时间段对摄像机的完整率进行统计。

统计结果有录像质量统计图和录像质量统计数据表两种展现方式。

单击“导出”按钮，可将查询到的统计数据导出到本地。

图 9-16　视频质量统计数据表

4）标记质量

系统提供摄像机的标记率统计，包括摄像机平均标记数量、摄像机平均未标记数量、区域摄像机平均总数。

可按统计方式（按组织区域、按日、按周、按月、按年）、统计范围和自定义时间段对摄像机的标记率进行统计。

统计结果有标记质量统计图和标记质量统计数据表两种展现方式。

单击“导出”按钮，可将查询到的统计数据导出到本地。

6. 云存储运维

云存储是指将网络中大量各种不同类型的存储设备通过应用软件集合起来协同工作，共同对外提供数据存储和业务访问功能的系统。而云存储运维主要是对整个系统进行管理，包括系统的读写速率、存储设备的基本信息、上报告警等。

7. 云存储监控

在云存储状态概览界面（见图 9-17）可以查看云存储管理服务器（CDM）、云存储节点（CDV）数量、云存储空间使用率统计、云存储系统 CPU 占用率 Top5、云存储系统内存占用率 Top5、最新告警信息、读写 IO、CPU、内存等。

8. 云存储节点列表

在云存储节点列表界面（见图 9-18）可以查看云存储节点信息，包括在线状态、设备名称、设备编码、设备地址、告警级别、告警描述、总容量、未导入容量、已导入容量、节点详情、节点资源等。

9. 资产管理

资产管理模块是将监控系统中的摄像机、服务器、网络设备、第三方设备的所有资产的状态、详情（见图 9-19）汇聚到运维平台，用户可以对系统中的设备详情、运行状态做全局把控，如有异常设备时，可以快速定位，减少不必要的损失。

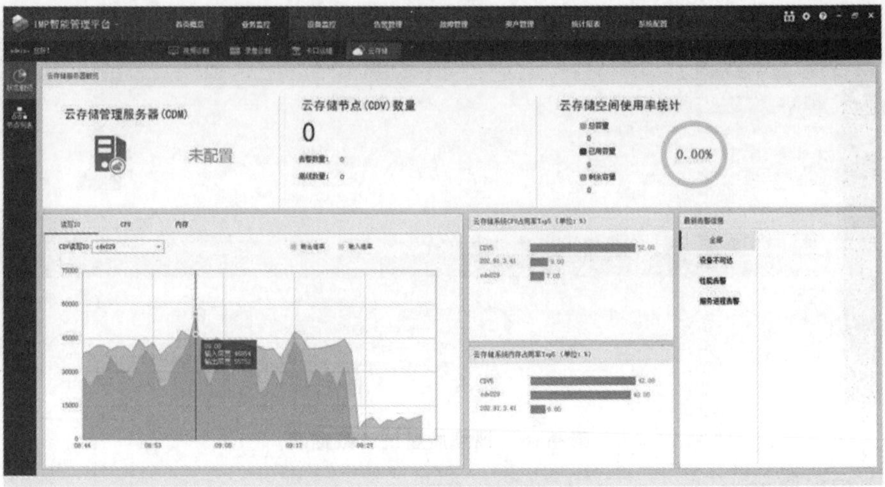

图 9-17　云存储状态概览界面

图 9-18　云存储节点列表界面

图 9-19　资产管理界面

运维平台支持对系统的所有资产进行增、删、改、查等操作，支持服务器、编解码器、摄像机、监视器、拾音器、对讲机等多种资产类型，支持一键同步监控平台资产至运维客户端，支持资产信息的一键导入和导出。

10. 资产统计

资产统计模块支持设备的故障率、故障时长、维护成本的统计，可按统计类型（按日、按周、按月、按年）、自定义时间段进行统计。

11. 设备监控

设备监控模块可以对系统中所有的设备进行管理，包含查看设备状态、设备详情、网络拓扑等。

设备监控状态概览界面（见图 9-20）以可视化图表的形式显示设备在线数量统计、设备告警级别统计、设备可达性统计、摄像机数量统计、系统设备告警统计、系统设备数量统计、接口输入带宽利用率、接口输出带宽利用率等。

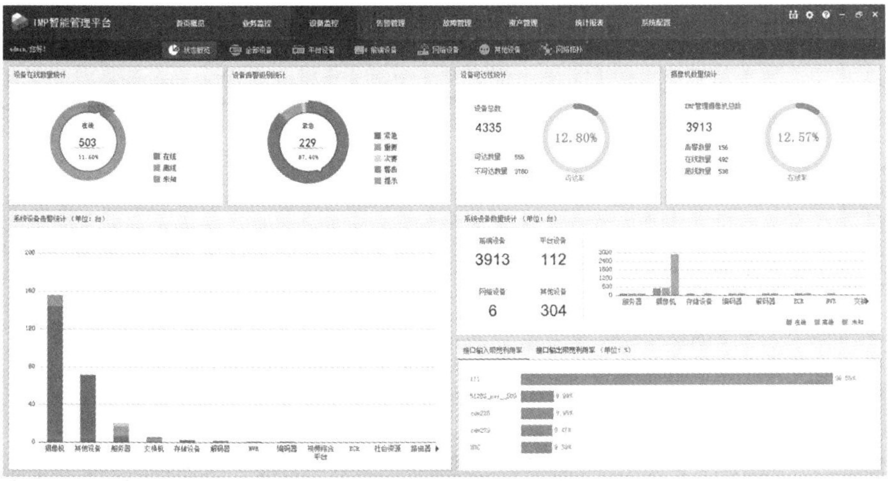

图 9-20　设备监控状态概览界面

设备管理模块将设备分为全部设备、平台设备、前端设备、网络设备、其他设备五大类，单击对应的二级菜单，可进入各设备列表查看具体信息。各类设备均按“全部”“离线”“告警”进行分类统计（见图 9-21），设备列表中主要显示设备的基本信息，如在线状态、设备名称、IP 地址、MAC 地址、设备类型、设备系列、可达性、告警级别、登录参数校验、SNMP 参数配置结果等，可满足用户不同的使用要求。界面提供了多种条件查询，可快速查询到设备信息。

网络拓扑支持查看系统中各设备的拓扑图，能够快速有效地找到组网关系，便于定位问题。生成网络拓扑的前提是设备应支持 SNMP 协议，并且配置达标。

图 9-21　设备监控摄像机界面

12. 运维管理

运维管理是运维系统中非常重要的一环，包含告警管理和故障管理。告警管理支持实时提示运维系统中的异常状态，引导用户及时去维护系统。故障管理支持查看系统中的故障情况，并提供一套闭环故障维修流程。运维管理可在较大程度上降低用户的维修成本，缩短维护周转时间，提高系统运行质量，增加客户满意度。

13. 告警管理

告警管理是运维系统中非常重要的一环，支持实时提示运维系统中的异常状态，引导用户及时去维护系统。告警管理业务有告警概览、告警记录、监控配置等。

在告警概览界面（见图 9-22）可查看告警数量实时概览、系统告警数量趋势、系统告警统计、告警处理实时统计、最新告警信息、系统设备实时告警信息等。

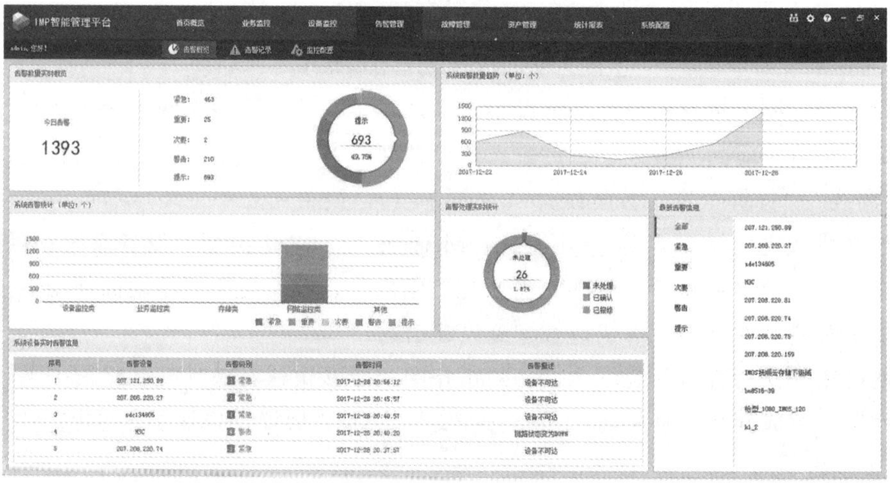

图 9-22　告警概览界面

告警记录根据告警类型主要分为以下几类：全部、设备监控类、业务监控类、存储类、网络监控类、其他（见图 9-23）。针对每一类告警，为用户提供相应的处理操作，流程式引导用户处理。告警信息可以邮件、短信、声光电的形式告知用户。

图 9-23　告警记录实时总览界面

监控配置为系统提供基础性能监测、网络链路性能监测、服务器相关性能监测等（见图 9-24）。用户可增删或修改自定义监测指标（只限于服务器相关性能监测指标），系统默认监测指标无法删除，但可修改。

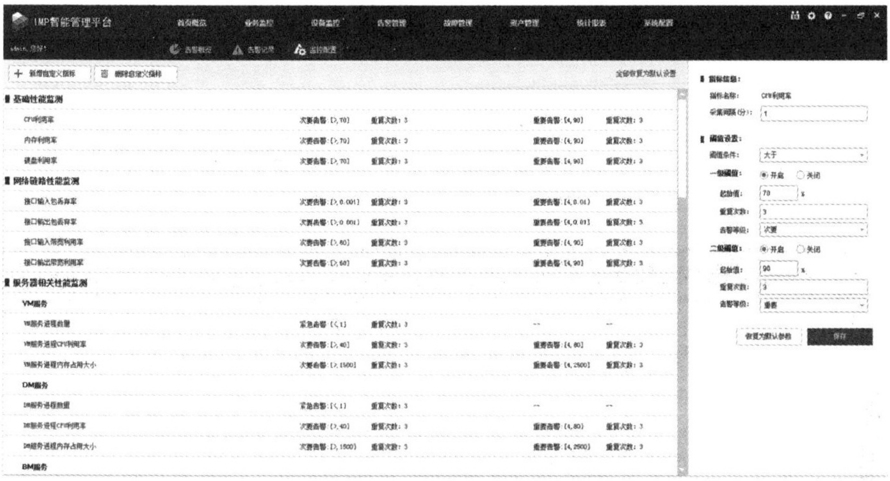

图 9-24　告警管理监控配置界面

14. 故障管理

根据故障处理流程，从故障上报、故障审核、故障维修、故障复核到故障报修单关闭，形成一套真正实用的故障管理系统。同时，系统还提供针对设备和组织的故障统计，可根据组织区域、设备类型、故障类型、故障时长、故障时间等条件进行查询。

故障报修单（见图 9-25）将故障报修分为故障上报、待审核、维修中、待复核、已关闭五个阶段。故障上报分为实时上报和手动上报。进行故障处理时可以选择批量处理和单独处理。

故障统计支持实时查看各个组织区域的设备故障统计情况，包含全部、离线、在线异常、正常等状态的下级组织异常率统计和相关的详细数据（见图 9-26）。支持按组织和按时间进行故障率统计、故障次数统计、故障时长统计。统计结果以统计图和相关的详细数据列表展示出来。

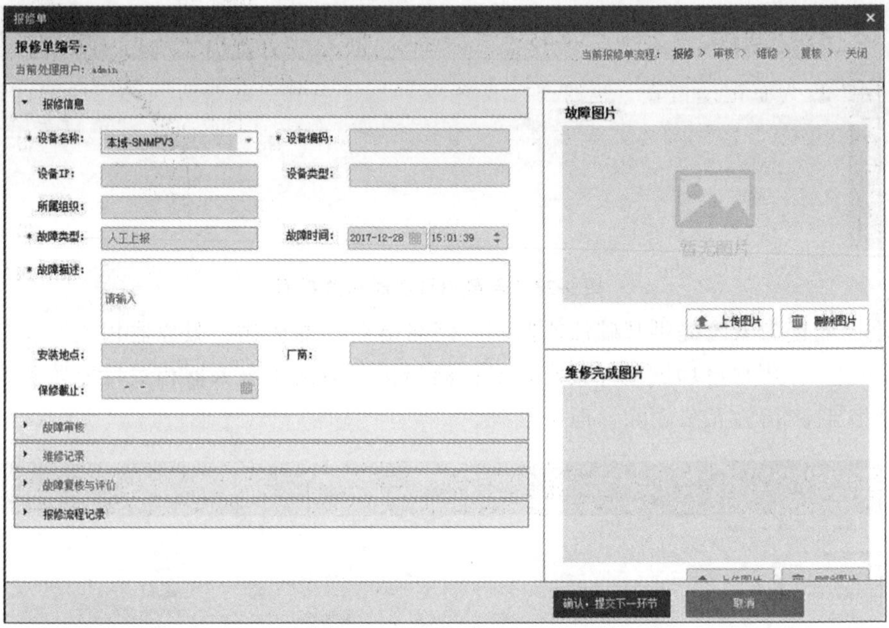

图 9-25　故障报修单界面

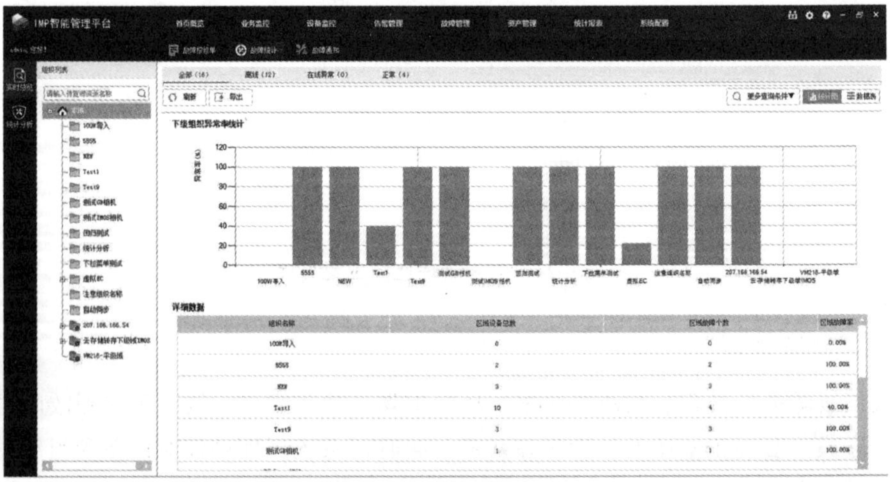

图 9-26　故障统计界面

故障通知可以根据故障告警通知来源，选择故障类型，上报给需要告知的用户。

15. 运维统计

系统提供工程商的运维能力统计，包括及时率、延期率、未完成率、维护时长和维护成本。可按统计类型（按日、按周、按月、按年）、自定义时间段进行统计。

16. 操作日志

用户行为有记录可查，运维平台支持根据用户名称、起始时间、结束时间、操作对象、IP 地址、操作描述、业务类型、操作结果等条件查询系统操作日志。

课后练习：智慧安防运维平台的业务配置

智慧安防运维平台的业务配置非常重要，不仅直接决定运维平台的稳定性和可靠性，也涉及安全运维和美观等问题。在设计和施工安装时，请首先按照相关国家标准的规定，其次结合现场实际配置情况与甲方协调一致。

1. 智慧安防运维平台的业务配置

请结合所学知识和相关规定，简要描述智慧安防运维平台的主要业务。

2. 智慧安防运维平台的应用场景

应用场景体现出智慧安防运维平台的具体应用。请结合所学知识和相关规定，简要描述智慧安防运维平台的应用场景。

REFERENCE 参考文献

［1］中华人民共和国建设部．视频安防监控系统工程设计标准：GB 50395—2007［S］．北京：中国计划出版社，2007.

［2］中华人民共和国住房和城乡建设部．智能建筑工程施工规范：GB 50606—2010［S］．北京：中国计划出版社，2010.

［3］中华人民共和国住房和城乡建设部．民用闭路监视电视系统工程技术规范：GB 50198—2011［S］．北京：中国建筑工业出版社，2012.

［4］中华人民共和国住房和城乡建设部．智能建筑工程质量验收规范：GB 50339—2013［S］．北京：中国建筑工业出版社，2014.

［5］中华人民共和国住房和城乡建设部．智能建筑设计标准：GB 50314—2015［S］．北京：中国计划出版社，2015.

［6］中华人民共和国住房和城乡建设部．综合布线系统工程验收规范：GB /T 50312—2016［S］．北京：中国计划出版社，2017.

［7］中华人民共和国建设部．安全防范工程技术标准：GB 50348—2018［S］．北京：中国计划出版社，2018.

［8］中华人民共和国公安部．安全防范系统通用图形符号：GA/T 74—2017［S］．北京：中国质检出版社，2018.

［9］王公儒．综合布线工程实用技术［M］．2 版．北京：中国铁道出版社，2015.

与本书配套的二维码资源使用说明

本书部分课程及与纸质教材配套数字资源以二维码链接的形式呈现。利用手机微信扫码成功后提示微信登录，授权后进入注册页面，填写注册信息。按照提示输入手机号码，点击获取手机验证码，稍等片刻收到4位数的验证码短信，在提示位置输入验证码成功，再设置密码，选择相应专业，点击“立即注册”，注册成功。（若手机已经注册，则在“注册”页面底部选择“已有账号，立即登录”，进入“账号绑定”页面，直接输入手机号和密码登录。）接着提示输入学习码，须刮开教材封底防伪涂层，输入13位学习码（正版图书拥有的一次性使用学习码），输入正确后提示绑定成功，即可查看二维码数字资源。手机第一次登录查看资源成功以后，再次使用二维码资源时，在微信端扫码即可登录进入查看。